U0212604

垃圾DNA?
探索非编码基因的遗传密码，
解读基因组中“暗物质”存在的意义！

数十年来，我们基因组里有98%的DNA因为没有编码蛋白质而被称为“垃圾”。直到最近，这些垃圾区域重要且显著的功能才开始为人们所了解。

从罕见的遗传疾病到唐氏综合征，从常见的病毒感染到衰老过程——还没算上六个指头的猫（以及人类中的同症状者）——由基因组中暗物质导致的影响是常见、多样和本质性的。

科学家们在这个备受争议的领域中快速增长的知识已经提供了治疗失明的成功疗法，并挽救了被DNA指纹宣判了死刑的无辜的人，而且很可能带来对包括肥胖在内的很多医学疾病的治疗方法的革命。

在内莎·凯里，也是畅销书《遗传的革命》的作者看来，这是一本面对大众读者的一个可能会奠定人体复杂性观念的图书。

《垃圾DNA》对非编码基因作了深入介绍。展示了科学家们在学术领域逐渐发现的证据，提示这些所谓的“垃圾DNA”的变异和调节与一些难治性疾病有关。并用不可辩驳的证据证明了“垃圾DNA”在基因的表达调控中起着重要且不可预料的作用，其作用覆盖从单个基因的微调到整个染色体的关闭。这些功能迫使科学家们重新审视关于“基因”的定义。

《垃圾DNA》是内莎·凯里续《遗传的革命》出版之后又一部具有高学术性的相关遗传学经典力作。作者以令人信服的笔触为读者全面介绍了“垃圾DNA”的涵义，以及其与遗传性疾病、病毒感染、哺乳动物性别决定和生命进化的关系。阅读本书，我们可以紧跟科学家的脚步迅速进入“垃圾DNA”的领域。而这个具有快速发展的且颇受争议的领域，还有广袤的未知在等着我们去开发与探索。

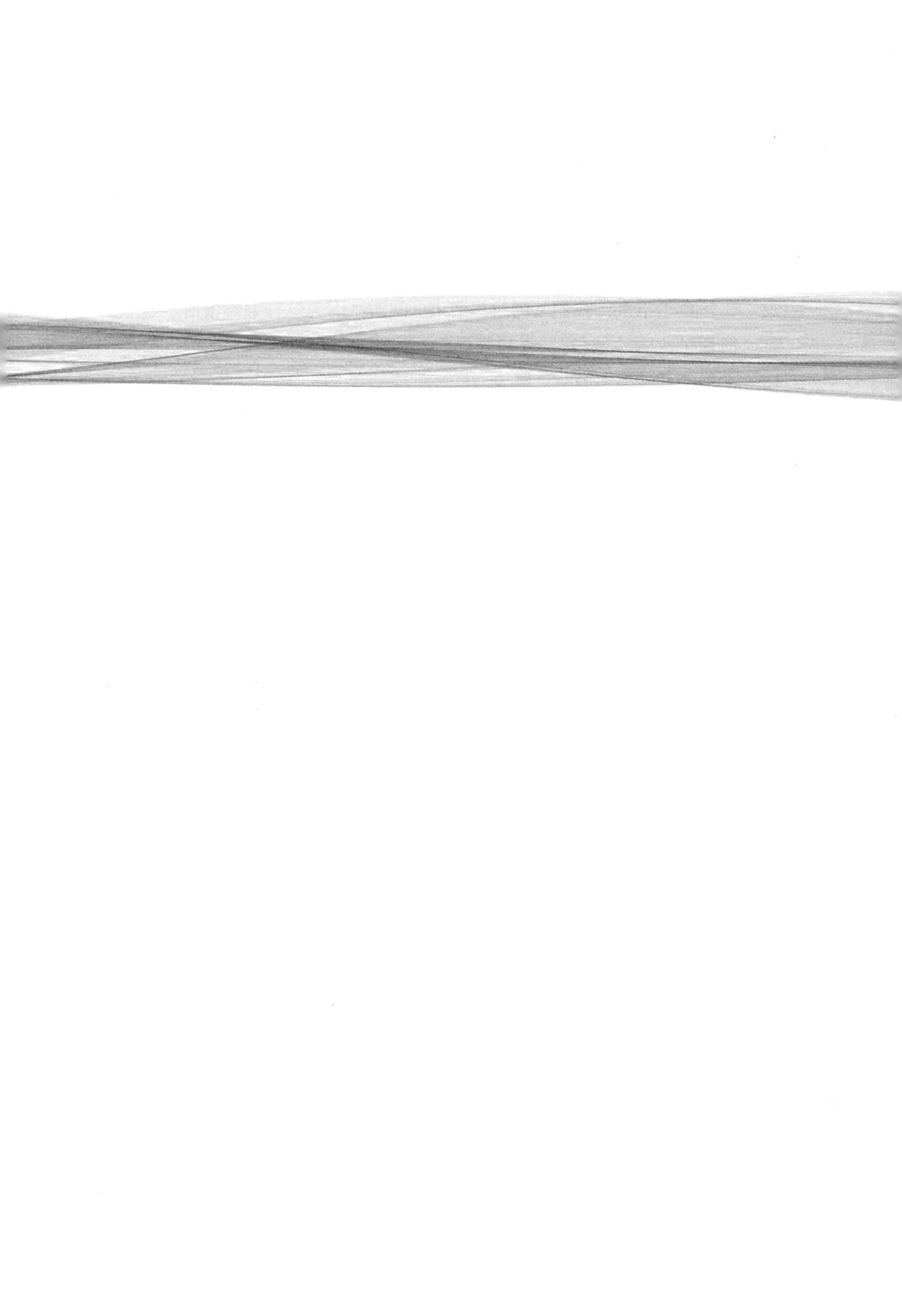

科学可以这样看丛书

JUNK DNA

垃圾DNA

探索人类基因组暗物质之旅

〔英〕内莎·凯里（Nessa Carey） 著
贾 乙 王亚菲 译

《遗传的革命》续篇
以非基因视角解读生命
开启基因组中暗物质的发现与探索

重庆出版集团 重庆出版社
果壳文化传播公司

版贸核渝字(2015)第087号

图书在版编目(CIP)数据

垃圾DNA /〔英〕内莎·凯里著;贾乙,王亚菲译. —重庆:重庆出版社,2017.3(2020.3重印)
(科学可以这样看丛书 / 冯建华主编)
书名原文:JUNK DNA
ISBN 978-7-229-11749-8

Ⅰ.①垃… Ⅱ.①内… ②贾… ③王… Ⅲ.①脱氧核糖核酸—普及读物 Ⅳ.①Q523-49

中国版本图书馆CIP数据核字(2016)第268442号

垃圾DNA
LAJI DNA
〔英〕内莎·凯里(Nessa Carey) 著
贾 乙 王亚菲 译

责任编辑:连 果
责任校对:李春燕
封面设计:博引传媒·何华成

重庆出版集团
重庆出版社 出版

重庆市南岸区南滨路162号1幢 邮政编码:400061 http://www.cqph.com
重庆出版集团艺术设计有限公司制版
重庆市国丰印务有限责任公司印刷
重庆出版集团图书发行有限公司发行
E-MAIL:fxchu@cqph.com 邮购电话:023-61520646
全国新华书店经销

开本:710mm×1 000mm 1/16 印张:15.25 字数:250千
2017年3月第1版 2020年3月第6次印刷
ISBN 978-7-229-11749-8
定价:39.80元

Advance Praise for *JUNK DNA*
《垃圾DNA》一书的发行评语

你基因组里只有2%的部分能够编码并产生蛋白质——生命依赖的基本分子。那么你基因组里其他的98%的部分是干什么的呢?

——内莎·凯里,《遗传的革命》一书作者

引人入胜、内容翔实、风趣幽默,读者们会非常喜欢内莎·凯里的《垃圾DNA》。

——莎朗·Y. R.登特(Sharon Y. R. Dent)

德克萨斯大学安德森癌症中心

(University of Texas MD Anderson Cancer Center)

凯里明确了两点内容:我们(对自然)的理解总是暂时的和不断发展的,以及染色体的功能远超我们的想象。

——《出版商周刊》(*Publisher's Weekly*)

《垃圾DNA》为变化迅速且越来越神秘的基因组提供了一个前沿且详尽的指南。

——琳达·格迪斯(Linda Geddes)

《新科学家》(*New Scientist*)

幽默而全面的《垃圾DNA》,为愿意付出时间和精力来阅读本书的读者完美地诠释了一个复杂的主题。

——《图书馆杂志》(*Library Journal*)

凯里为她阐述的主题付出了富有感染力的热情,对一个我们将来肯定会不断接触到的主题进行了完美的介绍。

——马克·迪斯托(Mark Diston)

"登记"网站(The Register)

《垃圾DNA》是一本很好的与生命科学、遗传学相关的入门读物。

——《科学家》(*The Scientist*)

该领域的第一本科普概述……(凯里)对垃圾DNA的历史及其在基础和应用科学方面的影响都有着很好的把握。她具备将复杂的生物化学过程比喻成形象事物的天分，而这使非专业人士可以读懂这本书成为可能。

——埃尔夫·阿克塞尔·卡尔森(Elof Axel Carlson)

《生物学评论季刊》(*The Quarterly Review of Biology*)

“与《遗传的革命》一书一样，作者以自己的研究经验为基础，用易于理解的方式带领读者对基因组中的‘暗物质’进行了一次探索之旅。尽管这些‘暗物质’在学术领域仍有巨大的争议存在，但这个快速发展的领域仍不失为我们探索基因组秘密的一个有用的新视角。”

——韦亚东，美国耶鲁大学医学院副研究员

“本书成功地对一个快速发展而且颇具学术争议的领域进行了全面的科普介绍，即使读者没有该领域的背景知识也能读懂本书。通过阅读这本书，读者会发现基因组的复杂程度远远超过了我们的想象。所以，只要对生命科学感兴趣，这本书就很适合你阅读。”

——孙明宽，美国约翰霍普金斯大学医学院博士后

For Abi Reynolds, who is always by my side
And for Sbeldon—good to see you again

献给
永远支持我的阿比·雷诺兹
同样献给谢尔登——很高兴再见到你

致　谢

我很幸运，我的第二本书依然受到伟大的经纪人，安德鲁·劳尼（Andrew Lownie）以及可爱的出版商的支持。对于ICON出版社，我特别要感谢邓肯·希斯（Duncan Heath）、安德鲁·弗洛（Andrew Furlow）和罗伯特·沙曼（Robert Sharman），但我不会忘记他们的前同事西蒙·弗林（Simon Flynn）和亨利·洛德（Henry Lord）。对于哥伦比亚大学出版社，我非常感谢帕特里克·菲茨杰拉德（Patrick Fitzgerald），布丽姬·弗兰纳里－麦科伊（Bridget Flannery–McCoy）和德里克·沃克（Derek Warker）。

一如既往，各种娱乐与教化都对我进行着支持。康纳·凯里（Conor Carey）、菲恩·凯里（Finn Carey）和加布里埃尔·凯里（Gabriel Carey）都参与其中，除了亲属之外，我还想感谢艾奥娜·汤姆斯－莱特（Iona Thomas–Wright）。还有给我无尽支持和大量饼干的令人愉快的婆婆，丽莎·多兰（Lisa Doran）。

自从我的第一本书出版后，我有了大量为非专业人士进行科学讲座的机会。已邀请我发言的各种机构太多，我无法在这里一一列出他们的名字，但他们都知道我在感谢他们，我非常享受你们给予我的特权。这非常令人鼓舞，谢谢你们所做的一切。

最后，我必须感谢阿比（Abi）。这位仁慈的人宽恕了我曾承诺过参加交谊舞课但事实上却没有参加这件事。

作者按

其实写一本关于垃圾 DNA 的书还是有些困难的，因为它的含义一直都在不断地演变。有部分原因是新的数据会不停地改变我们的旧有观念，结果就是，只要一个垃圾 DNA 被证明事实上具有一定的功能，有些科学家就会说（在逻辑上完全正确）它不再是垃圾。但使用这种方法有可能掩盖掉这些年来我们对基因组的理解产生了何等翻天覆地变化的过程。

与其花时间在这里纠缠不清，我决定采取一个快刀斩乱麻的方法，使用一个简单粗暴的定义。把任何不能编码蛋白的序列都定义为垃圾，如同它在过去最初的定义一般（20 世纪下半叶）。纯粹主义者会尖叫抗议，但就这样决定了。问 3 个不同的科学家什么是“垃圾”DNA，我们可能会得到 4 个不同的答案。因此，在开始的时候就简单一点利大于弊。

同样，我使用“基因”这个词来描述编码蛋白的那些 DNA 序列。这个定义会贯穿本书的始终。

在我的第一本书《遗传的革命》出版后，我意识到不同的读者对基因名称的需求差异很大。有些人喜欢知道我们正在讨论的是哪个基因，但对于其他读者而言，这或许会干扰阅读的流畅性。所以这次，我只在绝对必要的情况下才使用具体的基因名称。

对基因组暗物质的介绍

想象一下现在你手里有一个戏剧、一部电影、一部电视节目的剧本。当然，完全可能有人仅仅把剧本当成一本书来看。但是，如果它被用来产生某些东西的时候，它会变得更有力量。在被大声朗读出来，甚至被表演出来时，它就不再仅是页面上的一串字符而已了。

DNA就是如此，它是最杰出的剧本。仅使用4个简单的字母，它就携带了生命的所有编码，从细菌到大象、从啤酒酵母到蓝鲸。但试管中的DNA是很无聊的，它完全没有用处。而细胞或动物开始用它进行生产的时候，DNA就会变得令人兴奋。DNA被作为制造蛋白的编码，这些蛋白对呼吸、进食、排泄废物、生殖和所有其他生命特有的活动都至关重要。

蛋白的功能是如此重要，以至于20世纪的科学家使用它们来界定基因的含义。基因就是能够编码蛋白的DNA序列。

让我们来怀念一下历史上最伟大的剧作家威廉姆·莎士比亚（William Shakespeare）。我们可能需要一段时间才能理解莎士比亚的著作，因为英语从他去世的那个世纪起已发生了不小的改变。但即使如此，我们仍然相信，诗人仅书写了他需要演员说的那些话。

例如，莎士比亚不会像下面这么写剧本：

Vjeqriugfrhbvruewhqoerahcxnqowhvgbutyunyhewqicxh
jafvurytnpemxoqp[etjhnuvrwwwebcxewmoipzowqmroseuiedn
rcvtycuxmqpzjmoimxdcnibyrwvytebanyhcuxqimokzqoxkmdci
fwrvjhentbubygdecftywerftxunihzxqwemiuqwjiqpodqeothe
rpowhdymrxnamehnfeicvbrgytrchguthhhhhhgcwouldupaizm
jdpqsmellmjzufernnvgbyunasechuxhrtgcnionytuiongdjsio
niodefnionihyhoniosdreniokikiniourvjcxoiqweopapqswee

twxmocviknoitrbiobeierrrrrruorytnihgfiwoswakxdcjdrf
uhrqplwjkdhvmogmrfbvhncdjiwemxsklowe

事实上，他只写了画线部分的单词：

Vjeqriugfrhbvruewhqoerahcxnqowhvgbutyunyhewqicxh
jafvurytnpemxoqp[etjhnuvrwwwebcxewmoipzowqmroseuiedn
rcvtycuxmqpzjmoimxdcnibyrwvytebanyhcuxqimokzqoxkmdci
fwrvjhentbubygdecftywerftxunihzxqwemiuqwjiqpodqeother
powhdymrxnamehnfeicvbrgytrchguthhhhhhgcwouldupaizm
jdpqsmellmjzufernnvgbyunasechuxhrtgcnionytuiongdjsio
niodefnionihyhoniosdreniokikiniourvjcxoiqweopapqsweet
wxmocviknoitrbiobeierrrrrruorytnihgfiwoswakxdcjdrfu
hrqplwjkdhvmogmrfbvhncdjiwemxsklowe

就是“A rose by any other name would smell as sweet（即使给玫瑰换个称谓，它依然芳香如故）”。

但如果看看我们自己的DNA剧本，它并不像莎士比亚那些画了线的词语那么清晰和紧凑。相反，每个编码蛋白的区域就像是漂浮在“废话海洋”上的一个词。

多年来，科学家们并不能解释为什么那么多的DNA不编码蛋白。这些非编码的部分被误会成“垃圾DNA”。但渐渐地，这个看法已经被一大堆理由逼迫得站不住脚了。

也许，转变该观点最根本的原因是源于我们细胞中垃圾DNA那惊人的总量。其中一个最大的冲击来自2001年人类基因组测序完成的时候，人们发现人类细胞中98%以上的DNA被划入了垃圾的行列。它不编码任何蛋白。上面使用的莎士比亚的比喻实际上是一个精简了的模型。在基因组里，乱七八糟的文字的比例约为前面提到的乱序剧本的4倍。每一个有意义的字母都对应着超过50个字母的垃圾文字。

还有一个类似的比喻。请想象下我们去参观一个汽车厂，这家汽车厂也许像法拉利那么高端。如果我们看到只需要两个人就能造好一辆炫酷的红色跑车，而同时又有98个人在一旁无所事事的话一定很惊讶。这显然是荒谬的，那么为什么这在我们的基因组里是合理存在的？当然，你可以说从共同祖先进化而来的生物往往不是完美的——比如我们人类就确实不需要阑尾（本书中作者多次以阑尾为例说明人体确实存在一些无功能的器官，但此观点尚存争议，因为有研究者认为阑尾在免疫和消化方面仍具有一定的功能。）——但这次似乎不完美得有点过头了。

事实上，在我们的汽车厂里，更可能的情况应该是，由两个人组装一辆汽车，其他的98个人做着其他一切使这家企业运转的工作。融资、记账、宣传产品、处理养老金、打扫厕所和汽车销售等，这可能是一个更好的垃圾DNA在我们基因组里工作的模式。我们可以把蛋白作为生命所需的最终物质，但如果没有垃圾DNA的话，它们永远不会被正确地生产和整合出来。确实，两人就能制造汽车，但他们不能保证公司可以出售汽车，也不能把它变成一个强大且成功的品牌。同样，如果没有汽车被生产出来，就算有98个员工在展厅拖地板和磨破嘴皮子也没有任何意义。只有每个组件各司其职的时候整个组织才能运转。而这，就是我们基因组的模式。

另一个来自基因组测序的令人震惊的事实是，使用经典的基因模型无法解释人类极其复杂的解剖结构、生理功能、智力和行为。在编码蛋白的基因的数量上，人体跟简单而微小的蠕虫几乎具有相同的数量（大约20000个）。更值得注意的是，大部分蠕虫的基因跟人类基因可以直接等效。

当研究人员想在DNA水平上深入分析人类与其他生物到底有什么区别的时候，很明显，基因不能提供解释。事实上，遗传物质只有一个特征与复杂性相关。这个唯一的随着动物复杂性增加而增加的就是垃圾DNA区域。一个生命体越复杂，垃圾DNA所占的百分比就越高。只有现在，科学家们才真正开始关注这个有争议的观点，就是垃圾DNA可能是进化复杂性的关键。

从某个角度看，这些数据所引出的问题是很明显的。如果垃圾DNA是如此的重要，那它到底是干什么的？如果不编码蛋白，它在细胞中的作用是什么？现在人们逐渐接受了垃圾DNA其实具有多种不同功能的观点，所以对下面的叙述我们并不会感到吃惊。

它们中的一些在染色体（我们的DNA被打包成的巨大分子）中形成特殊的结构。这种垃圾DNA保护我们的DNA不被解体和受损。随着我们年龄的增长，这些区域不断缩小，最后缩小到临界程度。之后，我们的遗传物质就变得很容易遭遇潜在的灾难性的重排，从而导致细胞的死亡或癌变。其他结构类型的垃圾 DNA 在细胞分裂成子细胞过程中进行染色体均分时作为锚点。（“子细胞”是指由亲代细胞分裂产生的细胞。）其他的则作为绝缘结构，限制了特定区域染色体的基因表达。

但是我们很多的垃圾 DNA 并不仅仅具有上面提到的功能。它确实不编码蛋白质，但它却编码另外一种分子，我们称之为 RNA。垃圾 DNA 里面有很大一类在细胞内建造工厂，来帮助蛋白质的合成。其他类型的 RNA 分子负责将制造蛋白质所需的原料转移到工厂里面。

另外有些垃圾 DNA 是来自病毒和其他微生物的遗传物质的入侵，它们已经如遗传间谍般融入了人类染色体中。这些早已死去的生物的残留物对细胞有着潜在的危险，有些在个体中，而有的甚至存在于广泛的人群中。哺乳动物细胞已进化出多种机制来使这些病毒元件保持沉默，但有的时候这些系统可以被打破。当出现这种问题的时候，它们所产生的影响可以是相对良性的，比如特定种系小鼠毛色的改变，也可以是很严重的，比如增加罹患癌症的风险。

就在前几年，人们认识到垃圾 DNA 的一个主要作用其实是调节基因的表达。有时候，它在个体上会有巨大的、明显的效果。比如，一个垃圾 DNA 就可以决定雌性动物能否保持正确的基因表达模式。它的作用也可以是在群体中的，一个最常见的例子是虎斑猫颜色特征的控制。在极端的例子中，该机制也能解释为什么有同样遗传性疾病的同卵双胞胎女性会出现截然不同的症状。在某些情况下，情况可以极端到双胞胎中的一个罹患了严重危及生命的疾病，而另一个则是完全健康的。

成千上万的垃圾 DNA 片段被认为参与了调控基因表达的网络。它们就像是遗传剧本的舞台导演一样，只是其指导对象的复杂性是我们在剧院里无法想象的。它绝对不是“出去，被熊追赶”那么简单。而应该是类似于“如果在温哥华和珀斯的暴风雨中表演《哈姆雷特》，就应该重读《麦克白》这一行的第四音节。除非有个业余演员在蒙巴萨表演《理查三世》而且基多在下雨”。

研究人员刚刚才开始揭开垃圾 DNA 庞大网络中的奥秘和关联的一角。这个领域仍极具争议。在极端的情况下，有科学家声称有些武断的说法严重缺乏实验证据的支持。其他有些人则觉得有整整一代科学家（甚至更多）被困在一个过时的模型中而无法看到或者理解这个新领域。

有部分原因是，我们可以用来探索垃圾 DNA 功能的手段还比较落后。这有时会让研究人员很难使用实验来检验他们的假设。确实，我们对该领域的研究时间还相对较短。但有时候，我们可以从实验室的板凳跟机器旁退出来，去草坪转转。实验每天都在我们身边发生，因为自然和进化已经使用了几十亿年的时间来尝试各种变化。即使仅仅在我们这个物种出现和繁衍的时间段，也已经有足够的时间来进行大规模的实验测试。因此，我们将在本书中利用人类遗传学的火炬来探索黑暗。

可以有许多方法来开始我们的探究基因组暗物质之旅，这里，让我们用一个有些奇怪但不容置疑的事实来开始。一些遗传病是由垃圾 DNA 的突变引起的，这应该是我们进入隐藏的基因组宇宙的最好起点。

目录

1 □ 致谢

1 □ 作者按

1 □ 对基因组暗物质的介绍

1 □ 1 为何暗物质是有意义的

7 □ 2 当暗物质事实上变得更黑暗

17 □ 3 所有的基因都去哪儿了？

25 □ 4 不速之客

33 □ 5 随着我们变老一切都在减少

45 □ 6 二才是完美的数字

57 □ 7 用垃圾来涂抹

71 □ 8 玩个长时间的游戏

83 □ 9 给暗物质加点颜色

91 □ 10 为什么父母爱垃圾

105 □ 11 有任务的垃圾

115 □ 12 启动，上调

127 □ 13 无人之地

B5 □ 14 ENCODE 项目
——走向垃圾 DNA 的大科学

147 □ 15 无头的皇后、奇怪的猫和肥胖的小鼠

161 □ 16 非翻译区中的迷失

175 □ 17 为什么积木比模型好

189 □ 18 迷你也能很强大

201 □ 19 有用的药物（有时候）

209 □ 20 黑暗中的一丝光亮

215 □ 附录：正文中出现过的与垃圾 DNA 有关的人类疾病

1 为何暗物质是有意义的

有时候，同一个家庭里面的成员会陷入不同的悲惨遭遇。如下面这个例子：一个男孩出生了，让我们称他为丹尼尔（Daniel）。他出生的时候就全身瘫软，而且不能自主呼吸。经过大量的治疗，丹尼尔活了下来，他的肌张力有所提高，从而能够进行独立呼吸和移动。但是，随着年龄的增长，丹尼尔出现了会伴随一生的学习能力障碍。

他的妈妈萨拉（Sarah）很爱丹尼尔，而且每天都照顾着他。但当她到了30岁的时候，因为自己也出现了奇怪的症状而使照顾丹尼尔变得更加困难。她的肌肉开始变得僵硬，进而，出现了抓住东西后难以放下的情况，因此，她不得不放弃了对技术要求很高的兼职工作——陶器修补工。她的肌肉开始出现了明显的消瘦，而她还是尽力克服了这些困难，直到42岁，萨拉突然死于心律失常，这是一种因平时维持心脏跳动的电信号出现异常而导致的致死性疾病。

于是，照顾丹尼尔的重任落在了萨拉的母亲，珍妮特（Janet）的身上。这对于她是项挑战，不仅仅是因为要照顾外孙和承受失去女儿的巨大悲痛。因为珍妮特在50岁的时候就得了白内障，因此她的视力非常糟糕。

看起来这个家庭好像是因为不幸而遭受了一组不相干疾病的困扰。但专家们开始注意到一些不寻常的事情。这种模式——一个人患白内障，其女儿出现肌肉僵硬和心脏缺陷，而孙子辈出现肌肉瘫软和学习障碍——在多个家庭都发生了。而这些人的家庭是分散生活在世界各地的，并且之间没有血缘关系。

科学家们意识到他们关注的是一种遗传性疾病。他们把它命名为强直性肌营养不良症（Myotonic dystrophy）。这种情况发生在罹患该病家庭的每一代。如果父母患病的话，孩子一般有50%的概率患病。没有性别差异，不论男女都能将该病遗传给下一代。

这些遗传特征是非常典型的单基因突变引起的疾病所具有的。突变是指正常 DNA 序列的改变。我们细胞中的基因一般具有两个拷贝，一个来自母亲，一个来自父亲。强直性肌营养不良症在每一代中都出现症状的这种遗传特征，一般被称为显性。在显性遗传的疾病中，两个基因拷贝中往往只有一个上面携带有突变。它就是从父母中患病的那一方遗传到的拷贝。这种突变基因在即使细胞中另一条拷贝是正常的情况下也能导致疾病的发生。该突变基因在某种程度上相对正常基因更“显性”。

但是同时，强直性肌营养不良症具有一些跟典型的显性遗传疾病完全不同的特点。首先，显性遗传疾病不会在一代一代的遗传中变得越来越严重。它没有理由会这样，因为患儿遗传到的突变跟他们的患病父母是一样的。强直性肌营养不良症患者还会随着遗传代数的增加而发病得越来越早，这也是不寻常的一点。

强直性肌营养不良症还有一个跟典型遗传病不同的地方。丹尼尔身上出现的如此严重的先天症状，仅在患病母亲生出的孩子中出现。患病父亲从不遗传这么严重的症状。

在 20 世纪 90 年代初，很多不同研究团队鉴定出了导致强直性肌营养不良症的基因改变。跟这个不寻常的疾病很匹配，这是一个不同寻常的突变。强直性肌营养不良症的基因里包含了一小段重复很多次的 DNA 序列。这个小序列由构成 DNA 序列的 4 个字母中的 3 个构成。在强直性肌营养不良症基因中，该重复序列由字母 C（胞嘧啶）、T（胸腺嘧啶）和 G（鸟嘌呤）组成，这里没有出现的基因字母是 A（腺嘌呤）。

在没有强直性肌营养不良症突变的人中，大概有 5 到 30 个前后相连的这种 CTG 序列的拷贝。子女从父母那里遗传到相同的重复数目。但是，一旦重复的数量变大，超过 35 个左右的拷贝时，该序列就会变得不稳定，可能导致在从父母传递给子女的过程中出现改变。一旦超过 50 个拷贝，该序列就变得非常不稳定。当这一切发生时，父母就会传递给子女比他们实际拥有的更多的拷贝数。随着重复数量的增加，症状会在生命早期就变得更严重和更显著。这就是为什么在本章开始提到的那个家庭中，他们罹患的疾病会一代比一代更严重。该疾病也只有在母亲将能够导致严重疾病表型的巨大重复数量的拷贝传递给下一代时，才会表现出来。

这种 DNA 重复序列的不断扩展是一种非常少见的突变机制。但对导致强直性肌营养不良症这种 DNA 重复序列不断扩展的鉴定则引出了一些更不寻常的东西。

垃圾DNA 编织 DNA

直到最近，人们才意识到基因突变的重要性并不在 DNA 本身的改变，而在于它们导致的后果。这就像是一个编织图样里面出现的错误。当它仅仅存在于一张纸上的时候，这个错误没什么大不了。但当你用这个图样编织出了有个大洞的毛衣或者有 3 个袖子的毛衫以后，这个错误的厉害就显现出来了。

基因（编织图样）最终会编码出蛋白质（毛衫）来。而蛋白质就是我们认为的在细胞中从事一切工作的分子。它们具有各种各样的功能。包括在红细胞里运载氧气到全身的血红蛋白；或者像胰岛素，它从胰腺中被分泌出来促进肌肉细胞摄取葡萄糖。成千上万的其他蛋白质为维持生命而执行着令人眼花缭乱的各种功能。

蛋白质是由被称为氨基酸的构件组成的。突变一般能够改变这些氨基酸的顺序。根据突变本身及其所在位置的不同，能够导致很多种不同的后果。这些异常的蛋白质可能会在细胞中行使错误的功能，或者它们本身就是失活的。

但是导致强直性肌营养不良症的突变并没有改变氨基酸的顺序。该突变的基因依旧是编码正确的蛋白质序列。在蛋白质没有任何错误的前提下，确实很难理解该突变为何会诱发疾病。

我们也许可以把强直性肌营养不良症的突变归类为不影响大多数生物的诡异事件。这样我们就可以把它束之高阁，然后淡淡地忘记它。但问题是，这种疾病并不是独一无二的。

脆性 X 染色体综合征（Fragile X syndrome）是最常见的遗传性学习障碍疾病。母亲通常没有任何症状，但她们将问题传递给了儿子们。母亲是突变的携带者但并不受它的影响。如强直性肌营养不良症一样，这种疾病也是由于一个 3 字母序列重复数目的增加造成的。在此疾患中，这个序列是 CCG。跟强直性肌营养不良症一样，这种增加并不改变由脆性 X 基因编码的蛋白质序列。

弗里德赖希共济失调（Friedreich's ataxia）是一种通常出现在童年晚

期或青春期早期的渐进性肌肉萎缩症。跟强直性肌营养不良症相反，父母通常不受任何影响。母亲和父亲都是携带者。父母中的每个人都各自拥有相关基因的一个正常拷贝和一个异常拷贝。但是，如果孩子从父母中任一方遗传了突变的拷贝，他就会发病。弗里德赖希共济失调也是由于一个3字母重复序列数目增加造成的，这个序列是GAA。它并不改变受累基因编码的蛋白质序列。

这三种遗传性疾病，在家族史、症状和遗传特征中截然不同，然而对科学家来说它们却很一致：造成疾病的突变并不更改蛋白质的氨基酸序列。

一种不可能的疾病

就在几年前，出现了一个令人震惊的发现。有另外一种遗传性肌营养不良疾病，其面部、肩膀和上臂的肌肉会逐渐衰弱和降解。该疾病以其特征而命名，被称为面肩胛肱肌型营养不良症（Facioscapulohumeral muscular dystrophy）。这名字太长，所以我们一般简写为FSHD。这些症状往往在患者20岁之前就会出现。就像强直性肌营养不良症一样，该疾病是由患病父母传递给后代的。

科学家们为寻找导致FSHD的基因突变花了很多年时间。最终，他们定位到了一个重复的DNA序列上。但是，该案例中的突变并不出现在强直性肌营养不良症、脆性X染色体综合征和弗里德赖希共济失调中的那些三字母的重复序列中。它出现在一个超过3000个字母的片段中。我们可以把它称为一个元件。在没有罹患FSHD的人中，大概有11～100个这样的元件，首尾依次连接。但是，FSHD患者的元件数明显变少，只有不到10个。这是非常令人吃惊的，而真正惊呆研究者的是，他们在突变位置的附近找不到任何一个基因的存在。

遗传性疾病在最近一百年时间给了我们探究生物学的新方法。但我们很清楚那些结果有多么的难以获得。我们这里描述的对每一个突变的鉴定都源于对大量人群进行的至少十年的辛苦工作。这项工作也完全依赖于那些愿意为科学家提供血样和家族病史进行分析的家庭们。

这项工作之所以如此困难的原因就是，这些研究者的工作基本上等同于大海捞针。但这一切在2001年人类基因组测序结果发表后变得简单得多了。基因组即指我们细胞里全部的DNA序列。

因为人类基因组计划，我们知道了所有基因之间的相互位置关系，以及它们的序列。这样，加上DNA测序技术的突飞猛进，想找到一种非常罕见的遗传性疾病的突变所在就会变得更迅速和更便利。

但是，人类基因组计划的完成对人们的影响远超过对致病突变的鉴定。它正在改变我们头脑里的许多基本理念，那些在我们知道DNA是遗传物质的时候就已深入人心的理念。

在谈到我们细胞工作的方式时，几乎所有在最近60年进行过研究的科学家都会以蛋白质作为焦点。但是，从人类基因组完成测序的那刻起，科学家们就不得不开始面对一个非常迷惑的矛盾。如果蛋白质这么重要，为什么我们DNA中只有2%用来编码氨基酸序列从而构建蛋白质呢？剩下的98%到底是干什么的？

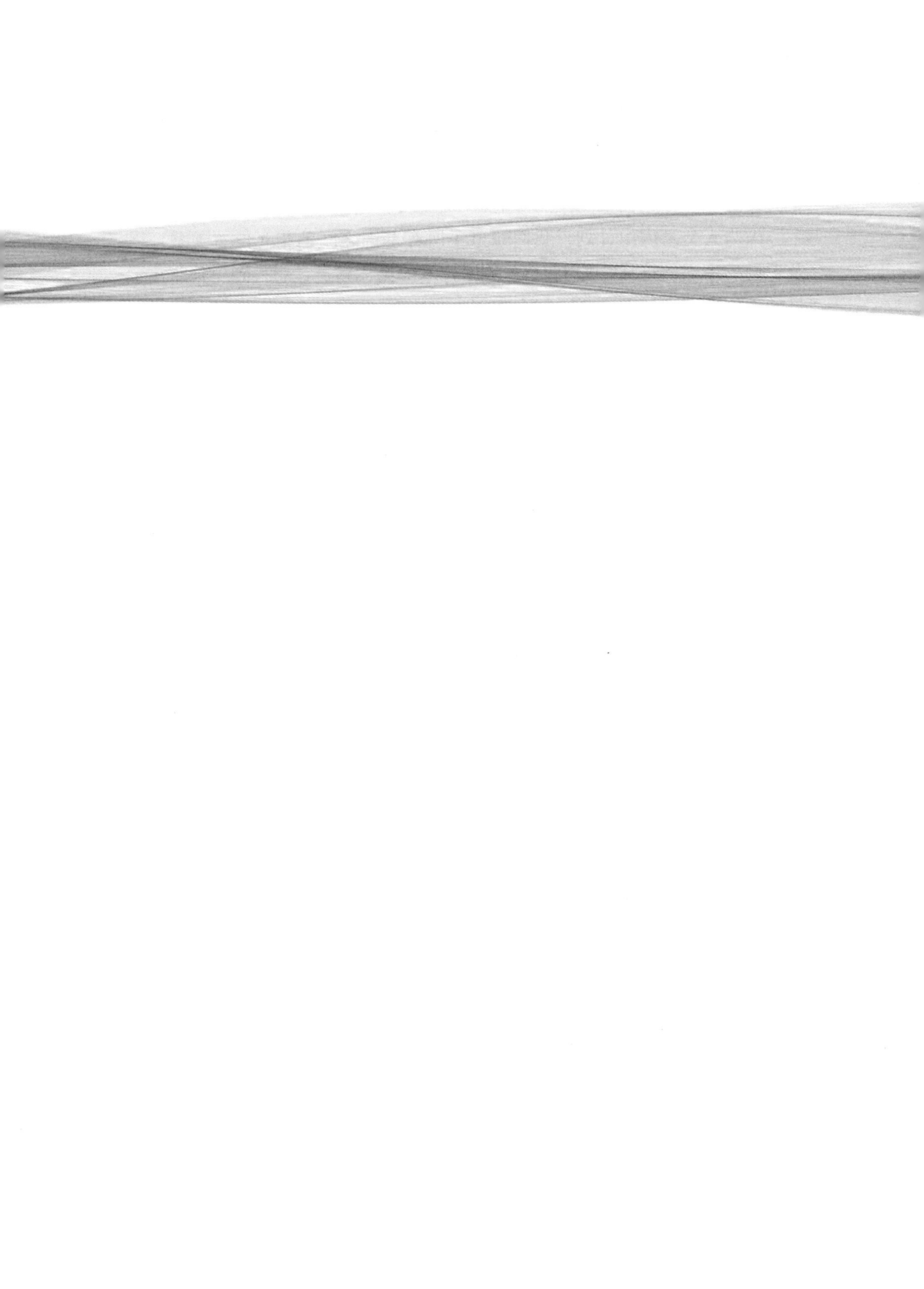

2　当暗物质事实上变得更黑暗

基因组里不编码蛋白质序列部分所占的巨大百分比确实令人震惊。但真正令人震惊的是这个现象的规模，而不是现象本身。多年以前，科学家们就已经知道了有不编码蛋白的 DNA 区域的存在。事实上，这就是 DNA 结构被发现以后的第一个惊喜。但没有人预料到这些区域会有多么重要，或者这些区域竟会是某些遗传疾病的机制所在。

这里，我们需要多了解一些基因组中建构元件的细节知识。DNA 是一种字母顺序，而且还是很简单的那种。它由 A（腺嘌呤）、C（胞嘧啶）、G（鸟嘌呤）和 T（胸腺嘧啶）四种字母构成。这些就是所谓的碱基。由于我们的细胞内含有如此多的 DNA，这个简单的字母表就蕴含了难以想象的巨大信息量。人类从母亲那里遗传了 30 亿个碱基作为我们的遗传编码，从父亲那里得到的也差不多是这个数。如果把 DNA 想象成一个梯子，而每一个碱基就是高约 25 厘米的一级阶梯的话，这个梯子大概有 7500 万公里长，足够让我们从地球沿着它爬到火星上去（这依赖于搭梯子时，这两个行星的相对位置）。

或者换个比喻，莎士比亚所有的著作大概包括了 3695990 个字母。这意味着我们从母亲那里遗传了平均超过 811 本莎士比亚全集的字母，另外还从父亲那里得到类似的数量。这确实是很大的信息量。

如果我们把字母表的比喻再进一步，让 DNA 编码的每三个字母作为一个词。因为每三个字母事实上就是一个构成蛋白质的基石，氨基酸的占位符。一个基因可以被认为是由三字母构成的一句话，它是决定形成蛋白所需的氨基酸顺序的编码。这将在图 2. 1 中阐述。

一个细胞通常包含来自不同供者的两个基因拷贝，一个来自母亲，另一个来自父亲。尽管一个细胞中的每个基因仅只有两个拷贝，但是细胞能够利用一个特定的基因编码来制造出成千上万个不同的蛋白质分子。

图 2.1　基因和蛋白质之间的关系。基因中每三个字母编码一个蛋白质的建构元件。

这是因为在基因的表达过程中有两个放大机制。DNA 中碱基序列并不直接作为蛋白质合成的模板。相反，细胞制造的是基因的拷贝。这些拷贝与 DNA 基因本身很相似，但又不完全相同。它们在化学成分上稍有不同，故被称为 RNA（核糖核酸，而不是 DNA 表示的脱氧核糖核酸）。RNA 与 DNA 的另一个不同之处在于：DNA 的 T 碱基（胸腺嘧啶碱基）被 U 碱基（尿嘧啶碱基）所取代。DNA 通过碱基配对原则形成双轨结构，我们可以把它想象成铁路轨道。这两条铁轨通过碱基之间手牵手的作用固定在一起，它们之间的连接模式非常固定。T 跟 A 牵手，而 G 跟 C 牵手。正是因为这样的规律，我们习惯将 DNA 描述为碱基对，而 RNA 是单链分子，只有一条轨道。DNA 和 RNA 之间的主要区别如图 2.2 所示。细胞可以非常迅速地利用一个 DNA 基因得到数千份 RNA 拷贝，这是基因表达的第一个放大步骤。

这些来自一个基因的 RNA 拷贝们被从 DNA 那里转运到细胞的其他部分，细胞质。在细胞的这个特定区域，RNA 分子行使着组装蛋白质所需氨基酸的占位符的使命。每个 RNA 分子能够充当模板很多次，而这就是基因表达的第二个放大步骤，如图 2.3 所示。

我们可以利用第 1 章提过的编织图样的比喻。DNA 基因是原始的编织图样。这一图样可以被复印很多次，类似于产生 RNA。而每个复印件可以供很多人参照，来编织相同的图样很多次，就像制造蛋白质一样。这是一个简单却高效的生产模式，而且它确实有效——一个原始图样就能让很多第二次世界大战中的士兵的脚不再受冻。

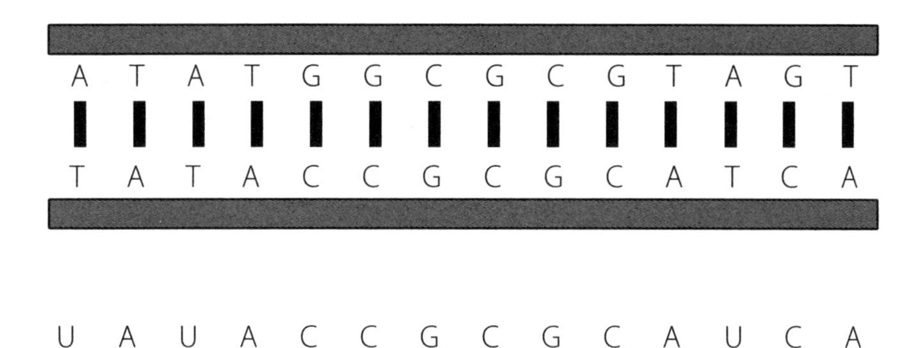

图 2.2 上面的框表示 DNA，它是双轨的。碱基 A、C、G 和 T 通过配对将两条轨道固定。A 与 T 配对，而 C 通常与 G 配对。下面的框表示单轨的 RNA。这条链的骨架跟 DNA 稍有不同，所以用不同的颜色表示。在 RNA 中，T 碱基被 U 碱基所取代。

这个作为信使分子的 RNA 分子，能够将 DNA 里面的基因序列携带到蛋白质装配厂。因此，我们很符合逻辑地把它称为信使 RNA。

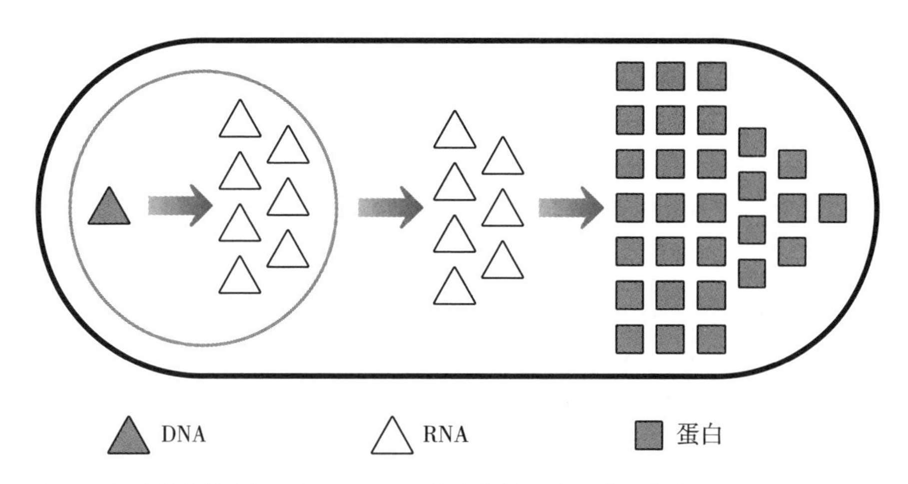

图 2.3 细胞核内单独的一条 DNA 基因被当作模板产生多个信使 RNA 分子拷贝。这些 RNA 分子被释放出细胞核。它们中的每个都被当成制造蛋白质的样板。每条信使 RNA 分子都能制造出多个相同的蛋白质拷贝。因此，从 DNA 编码到蛋白质生成的过程中一共有两个放大步骤。为简单起见，这里只显示了基因的一个拷贝，但通常情况下应该有两个，从父母双方各获得一个。

垃圾DNA 移去那些没用的

目前为止，事情看起来还很简单，但科学家们其实很早就发现了一些奇怪的现象。大部分的基因被很多不编码氨基酸的小块分割开来。这些不编码的小块就像是有意义的话中穿插的废话一样，它们被称为内含子。

当细胞制造 RNA 的时候，它会忠实地把 DNA 所有的序列拷贝出来，包括那些不编码氨基酸的小块。但是，随后，细胞会移走所有不编码蛋白质的小块，以至最终的信使 RNA 成为完美的蛋白质制造图纸。这个过程被称为剪接，图 2.4 展示了它是如何发生的。

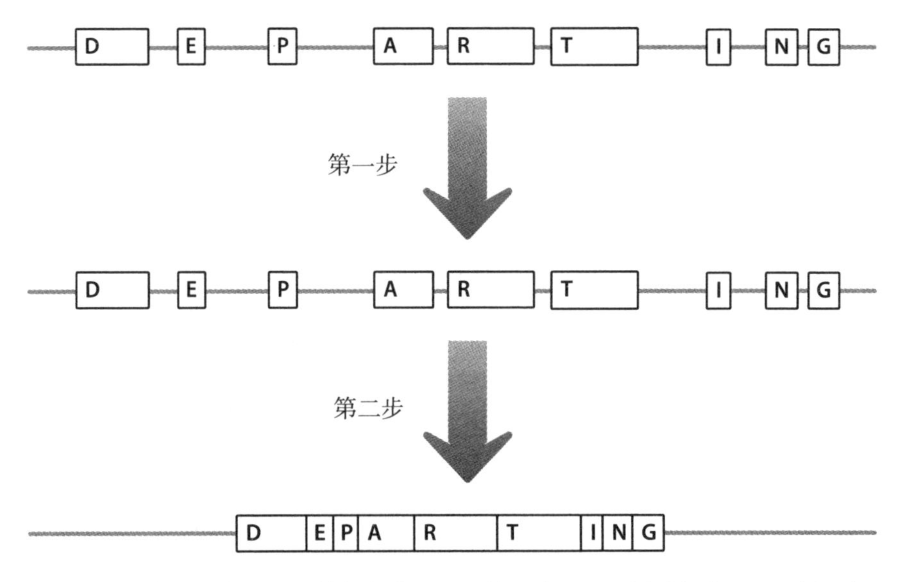

图 2.4　在第一步中，DNA 被复制成 RNA。第二步，RNA 被进行处理，以便只有编码氨基酸的序列（用标示了字母的方框表示）结合在一起。插入的垃圾序列被从成熟的信使 RNA 分子中移除了。

如图 2.4 所示，蛋白质被信息模块所编码。这种模块化设计可以让细胞在处理 RNA 时具有很大的灵活性。它可以允许从一条信使 RNA 分子来的模块有很多组合方式，最终形成一系列相关但不完全相同的蛋白。如图 2.5 所示。

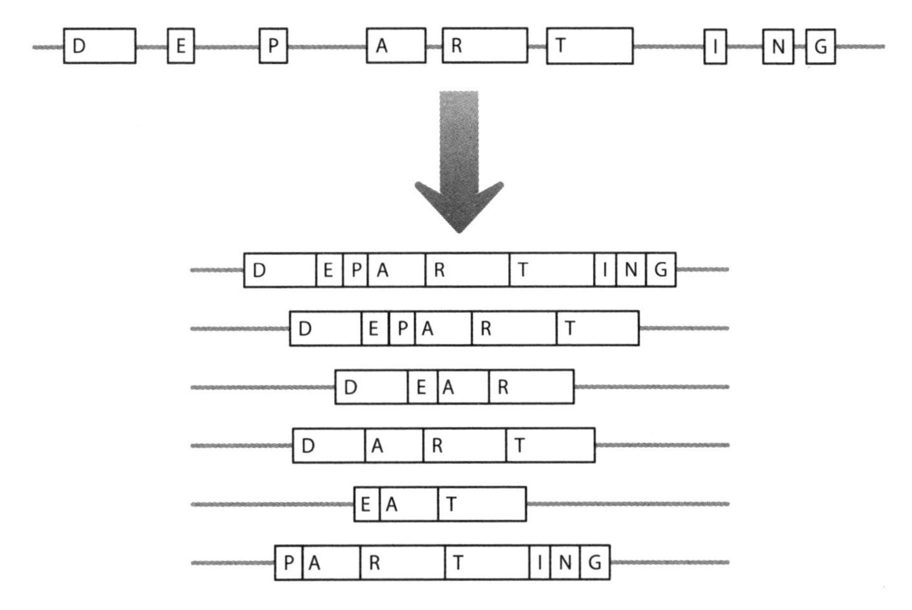

图 2.5　一个 RNA 分子能够通过不同的方式进行处理。其结果是，不同的编码氨基酸区域能够被组合在一起。这允许了通过一个原始 DNA 基因能够产生出一个蛋白质分子的不同版本。

那些处于编码氨基酸的基因中的废话片段一开始也被认为是没有任何意义的垃圾。它们被称为垃圾或者废物 DNA，根本无足轻重。正如前面提到过的，从这里开始，我们会使用“垃圾”这个词来指代那些不编码蛋白质的 DNA。

但我们现在知道，它们其实并非无足轻重。在第 1 章里提过的弗里德赖希共济失调就是由一个垃圾 DNA 区域中 GAA 重复序列数量的异常引起的，而这个区域位于两个编码氨基酸的序列中间。这就引出了一个合理的问题——如果突变没有影响到氨基酸序列，那为什么具有这种突变的人会有如此严重的症状出现？

弗里德赖希共济失调症基因中的突变出现在前两个编码氨基酸区域之间的垃圾区中。在图 2.5 中，这就出现在“D”和“E”之间。一个正常的基因包含 5 ~ 30 个 GAA 重复序列，但突变的基因则有 70 ~ 1000 个。研究者们发现当细胞有了如此大量的重复序列后，它们不再制造由这个基因编码的信使 RNA。因为它们不产生信使 RNA，它们就无法生成蛋白质。如果你不给出编织的图样，士兵就得不到袜子。

事实上，细胞并不为基因制造冗长而未处理的 RNA 拷贝。这个巨大的 GAA 区的作用其实是一个“粘贴”区域，它阻止了正确的 DNA 复制。这就相当于想要复印一份 50 页的文件时，出现了第 4 页到第 12 页粘在了一起的情况。它们没法进入复印机，所以文件的复印就会被终止。对弗里德赖希共济失调症的基因来讲，没有复制就意味着没有 RNA，进而没有蛋白质。

目前并不完全清楚弗里德赖希共济失调症基因编码的蛋白质的缺陷如何导致了临床症状。这个蛋白的功能应该是防止细胞中产生能量的部分出现铁过载。当一个细胞不能产生这种蛋白质时，铁含量会升高到有毒的水平。一些细胞类型对铁浓度更加敏感，而这些细胞则能导致该病的症状发生。

我们在第 1 章遇见过的学习障碍类疾病具有跟脆性 X 染色体综合征相关但不相同的发病机制。脆性 X 染色体综合征的突变出现在 CCG 三碱基重复序列中，与弗里德赖希共济失调症的突变类似，在正常染色体中该重复序列一般是 15 ~65 个拷贝。在携带脆性 X 染色体综合征突变的染色体中，则会有 200 到数千个拷贝。但脆性 X 染色体综合征的突变区域与弗里德赖希共济失调症不同。该突变出现在第一个氨基酸编码之前，就是在图 2.5 中“D”元件左侧的垃圾序列中。当该垃圾重复序列变得非常大的时候，没有信使 RNA 能够被制造出来，从而，该基因编码的蛋白质也就无从产生。

脆性 X 蛋白的功能是携带很多不同的 RNA 分子到细胞各处去。它会根据这些 RNA 的不同处理方式和产生蛋白质方式的不同将其运送到正确的位置上。如果没有脆性 X 蛋白，其他 RNA 分子就无法被正确调节，而这将对细胞的正常功能产生可怕的影响。出于不太清楚的原因，大脑内的神经元细胞对该作用尤其敏感，因此导致出现学习障碍。

一个日常的例子可能会帮助我们理解。在英国，一场相对较小的降雪就会导致交通系统的瘫痪。降雪会覆盖道路和铁轨，导致汽车和火车都不能移动。当这些现象出现时，人们就不能赶到工作的地方，从而产生很多的问题。学校不能开课、快递不能送达以及银行不能营业等等。一个起始事件，降雪能够引起这所有的后果，原因就是它破坏了社会的交通系统。在脆性 X 染色体综合征中发生的是类似的事件。如同覆盖在道路和铁轨上的积雪，突变的作用就是通过多个连锁效应将细胞内的交通系统搞得一团糟。

关闭特定基因的表达是脆性X染色体综合征和弗里德赖希共济失调症共同的关键病理步骤。该假说能够被非常罕见的同时患有两种疾病的病例所证实。有少数患者的垃圾区域的重复序列跟正常健康人一样。在这些患者中，突变出现在编码氨基酸的区域中。这些氨基酸顺序的改变确实导致了细胞无法正确制造该蛋白。换句话说，关键并不在于为什么蛋白质不能表达。而是，只要它不表达，患者就会出现症状。

垃圾DNA 应该有个好理论

到目前为止，我们似乎得到了一个简单明了的理论。我们可以推测，垃圾区域扩展的重要性是因为它们产生了异常的DNA。这个DNA不能被细胞正确处理，导致特定的重要蛋白质的缺乏。我们可以认为，通常这些垃圾区域是不重要的，因为它们在细胞里没有显著作用。

但仍然有些事情跟这理论不符。无论脆性X染色体综合征还是弗里德赖希共济失调症基因中的正常重复区域在所有的人类中都存在，并在人类进化中始终保持了下来。如果，这些区域是彻底无用的，我们认为在漫长的进化过程中会出现一些随机的变化，而它们并没有。这提示了正常的重复序列应该具有某些功能。

但是真正的闪光点来自于我们在第1章说过的强直性肌营养不良症。强直性肌营养不良症中重复序列的扩展随着遗传逐代增大。父母辈染色体中也许包含有100个CTG重复序列，依次相连。但当他们将此传递给孩子的时候，这个CTG重复序列已经增加到了500个。当CTG重复序列的数量增大的时候，该病就会变得越来越严重。这与我们预期的这种扩展仅仅关闭附近基因表达的结果不符合。在强直性肌营养不良症患者体内，所有的细胞都拥有两套基因拷贝。一个上面有正常数目的重复序列数，另一个上面带有的是扩展的重复序列数量。所以，至少该基因的一个拷贝可以表达正常数量的蛋白质，也意味着该蛋白质总量至少为正常的50%。

我们可以假设随着重复序列数量的不断增大，突变版本中表达的基因就越少。这可能导致蛋白质生成总量的逐渐下降。这个范围应该是从很少重复序列扩展产生的1%，到最大值50%之间。这将导致不同的症状出现。可问题是，真的没有哪种遗传性疾病是这样的模式。我们以前并未见过很小的突变导致的疾病能在所有患者中都表现出功能障碍，且严重程度却不相同（随着扩展的延长，症状变得越来越极端）。

我们应该看看强直性肌营养不良症基因上该重复序列出现的位置。它就在远端，在最后一个编码氨基酸区域的后面。在图2.5中，它应该就在“G”方框的水平右端。这意味着，在复制机器遇到该重复序列之前，所有的编码氨基酸区域都已经被复制到RNA中了。

现在我们已经清楚扩展的重复序列自己能够被拷贝到RNA中。它甚至在长RNA加工成信使RNA后仍得以保留。强直性肌营养不良症信使RNA确实做了些不同寻常的事情。它结合了很多在细胞中出现的蛋白质。该扩展的区域越大，就会有越多的蛋白质分子被结合。突变的强直性肌营养不良症信使RNA就像个海绵一样，吸收着越来越多的这种蛋白质。这些结合到强直性肌营养不良症信使RNA扩展区中的蛋白质在正常条件下也参与调节其他信使RNA。它们影响着信使RNA分子在细胞中存在多少、存在多久以及编码蛋白质的效率。但是，如果所有的这些蛋白质都被强直性肌营养不良症基因的信使RNA扩展区吸收了，它们就不能去做正常的工作了。如图2.6所示。

再做个有助于理解的比喻。想象一个城市，那里所有的警力都被一个街区发生的暴动所吸引了过去。于是就没有警官在正常的执勤岗位上，这为窃贼和偷车犯在城市里横行创造了机会。那些患有强直性肌营养不良症的人们的细胞里发生的就是这种事情。单独一个基因——强直性肌营养不良症的基因——的CTG重复序列的扩展最终导致了细胞内其他全部基因的失调。

这是因为随着扩展区的不断变长而吸收了越来越多的结合蛋白。这会影响更多数量的其他信使RNA，从而引起更多的细胞功能出现问题。最终导致在携带强直性肌营养不良症突变的患者中出现广泛的症状，并且解释了为什么携带最大重复序列数目的患者具有最严重的临床症状。

如我们在脆性X染色体综合征和弗里德赖希共济失调症中见到的，正常强直性肌营养不良症基因的CTG重复序列在人类进化中高度保守。这也提示它们是担任着重要功能的角色。我们愈发肯定这一推断也是源于对强直性肌营养不良症案例中那些结合到信使RNA重复序列上的蛋白质的了

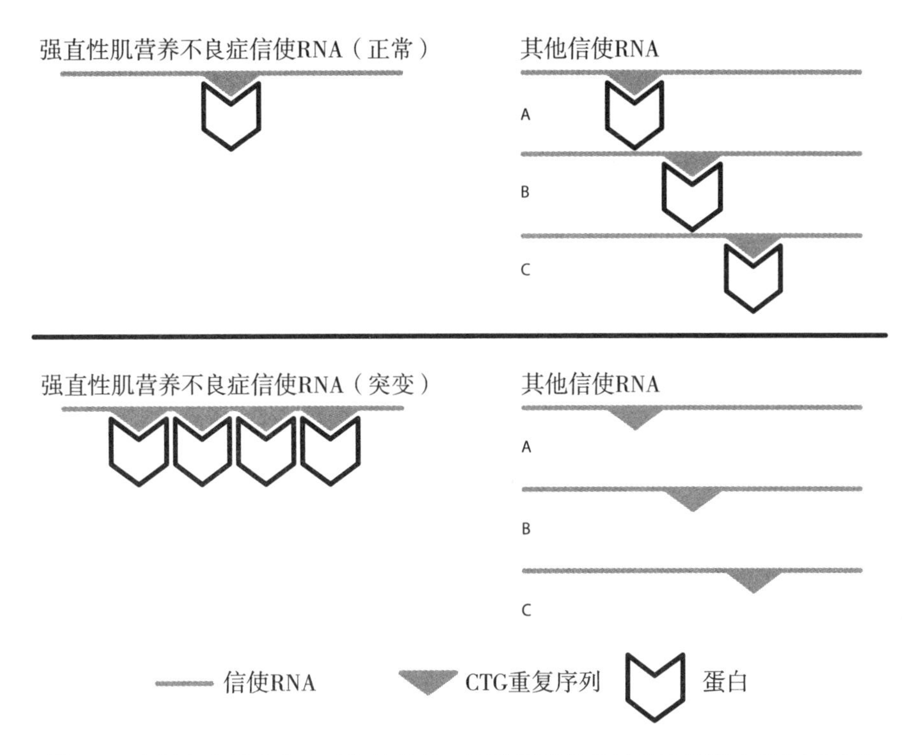

图 2.6 本图上半部分表示正常的状态。用臂章形状表示的特定蛋白质与强直性肌营养不良症信使 RNA 上的 CTG 重复序列结合。还有很多这种蛋白质能够结合到其他信使 RNA 并进行调节。在下半部分，突变的强直性肌营养不良症信使 RNA 中的 CTG 序列被重复了很多次。这引起了特定蛋白质在此的募集，并因此导致去调节其他信使 RNA 的该蛋白质供不应求。为清楚起见，这里只展示了很少数目的重复序列。在该病的严重患者中，这个数目可能是成千上万。

解。它们也结合到正常基因上具有的较短的重复长度上。它们只是在扩展的重复序列上结合得更多。

从强直性肌营养不良症的例子可以明显看出，为什么信使 RNA 分子要携带不编码蛋白质的区域。这些区域对于调节细胞如何使用这些信使 RNA 非常重要，从而创建另一个水平的控制，对从 DNA 模板而来的蛋白质合成进行精密的调控。但是，在得到人类基因组序列的 10 年前，当强直性肌营养不良症突变被鉴定出来后并没有人欣喜，因为这只能表示该项精密调控会变得愈加的复杂和多样。

3 所有的基因都去哪儿了？

2000 年 6 月 26 日，人类基因组测序的原始草图宣布完成。在 2001 年 2 月，描述测序草图细节的第一篇文章发表出来。它是科学家多年工作的结晶和技术的突破，还有那么一点点竞争。美国国立卫生研究院和英国的维康基金会（Wellcome Trust）为该项目投入了大约 27 亿美元。完成该项目的实验室遍布全世界，第一批阐述研究细节的论文包含了超过 2500 个来自全球 20 个实验室的作者。大部分的测序工作由 5 家实验室完成，其中 4 家在美国，1 家在英国。同时，一个私营公司塞莱拉基因公司（Celera Genomics）也在尝试着测定人类基因组并进行商业化。但在他们成功之前，政府的资助已经能够保证人类基因组测序进入大众中了。

人类基因组草图的完成引起了巨大的反响。也许其中最醒目的例子就属美国总统比尔·克林顿（Bill Clinton）所说的“今天我们正在学习上帝创造生命的语言”。当一个政客借用神来比喻技术突破时，我们只能推测在项目中做出重要贡献的科学家内心深处的感受。幸运的是，研究者一般都很害羞，尤其是面对记者和电视摄像机的时候，所以很少在公众面前表达出激动。

迈克尔·德克斯特（Michael Dexter）是维康基金会的主任，并把大笔的钱投入在人类基因组项目上。他并没有过分的谦虚，虽然有些无神论，但他把测序草图的完成定义为“不仅是我们这个时代的，而且是人类历史上的杰出成就”。

你可能不是唯一一个想到人类基因组计划可能会像其他一些发明一样对人类产生深远的影响。你脑海里可能会出现火、轮子、数字零和文字，可能还有另外一些你中意的东西。人们还可以想象人类基因组测序结果中一些尚未发表的细节可能会很快就能跟人类疾病建立起联系。就像当时英国科学部部长戴维·塞恩斯伯里（David Sainsbury）宣称的“我们现在已经有希望得知医学的一切”。

但是，大部分科学家知道，这些说法都是值得商榷的，因为从遗传史中学到的一些东西提醒我们不可盲目乐观。以几个相对著名的遗传性疾病为例。杜氏肌营养不良症（Duchenne muscular dystrophy）是一种让人绝望的疾病，受累的男孩会逐渐出现肌萎缩、体形消瘦、运动能力丧失而且通常在青春期死亡。囊性纤维化（Cystic fibrosis）也是一种遗传疾病，患者的肺不能清除黏液，从而导致患者容易出现危及生命的严重感染。虽然一些囊性纤维化患者现在可以活到40岁，但付出的代价是必须每天采用物理治疗清洁肺部，还要使用极大剂量的抗生素。

杜氏肌营养不良症和囊性纤维化中突变的基因分别在1987年和1989年被鉴定出来。也就是说早在人类基因组计划完成前的十几年，人们就已经知道了这些致病的基因突变，但经过了20多年的尝试后，人们仍然无法有效地治疗这些疾病。显而易见，在知道人类基因组中这些序列的所在和发明救命的治疗方法之间还有一条很大的鸿沟。这尤其在多个基因导致的，或者环境诱使一个或多个基因变化导致的疾病中更加明显。而不幸的是，大部分的疾病正是这种情况。

然而，我们似乎不应该对政客们太苛刻，科学家们自己也做了相当多的炒作。如果你需要从纳税人那里申请大概30亿美元进行研究的话，你当然需要制订一个雄心勃勃的计划才行。知道人类基因组的全部序列并不是计划的最终目的，但这丝毫不会影响它作为科学成果的重要性。它本质上是一个基础研究，为研究其他大量的问题提供必需的数据。

当然，人类不可能只有一个基因组序列。个体之间的序列差异很明显。在2001年，测定100万个DNA碱基对的花费大概不到5300美元，到2013年4月之前，该费用已降到了6美分。这意味着如果你想在2001年的时候得到自己的基因组序列，大概要花9500万美元，今天，你可以只花6000美元就能得到相同的结果，而且不止一家公司宣称该费用可以降到大概1000美元。因为测序费用降低得如此迅猛，科学家们对大量人类个体进行全面研究变得容易了很多，而这有很多好处。现在，研究者可以鉴定出仅导致少量人群发生严重疾病的罕见突变，这些突变常在封闭群中遗传，比如美国的阿米什人（Amish）。我们也可以对癌症患者病变的细胞进行测序，以鉴定导致癌症形成的可能突变。在一些情况下，这些结果可以帮助患者获得针对自己肿瘤而进行的个性化治疗。人类进化和人类迁徙方面的研究已经通过分析 DNA 序列取得了巨大的进步。

垃圾DNA 天哪，我把基因弄丢了

但是，这所有的一切均停留在设想阶段。在 2001 年，在一片喧嚣中，科学家们开始仔细研究从人类基因组测序得到的数据并且开始思考的一个简单的问题：到底所有的基因都在哪里？那些编码了承载着细胞和人体所有功能的蛋白质的序列都在哪里？没有任何一个其他物种像人类一样复杂，没有任何一个其他物种能够修建城市、创造艺术、种植农作物或是打乒乓球。我们可能会在哲学上争论以上这些是否真的让我们比其他物种更“优秀”。但确切的事实是，我们之所以能够有这样的争论无疑是因为我们比地球上的任何其他物种更复杂。

那么，我们作为复杂生命体的分子解释是什么呢？当然，有一个合理的推测，那就是区别在于我们的基因。大家期望人类能够比简单生命体，比如蠕虫、苍蝇或者兔子，有更多数量的用于编码蛋白质的基因。

在人类基因组序列草图被报道之前，科学家们已经完成了对相当数量其他生命体的基因测序。他们已经关注了一些比人类更小和更简单的基因组，并且在 2001 年之前就得到了数百种病毒、数十种细菌、两种简单动物、一种真菌和一种植物的序列。研究人员已经使用这些数据，结合一些其他的实验结果对我们将在人类基因组里面得到多少基因进行了预测。预测的范围是 30000 ~ 120000 个之间，跨度有点大，但可以理解。在大众读物中，一般使用的数据是 100000 个，尽管这个数据并不那么被认可。大多数研究者更倾向于看起来比较合理的 40000 个。

但是，当人类序列草图在 2001 年 2 月发布以后，研究者根本无法找到 40000 个编码蛋白质的基因，更别提 100000 个了。来自塞莱拉基因公司的鉴定结果是 26000 个编码蛋白质的基因，而且初步确定了额外的 12000 个。从事基因组计划的科学家们则发现了 22000 个，预计总共将会有 31000 个。但在随后几年的研究结果中，该数目持续减少，现在一般认为人类基因组包含大约 20000 个编码蛋白质的基因。

科学家们并不急于在公布序列草图的时候就对基因数目下定论这件事似乎有点奇怪。但这是因为鉴定基因要依赖于对序列数据的分析，而这并不像听起来那么简单。基因并没有被彩色标注或者什么特异性的遗传字母跟基因组其他部分区分开来。想要鉴定一个编码蛋白质的基因，你不得不分析一些特征，比如该序列能够编码一段氨基酸等等。

如我们在第 2 章所见，编码蛋白质的基因并不是由连续的 DNA 构成。它们由一种模块化的方式构成，就是编码蛋白区域之间穿插了很多垃圾区域。一般来说，人类的基因比果蝇或者秀丽隐杆线虫（C. elegans，遗传研究中相当常用的模型系统）的基因更长。但人类的蛋白质通常跟苍蝇或者秀丽隐杆线虫的蛋白质尺寸相近。在人类基因里面非常大的部分是垃圾干扰区，而不是编码蛋白质的片段。在人类，这些插入序列经常是简单生命体中的十倍之多，甚至有些在碱基对长度上能达到数万倍。

这就导致在分析人类序列基因的时候产生了一个巨大的信噪问题。即使在一个基因里面只有一个编码蛋白质的小区域，它都被数量巨大的垃圾片段包围着。

所以，回到最初的问题。如果我们编码蛋白的基因跟苍蝇和秀丽隐杆线虫相似，那么人类何以如此复杂？我们可以从第 2 章里面关于剪接的部分得到一些解释。人类细胞能够利用一个基因产生比简单生命更多样的蛋白质种类。超过 60% 的人类基因能生成多个剪接变异体。再看一次图 2.5。人类细胞能够生成 DEPARTING、DEPART、DEAR、DART、EAT 和 PARTING 等蛋白。这些蛋白在不同的组织里面可能制造的比例会有不同。例如，大脑能够制造高水平的 DEPARTING、DEAR 和 EAT，但肾脏可能仅表达 DEPARTING 和 DART。而且肾脏细胞也许会制造比 DEPARTING 水平高 20 倍的 DART。在低等生物中，细胞也许仅仅能够制造 DEPARTING 和 PARTING，同时，它们在不同细胞中产生的比例也相对固定。这种剪接的弹性允许人类细胞产生的蛋白质分子类型比低等生命具有更大的多样性。

分析人类基因组的科学家们曾经猜测过也许存在一些人类特有的编码蛋白质的基因，这样也可以解释我们高复杂性的原因。但是看起来并没有这么回事。在人类基因组中有大概 1300 个基因家族。几乎所有的这些基因家族都在生命树上的每个分支上出现过，无论是最低级还是最高级的。大约有包括 100 个基因家族的亚集是脊椎动物特有的，但即使是这些也在脊椎动物早期进化中就出现了。这些脊椎动物特有的基因家族一般与某些复杂过程，包括感染记忆有关的免疫系统、复杂大脑连接、凝血和细胞间信号传递等有关。

我们编码蛋白质的基因组有点像一个巨大的乐高积木盒。大部分乐高玩具，尤其是起始阶段的大盒子，里面经常包含有一些亚类，其中有可以选择的不同积木。长方形的、正方形的、梯形的、弧形的。它们有各种不同的颜色、比例和厚度，但基本形态相似。利用这些你能够构建很多基础结构，不管是两个积木的台阶还是一整座房屋都可以。而当你需要建造某些极度特殊的东西，比如死亡星的时候，你就必须要有一些非常规构件了，而你在基础乐高盒子里面找不到它们。

通过进化，各物种的基因组都已经发展出能够用于构建的标准乐高积木，而且仅有极少数的特殊元件被用于全新目的。所以不能用我们有很多人类特有的非常规的编码蛋白基因来解释人类的复杂性。我们确实没有。

但是，当我们将人类跟其他物种的基因组大小进行比较以后，确实有很惊奇的发现。看图3.1，我们能够看到人类的基因组比秀丽隐杆线虫大很多，更别提酵母菌了。但在编码蛋白基因数目这方面，好像并没有什么显著差异。

这些数据同样提示了，人类基因组包含着异常大量的非编码蛋白的DNA。我们的遗传物质中有98%并不是那些被认为是重要的、在细胞或生命中有关键功能的蛋白质的模板。那我们为什么要留这么多的垃圾呢？

有毒的鱼和基因的隔离

有一个可能性是，这个问题本身就不恰当。也许垃圾DNA真的就没有功能或者明显的生物学活性。认为存在即为合理的假设也许就是错误的。人的阑尾就没有什么用处，它仅仅是一个从我们祖先那里得到的进化残留物。所以早在2001年就有科学家推测，人类基因组确实存在大量的垃圾DNA。

这个想法部分是来源于一种有趣的动物，河豚（pufferfish或者blowfish）。河豚是种了不起的动物。因为它们游动速度缓慢而且笨拙，所以很难逃避捕食者。所以在面对威胁时，它们会迅速吞进大量的水并将自己膨胀成一个球，而有些品种上面还附有尖刺。如果这还不足以阻止饥饿的捕食者，它们还含有一种毒素，毒性大概比氰化物大1000倍以上。这给了河豚一个古怪的名声。在日本，它被认为是一种美味，但这是一个非常

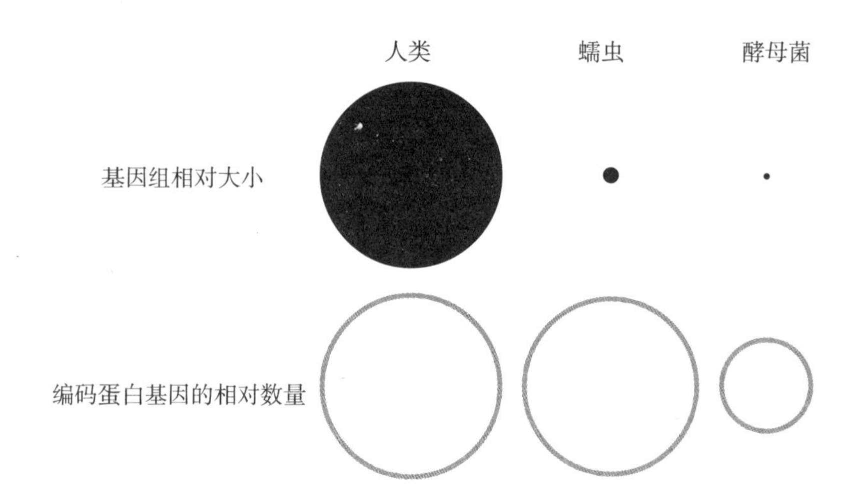

图 3.1 上半部分，圆圈的面积表示人类、微小的蠕虫和单细胞酵母菌的基因组的相对大小。人类基因组比那些简单生命体要大得多。下半部分表示了这三个物种中编码蛋白基因的相对数量。人类和其他两个生命体之间的差别远没有上半张图表现得那么显著。人类那相对很大的基因组显然不能仅仅用编码蛋白基因数目的差距来解释。

曲折的美食史，因为不熟练的制作工艺足以为就餐者带来致命的后果。

遗传学研究者对河豚非常感兴趣，或者说至少对它的 DNA 非常感兴趣。有一种特殊的河豚，叫做红鳍东方鲀（Fugu rubripes），它的基因组是所有脊椎动物中最紧密的。它的长度只有人类序列的 13%，但里面却包含了几乎所有常见的脊椎动物的基因。该河豚基因组如此小巧的原因就是其中没有过多的垃圾 DNA。在那些人们花很多钱去进行 DNA 测序的日子里，在进行不同生命基因组比对的时候，河豚是一个非常有用的物种。而且因为它的基因组里只有很少的垃圾，鉴定独立的基因相对要容易一些，原因是它没有人类基因组里面那么多的信噪比问题。科学家能够非常简单地获得红鳍东方鲀的基因，而后将这些序列数据用于帮助他们寻找其他物种里那些淹没在噪声中的基因。

因为河豚是一种几乎没有垃圾 DNA 却成功存活的物种，所以也可以推测人类基因组中的非编码区域也许是“将基因组作为宿主的简单寄生虫和自私 DNA”。但这不一定是一个合乎逻辑的推论。一样东西仅仅在特定的生命体中没有出现明显的功能，并不能说明它在所有物种中是无关紧要的。因为进化通常是从一个相对有限的选择中完成构建（记得乐高积木吗)，有些东西很可能会为构成新的功能而被增选。因此，垃圾 DNA 可以很容易地在其他生命中具有作用，特别在更复杂的生命中。

我们也还是应该在头脑中保留关于细胞包含了如此多的垃圾 DNA 是有意义的想法。人类的生命是从一个细胞开始的，这个细胞由一个卵子和一个精子构成。那个单个的起始细胞分裂而成两个细胞。这两个细胞又分裂成四个，并以此类推下去。一个成年人大概由 50 万亿 ~ 70 万亿个细胞组成。这个数字看起来很大，所以我们可以如下试想一下。如果一个细胞是一张一美元的钞票，我们把这些钱摞在一起，其长度是地球到月球距离的 1.5 倍。

至少需要 46 个细胞分裂周期才能产生这么多的细胞。而且在每次细胞分裂的时候，它必须复制其全部 DNA。如果不到 2% 的 DNA 是重要的，为什么进化要保持那些 98% 的无功能垃圾? 我们确实承认，对物种进化支持最大的证据来自于所有那些祖先遗留下来的东西（如阑尾)。但每复制一个有功能的碱基对的同时，就要使用大量资源复制另外 49 个“无用”的似乎也过于浪费了一点。

关于人类基因组包含如此大量 DNA 的早期理论之一，甚至在人类基因组测序草图完成之前就已被提出了，那时研究者已经认识到我们的基因组里有相当大的部分并不编码蛋白质。这就是隔离理论（Insulation theory)。

想象一下你有一块手表。不是那种便宜货，而是价值连城的诸如百达翡丽这类价值几百万美元的手表。现在再想象一下，有一只巨大而暴怒的狒狒，背着一根相当沉重的棍棒在附近游荡。你必须把你的手表放在下面供选择的房间之一里面，且不能阻止狒狒进入任何房间，此时，你如何选择把手表放在哪个房间里面。选项如下:

A 一个除了桌子外什么也没有的小房间，而你必须把表放在桌子上。

B 一个含有 50 个储物隔间的大房间，每个隔间高 5 米而且有 20 厘米深，而你可以把你的手表深深地藏在这 50 个隔间中的任何一个里面。

为了最大可能防止你的手表受到损坏，你应该不难做出选择，是吧? 隔离理论就是基于相同的考虑。编码蛋白基因是极其重要的。它们已经经受过了进化的锤炼，所以在任何特定生命体中，每个蛋白序列通常都是处于最好状态的。DNA 上的一个突变，就是一个碱基对的改变，对蛋白序列产生的变化一般都不会让这个蛋白变得更有效率。一个突变更倾向于会影响蛋白功能或者活性，从而导致一些不好的后果。

问题是我们的基因组始终处于环境中各种潜在破坏刺激下。我们有时候会认为这是现代才有的问题，尤其是想到诸如来自切尔诺贝利或福岛核电厂的灾难性辐射的时候。但在现实中，这一直是整个人类生存的问题。从阳光中的紫外线辐射到食物中的致癌物质，或者是花岗岩中氡气的释放，我们基因组的完整性一直遭受着各种潜在的威胁。有时，这些并没什么太大的问题，如紫外线辐射能引起皮肤细胞突变，基因突变会导致细胞死亡，但这并没什么大不了，我们有很多的皮肤细胞，它们时刻都在新老交替，所以多死一两个也没啥问题。

但如果突变导致一个细胞比它的邻居更能存活，这迈出了向肿瘤转变的第一步，而其后果就很严重了。例如，在美国，每年有 75000 个新增的黑色素瘤病例，而每年因该病死亡的人数接近 10000。人们过多地暴露在紫外线下是一个主要的危险因素。从进化的角度来看，发生在精子或者卵子中的突变更糟，因为它们将被遗传到下一代。

如果考虑到我们的基因组会不断受到攻击，垃圾 DNA 的隔离理论绝对具有吸引力。如果我们的 50 个碱基对中只有一个是对编码蛋白序列非常重要的，而其他 49 个碱基对只是垃圾，那么一个破坏性刺激能够击中重要地区的概率就只有五十分之一。

这也能够解释为什么相对蠕虫和酵母这类简单物种的基因组，人类基因组包含了这么多垃圾 DNA 的现象（如图 3. 1 所示的那样）。蠕虫和酵母生命周期很短，而且可以产生很多后代。对每个物种的投入产出比是不同的，比如人类，需要很长的时间才能产生很少量的后代。而蠕虫和酵母则没有必要投入如此大量的精力来保护编码蛋白基因。即使它们的一些后代携带了突变而导致不能适应环境，但大部分后代仍能够存活。但是，如果你没有那么多的机会把遗传物质传递给下一代的话，那么保护那些重要的编码蛋白基因就具有了很好的进化意义。

自然，如同我们所见，就是适者生存的，而且即使隔离理论看起来很有道理，但仍有另外的一些问题。隔离是否就是垃圾 DNA 的唯一作用？而所有这些隔离物质最开始又是从哪里来的呢？

4 不速之客

每一个英国小学生都知道1066年这个时间。就是这年，那个来自现在法国诺曼底地区的“征服王”威廉（William）和他的军队入侵了英国。他们并不打算进行临时的执法。这些侵略者留了下来，还带来了他们的家庭，从此开始繁衍生息。他们最终被同化，成为了英国政治、文化、社会和语言特征的一个组成部分。

每一个美国小学生都知道1620年这个时间。就是这年，五月花号（Mayflower）停泊在了科德角，从而引发了欧洲移民定居北美的大浪潮。如同500多年前那些在英国的诺曼人一样，这些早期的定居者在数量上不断扩大，从而永远地改变了这里。

很久以前，人类基因组中也发生了类似的事件。外源性的DNA元件入侵了我们的基因组，而后在数量上不断扩增，最终成为了我们基因中稳定的组成部分。这些外来元件在我们的基因组中充当了一种类似于化石的记录，可用来与其他物种中的记录进行比较。但它们也可以影响我们的编码蛋白基因的功能，导致健康和疾病。

尽管它们可以影响编码蛋白基因的表达，但是这些外源性的元件本身并不编码任何蛋白质。这使它们成为了垃圾DNA的一个例子。

当人类基因组测序草图被发表时，人们才惊诧于这些遗传入侵者在我们的DNA中分布得是如此广泛。人类基因组里超过40%由这些寄生元件组成。它们被称为散在重复元件（interspersed repetitive elements），并且主要分为四类［分为：短散在重复元件（short interspersed repetitive repeats）、长散在重复元件（long interspersed elements）、长末端重复元件（elements with long terminal repeats）、DNA转座子］。正如它们的名字所示，它们是一类由重复特定序列构成的DNA区域。数量很多，人类基因组里有超过400万个散在重复元件。其中有一个重复元件在基因组中出现了850000

次，并占据了20%的基因组份额。

这些序列中的大部分都在过去找到了在我们基因组里面增加数量的办法。通常它们的模式类似于病毒，就像导致艾滋病的病毒一样。基本情况如图4.1所示。该机制能够借细胞一遍一遍拷贝序列的时候将自己重新插回到基因组中。这建立了一个放大的循环，导致该重复序列比基因组中其他部分在数量上增加得更快。

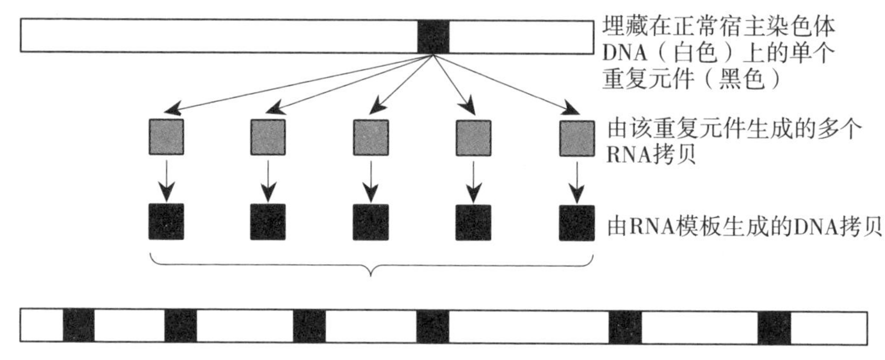

图4.1 一个独立的DNA元件被复制生成多个RNA拷贝。通过一种相对独特的过程，这些多个RNA分子能够被重新复制成DNA并被插回到基因组中。这个过程放大了元件的数量。这个过程也许在早期进化中进行过多次，但是这里为简便起见只展示了一个循环。

这些重复系列在我们的基因组很多地方进行着以上的复制—粘贴工作。这就是为什么它们遍布我们染色体的原因。

作为这些放大作用的结果，我们在自己的基因组里携带了不可思议数量的这些元件。可是，这样会不会导致什么问题呢？这些序列到底有没有什么影响？或者它们真的就仅仅是基因组里的乘客，并没有任何阳性或者阴性的作用？

我们可以从很多种角度来看待这个问题。这些重复序列中的绝大部分都出现在进化的极早期。与其他动物的比较表明，大部分的重复序列出现在125万年前，就是在胚胎哺乳动物从其他动物谱系中分离之前。这些重复序列中至少有一类，在25万年前从旧世界猿猴分离之后就再也没有任何变化了。所以，似乎基因组中那些重复序列仅仅在我们遥远的过去进行过剧烈扩张。在此之后，该数字没有显著增加。这可能表明，我们对这些重复序列的数量有一个容忍的上限。但它们也似乎正在被非常缓慢地从基因组中清除出去，这反过来又意味着，只要重复序列的数量低于此上限，我们就有办法对付它们。

跟其他物种相比，人类基因组对付这些重复序列的方法有些不同。哺乳动物含有的重复序列种类通常比其他物种多。但在哺乳动物中，这些都是来源于已经持续了很长一段时间的古老序列。在其他生命体中，旧的重复序列已在一定程度上被清除出去，而由较新的重复序列取代了这些未知。人类基因组计划草图的作者们计算出，在果蝇中，非功能性 DNA 元件的半衰期大概是 1200 万年。而在哺乳动物中，它们的半衰期约为 8 亿年。

即使是在哺乳动物中，人类也有些与众不同。重复元件的数量在原始人类中就已经有所下降，而其他哺乳动物中该数量仍在上升。比如，啮齿类动物中重复元件的数量就没有下降，人类基因组中的大部分重复元件也不再进行复制粘贴。最终的结果是，这些重复序列在啮齿类动物身上比灵长类更活跃。

导致的后果就是，相比人类，啮齿类动物中的重复元件会带来更大的麻烦。如果重复序列穿插在基因组中，它们可能会插进有功能的编码蛋白基因中，或插在该基因的旁边，而这将会影响到这些基因的正常作用。某些情况下，它们可能会导致无法正确地表达。在小鼠中，重复元件插入新的基因组区域导致新的遗传性疾病的概率是人类的 60 倍。小鼠中，大概有 1/10 的新遗传疾病由此引发，而人类中这个数字是 1/600。看起来我们控制基因组的能力比我们的啮齿动物表亲要强些。

垃圾DNA　危险的重复序列

也许看看啮齿动物中这类突变导致的后果对我们也有些借鉴意义。在一个小鼠品系中，突变带来的结果也许是动物没有尾巴。没有尾巴本身可能不是什么大问题，但问题是它们的肾脏同时也没能发育，而这就糟糕透了。致病的原因是插入的重复序列导致了一个附近基因的过度表达。在一个另外的种系里，插入的重复序列关闭了一个在中枢神经系统中非常重要的基因。结果是这些小鼠极易出现惊厥，而且它们的寿命往往只有两周。

我们也可以从相反的方面研究这些重复序列的可能影响，比如，可以观察一下基因组中那些重复序列几乎没有出现的区域里面的情况。

有一类基因叫做 HOX 家族基因，它们在驱动复杂细胞器官发育方面至关重要。这些基因在发育过程中按特定的顺序依次开启，而且被高度调控着。如果这个顺序哪里出了问题，产生的后果就会非常严重。我们最先是在果蝇上观察到 HOX 家族基因重要作用的。这些基因突变了的果蝇出现了一些相当异常的特征。最著名的例子就是，果蝇的头上没有长出触角，取代这些触角在头上位置的是一对腿。

跟果蝇一样，哺乳动物想要发育出正确的身体结构也依赖于 HOX 家族基因的准确表达。人类中 HOX 家族基因的突变非常罕见，可能就是因为这些基因太重要了。有证据表明 HOX 家族基因的突变可以引起肢端的畸形。

HOX 家族基因是人类基因组里面少见的几乎没有散在重复元件的区域之一。这提示了，就算是相对良性的基因入侵者也有影响基因表达的潜在活性，而进化也在基因组里面建立了一些禁止闯入的保留地。这些无重复元件插入的 HOX 家族基因在其他灵长类和啮齿动物中也能找到。

基因组里面插入的这些重复元件其实已经带来了一些意想不到的后果。有一类独特的能引起 ERVs 的重复元件。ERV 的意思是内源性逆转录病毒。人类免疫缺陷病毒（HIV，艾滋病的病原体）是逆转录病毒的一个代表。这类病毒的特征是其遗传物质不是 DNA，而是 RNA。病毒的 RNA 被复制而形成 DNA 后，就可以被整合入宿主的基因组中。宿主就会像对待自己的 DNA 一样，制造新的病毒成分并最终产生新的病毒。

沿着我们的进化史向前追溯很久，就会发现一些逆转录病毒开始在我们的基因组里面安营扎寨。很多已经变成了基因组里的化石。逆转录病毒序列里的有些部分已经丢失了，所以它们无法再生成病毒颗粒。但是一些仍然保持着制造新病毒所需的所有组分。一般情况下这些部分都被细胞严密控制着。科学家也已经发现我们的免疫细胞并不仅跟外界而来的病毒进行着殊死搏斗，同时还肩负着控制内部病毒的重任。失去部分正常免疫功能的基因工程小鼠会因为基因组中潜伏的这些病毒而出现麻烦。

在人类健康领域中，对内源性逆转录病毒的控制也是潜在的问题。每年，因为没有足够的捐助者，成千上万的人死于器官移植的等待过程中。例如，大约三分之一只要移植了心脏就能够存活的人，仍在翘首期盼。

一种可能的解决方案就是我们是否能够使用动物的心脏来进行器官移植。这被称为异种移植（xenotransplantation，xeno 来自希腊语“异种”）。以心脏移植为例，我们可以选择的动物是猪。它的心脏跟人类心脏的尺寸和强度较为接近。

有很多技术上的难题需要克服（包括一些宗教团队涉及到的伦理问题）。其中一些难题可以通过使用基因修饰组来解决，来自这种动物的器官不会产生在将猪细胞移植到人心血管系统后常见的强烈的免疫反应。但可能还有另一个问题，跟人类基因组一样，猪的基因组里也包含有内源性逆转录病毒。但猪的内源性逆转录病毒跟人的却不相同。20 世纪末的研究显示某些猪的逆转录病毒在适当的条件下能够感染人类细胞。

一些科学家确实有了一些担心。接受猪心脏移植的人不可避免地要接受免疫抑制药物治疗，以防止对外来器官的排斥。而内源性逆转录病毒则在人体免疫抑制的时候更容易被激活。经过进化，我们人类的细胞已经具有控制自己基因组里内源性逆转录病毒的能力。但这个系统可能并不会有效地控制那些隐藏在猪基因组里面的内源性逆转录病毒。理论上，这可能意味着内源性逆转录病毒有机会从猪的心脏中逃脱和攻击，并进入受体的其他细胞中。以此为起点，它们可能会扩散到更广泛的人群中。

最新的数据表明，这种情况发生的风险在过去可能是被夸大了的。但是，想要让异种器官移植成为现实，垃圾 DNA 必定是一个需要被密切关注的领域。

其他一些基因组里面的重复序列则可以更直接地带来健康问题。基因组里面一些比较大的区域，有时候达十几万个碱基长度，在进化过程中被复制了。“原始模板”和“重复产物”可能位于基因组内完全不同的部分，甚至不在同一条染色体上。

这些区域会在形成卵子或者精子时导致一些问题。在该形成过程中，染色体要经历一个非常重要的阶段，称为交换（crossing-over）。从你母亲遗传来的一条染色体跟来自你父亲的对等的一条染色体进行配对，而后它们会交换一部分 DNA。这是一种通过混合基因来增加基因多态性的方法。如果基因组中有两个部分由于重复序列的存在而非常相似，但却并不是真正的配对染色体，这种交换可能会在并不应该产生交换的基因组的区域进行。后果就可能导致产生的卵子或者精子具有多余的 DNA，或者丢失了关键的区域。

这能够导致遗传了这些基因缺陷的后代患上疾病。例子之一就是夏科－马里－图思病（Charcot－Marie－Tooth disease，也称性腓骨肌萎缩症），该病患者的负责感觉传导和运动功能的神经出现了缺陷。另一个是威廉姆斯－博伊伦综合征（Williams－Beuren syndrome），该病的特点是发育迟缓、身材短小、多种行为特征异常而且还伴有轻度学习障碍以及远视。

在交换中导致这些问题的基因组序列区域经常包含有多个蛋白编码基因。显而易见，受到异常交换影响的患者症状通常会非常复杂。因为，看起来有多条通路在这些基因的交换过程中会被累及。

也许你会疑惑，能够导致如此多麻烦的这种拷贝间的交换，竟然还会在人类进化过程中被保留下来。但事实上，形成卵子和精子的细胞在绝大部分的情况下能够完美地进行交换，并不会将染色体弄混淆。在进化的层面上，这种交换还能够作为人类基因组相当快速地提高相应基因数量的一种方式。这是很有用的。这些“被分享”的拷贝可以作为进化适应的原料。一些编码蛋白基因序列的改变能够创造出跟原始蛋白质在功能上类似又不完全相同的新品种。这可能就是哺乳动物如何在一个大基因家族下衍生出不同种类的原因。它是另一个人类基因组利用现有的基因和蛋白质进行“节约”进化，而不是去从头创新的例子。一种基因组层面上的买一送一。

垃圾DNA 通过垃圾 DNA 而洗脱冤屈

在这章中，大多数我们暂时认定的垃圾重复 DNA 都相当大。它们至少拥有 100 个碱基对，通常更多。这也是它们占据了基因组如此多百分比的部分原因。但是，也有其他一些垃圾重复元件要小得多，它们是基于短短数个碱基对的重复，它们被称为简单重复序列。我们前面介绍脆性 X 染色体综合征、弗里德赖希共济失调和强直性肌营养不良症的时候见过几个例子了。这些例子中，各自涉及到一种三碱基重复序列的数量问题，在患者中这些数量达到了最大值。

在人类基因组中，这些短组件的重复序列占到了大概 3%。它们在不同个体间差别很大。举个例子，拿 6 号染色体上特定位置上的两碱基的重复序列 GT 来说。我可能从我母亲的 6 号染色体上遗传了 8 个拷贝（序列是 GTGTGTGTGTGTGTGT），从父亲那里得到了 7 个拷贝。你，则可能得到了来自母亲的 10 个拷贝和来自父亲的 4 个拷贝。

这些简单重复序列已被证明用处很大，因为它们遍布基因组，在个体间基因组的特定位置上各不相同，并且可以使用便宜又灵敏的方法进行检测。

因为这些特点，一些重复序列现在被用做 DNA 指纹。通过这种方法，我们可以明确血液或者组织样本与某个个体的关系。这促进了亲子鉴定，并彻底改变了法医学。在后者中的应用包括识别大屠杀的受害者、做出有罪判决和洗清冤狱，包括那些已经在监狱里面蒙受数十年不白之冤的人。在美国，超过 300 个在押犯人经过 DNA 测试确定自己的清白后得以释放，其中包括大约 20 个已被送到死囚牢房的人。

5 随着我们变老一切都在减少

由丹·阿克罗伊德（Dan Aykroyd）、艾迪·墨菲（Eddie Murphy）和杰米·李·柯蒂斯（Jamie Lee Curtis）主演的电影《颠倒乾坤》（*Trading Places*）是1983年电影界的重磅炸弹，当时在美国的票房收入超过900万美元。这是一出复杂的喜剧，但它背后是对基因与环境的探索。成功人士之所以成功的原因是其自身的能力还是其所处的环境？这部电影坚定地认为是后者。

我们基因组中也有类似的现象发生。某个基因能够表现出相对无害的作用，并帮助细胞存活。为了做好这项工作，这个基因应该以适当的速度制造出蛋白。而控制该基因产生蛋白数量的一个主要因素就是它在染色体上的位置。

现在让我们想象一下，这个基因被转移到了一个新的环境中，就像丹·阿克罗伊德饰演的角色被扔到了贫民窟或者艾迪·墨菲的角色发现自己被送到了一座豪宅。在这个新的环境中，我们转移的基因被新的基因组信息所包围，而这些信息让它制造出更多的蛋白质。高水平的这种蛋白质会促使细胞比平常更快地生长和分裂。这可能就是导致癌症发生的步骤之一。基因本身并没错，它只是在错误的时间出现在了错误的地点。

这种过程会在一个细胞内有两条染色体同时断裂的时候发生。当一条染色体断裂时，一种修复机制会迅速靶向到它并把两个片段重新连接起来。这通常是一个相当精准的过程。但是，如果有两条（或者更多）染色体同时出现断裂，就会出现问题。染色体的断端可能会被错误地拼接起来，如图5.1所示。这样，一个“好”基因就可能会被带到一个“坏”环境里，并开始引起麻烦。这确实是个麻烦，因为重排的染色体会随着细胞的每次分裂而被传递到每个子代细胞中。其中最著名的例子是被称为伯基特淋巴瘤（Burkitt's lymphoma）的人类血癌，其8号染色体和14号染色体之间出现了重排。这种重排导致了一种能促进细胞猛烈增生的基因（该基因被称为 Myc）出现强烈的过表达。

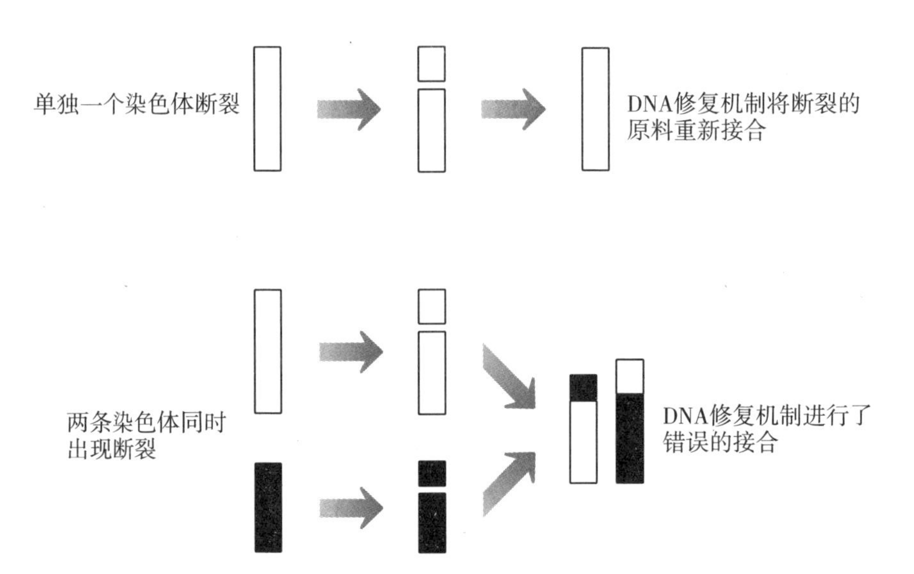

图 5.1　在上半部分，单独一条染色体出现断裂并被细胞修复。在下半部分，两条染色体同时出现断裂。细胞修复机制也许不能识别出每个碎片的来源。于是，染色体可能会被错误地接合在一起，形成混合结构。

幸运的是，两条染色体恰好在同时断裂的情况非常罕见。一般情况下还是会存在一个时间差。所以，修复 DNA 的机器的动作被进化得非常迅速。毕竟，修复一个断裂染色体的时间越短，在一个细胞中同时出现多个断裂的概率就会相对越低。DNA 修复机制在细胞一探测到出现 DNA 断裂碎片的时候就会立即工作。所以，其工作依赖于对碎片末端的检测机制。

但这又引出了新的问题。我们的细胞里面有 46 条染色体，每个都是线性的。换句话说，我们的细胞里面有 92 个染色体的末端，因为每条染色体都有两个端头。DNA 损伤检测机制必须得有一个分辨正常染色体末端和碎片上异常末端的办法才行。

垃圾DNA DNA 鞋带

细胞解决这个问题的办法是在每个正常染色体的末端上制造特殊的结构。你穿的鞋子有鞋带吗？如果有，请看一下这些鞋带。鞋带上每个末端都有一个金属或者塑料材质的帽。这被称为绳扣，用于防止鞋带松散和磨损。我们的染色体也有自己的绳扣，而它们对保持基因组的健全至关重要。

这些染色体的绳扣被称为端粒，是由一类我们知道了很多年的垃圾DNA 和多种复杂蛋白质一同构成的。端粒 DNA 由相同的六碱基重复序列TTAGGG 组成。在人类新生儿脐带血细胞每个染色体末端上的长度平均在10000 个碱基对左右。

端粒 DNA 与复杂的能帮助维持结构稳定的蛋白质相结合。端粒这个词实际上是垃圾 DNA 及其相关蛋白质的结合体。2007 年，一些研究小鼠的科学家证实了这些蛋白质的重要性。他们利用失活基因的办法制止了一种该蛋白质的表达，结果发现小鼠的胚胎全部在发育的早期死亡（这个基因被称为 Gcn5。它编码的蛋白质具有一系列功能，其中之一就是往蛋白的赖氨酸残基上添加乙酰基）。

当研究者检查这些基因修饰小鼠染色体的时候发现，很多染色体都通过末端相互连接而接合在了一起。这是因为 DNA 修复机制不能够识别出端粒。相反，它认为面对的是很多条染色体断片，进而开始进行它最擅长的工作。于是它把它们粘在一起。不幸的是，正因为这项工作，基因表达变得彻底失控。最终，染色体和细胞变得如此混乱以至于它们开启了一种细胞自杀模式（这种细胞自杀行为的学名叫做程序性细胞死亡，或者凋亡），彻底终止了发育。

端粒还有另外一个在生物学和人类健康方面很有意思的特性。让我们回到 20 世纪 60 年代，当时的研究者正在实验室里面探索细胞如何分裂。他们的研究对象不是肿瘤细胞系，因为那些细胞已经由于异常变化而变成不死的了。相反，他们研究的是成纤维细胞。成纤维细胞在人体各种组织中广泛存在。它们分泌一些被称为细胞外基质的东西，能够像墙纸胶一样将细胞固定住。从诸如皮肤的组织中取材后分离成纤维细胞相对比较容易。而后它们可以在培养基中进行生长和分离。那时候这些研究者发现的结果是细胞不会永远进行分裂。当它们在某一个点停止分裂后，不管你给再多生长需要的营养和氧气都不行。这些细胞不会死，它们仅仅是停止了增殖。这就是所谓的衰老。

科学家们后来意识到随着每次分裂，细胞里面的端粒都逐渐缩短。每次细胞一分为二的时候，所有细胞内的DNA都被进行了复制。这能保证两个子代细胞都可以从母细胞那里遗传到相同的46条染色体。但是，复制DNA的系统并不能触及染色体的末端。所以，随着细胞分裂的不断循环，端粒变得越来越短。

但是这并不能真正证明端粒的缩短会导致细胞的衰老。端粒长度的变化很可能仅仅是一种细胞增殖能力的标记而已，事实上并不对细胞的行为产生任何实际的作用。

这在科学探索里是一个非常重要的理念。我们身边有很多两者有相关性但没有任何因果关系的例子。例如，肺癌的发病率和吃硬糖块之间有很强的相关性。这并不能证明吃糖果能让你得肺癌。肺癌的早期表现之一就是持续的咳嗽，而咳嗽的人往往想通过含食硬糖块来降低自己的不适感。

端粒的缩短确实会导致衰老的证明出现在20世纪90年代。科学家证明如果他们增加成纤维细胞里面端粒的长度，这些细胞就会超越衰老而无限增长。

现在人们普遍接受了端粒就像是一种随着我们长大而不断倒数的分子钟。目前还有很多细节尚不明了，出于多种原因，这片生物学领域很难探索。原因之一就是在任何细胞中，这92个端粒区域（每条染色体的两端各一个）都不是相同的长度。这导致很难测量出一个细胞内所有端粒的长度，更别提整个人体了。对科学家来讲，也很难使用他们最喜欢的模型动物，比如小鼠来探究端粒生物学和老化的关系。这是因为啮齿类动物的端粒长度比人类长得多。当然，啮齿类的生命比人类要短多了，这也提示端粒长度并不是唯一决定衰老的因素，但越来越多的证据表明在人类中它们是主要的因素。

垃圾DNA 照顾好鞋带

我们现在所知的是，我们的细胞并没有对衰老过程束手就擒。我们有试图尽量保持端粒长度和完好的机制。这依靠于我们细胞里名为端粒酶的活性。端粒酶系统添加新的TTAGGG模块到染色体上，基本上可以弥补细胞分裂过程中损失的那部分重要的垃圾DNA。端粒酶由两部分组成。一部分是一种酶，它能够在染色体的末端加回那个重复序列。另一个部分是一小块序列保守的RNA，它作为模板以保证酶往回添加碱基的顺序是正确的。

所以，照顾我们染色体末端的重任完全靠垃圾DNA，尽管它在基因组里面不编码任何蛋白质。端粒本身就是垃圾，而且我们细胞用来维持端粒的基因产生的RNA也从不作为任何蛋白质的模板。这个RNA本身就是有着至关重要功能的分子（这个核心酶由TERT基因编码，RNA模板由TR基因编码）。

但是，如果我们的细胞能够通过端粒酶系统的活性来保持端粒的长度的话，为什么端粒还会越变越短呢？这个系统有什么问题吗？为什么不能好好工作呢？

究其原因可能源于一个事实，即很少有生物学系统能够在被放任的情况下好好工作。而我们细胞中端粒酶的活性是受到了严格控制的。癌细胞中具有病理学上的例外。癌细胞通常已经适应了它们里面端粒酶的高活性和不断延长的端粒。这有助于许多肿瘤的侵袭性生长和增殖。我们的细胞系统可能已经达到了一种进化上的妥协。即端粒会在我们进行生殖下一段之前（以后的事情在进化的眼里无关紧要）保持足够的长度。但它们不会长到我们要过早受到癌症困扰的程度。

每个人基础的端粒长度在发育的早期就已被设定好了，那时候端粒酶的活性异常的高。端粒酶活性在生殖细胞，也就是生成卵子和精子的细胞中也很高。这就保证了我们的后代能够遗传到足够好的端粒长度。

很多人体组织中包含有被称为干细胞的细胞。这些细胞负责产生我们需要的用于替换的细胞。当需要新细胞的时候，一个干细胞会复制它的

DNA 并分到两个子代细胞中。一般情况下，其中的一个子细胞会发育成完全分化的替换细胞。另一个则成为新的干细胞，它将通过同样的方式继续制造替换用的细胞。

人体内最“繁忙”的一类细胞就是那些产生血细胞的干细胞（这类细胞的学名是造血干细胞），其产品包括红细胞和那些我们靠它抵御感染的细胞。这些干细胞以一种无法想象的速度进行增殖。这是因为我们始终需要替换那些在我们生命中的每一天都跟病原体战斗的免疫细胞。我们同样需要换掉红细胞，因为它们的寿命只有 4 个月。令人吃惊的是，人体每秒钟能够产生 200 万个红细胞。这需要一个相当活跃的，能够以惊人的速度进行分裂的干细胞群落。这些干细胞里面端粒酶的活性很高，但最终，即便是它们，也会由于端粒变得太短而无法正常工作。这也是为什么老年人比青年人更容易发生感染的原因之一。他们体内的免疫细胞不够用了。这也是老年人容易罹患癌症的原因之一。我们的免疫系统通常能够很好地破坏掉异常的细胞，但随着干细胞死亡，该功能也就渐渐失效了。

为什么我们端粒的长度如此重要？它仅仅是垃圾 DNA 而已呀，那么，为什么如果我们端粒的长度是几百个非编码的 TTAGGG，而不是几千个的话，就会导致严重的后果呢？这个问题似乎要靠端粒里面的 DNA 和与之结合的蛋白质复合体之间的关系来解释。如果重复 DNA 序列长度低于某个特定的水平，染色体的末端就无法结合足够多的这种保护性蛋白质。我们之前已经看到了缺乏这类蛋白质的小鼠的下场，就是胎死腹中。

当然这个例子有点极端，但毫无疑问的是，维持端粒足够的长度对其结合很多保护性蛋白质复合物是至关重要的。我们知道这在人类中与小鼠一样，因为有些人就罹患了维持端粒系统关键成分突变的遗传性疾病。这些患者的症状没有转基因小鼠中那么显著，但这是因为那些症状特别明显的已经在怀孕期就流产了。但是，我们知道这些突变患者会发生一些通常与衰老相关的疾病。

垃圾DNA 端粒和疾病

这类疾病主要是由端粒酶基因、编码 RNA 模板的基因、编码保护端粒蛋白的基因、帮助端粒酶系统有效工作的基因突变而引起的［该基因被称为先天角化不良 1（Dyskeratosis congenita 1，DKC1）或者角化不良蛋白］。

本质上，这些基因中的任何突变都能导致相似的结果。它们的根源就是难以让细胞维持它们的端粒。从而导致具有这些突变的患者的端粒比正常个体缩短得更迅速。这就是为什么他们往往出现一些表现为过早老化的症状。这类疾病被称为人类端粒综合征。

先天角化不良是一种罕见的遗传性疾病，发病率大概为一百万分之一。患者会受到一大堆问题的困扰。他们的皮肤中会出现随机暗斑。他们的口腔中会出现可能会发展为口腔癌白色斑块，而他们的手指甲和脚指甲又薄又弱。他们会遭受渐进性和看似不可逆的器官衰竭，最早出现的是骨髓衰竭和肺部问题。他们罹患癌症的风险也会明显增加。

科学家们已经发现尽管症状类似，但不同受累家庭的病因是由不同基因突变所导致的。当时至少鉴定出了 8 种不同的突变基因，而且很可能还会更多。所有这些基因的共同特点是它们都参与了维持端粒的活动。这提示我们，不管这个垃圾 DNA 区域以什么方式变得一团糟，最终的症状都差不多。

上面提到的肺部问题就是肺纤维化。罹患此病的患者会出现衰弱的症状。他们会受到气短和咳嗽的困扰，原因是他们没有办法有效排出肺中的二氧化碳并得到氧气。如果在显微镜下检查他们的肺，病理学家能够发现大片的正常组织已被炎症和纤维化组织所取代，看起来有点像瘢痕组织。

这些肺部疾患的临床症状和病理变化在呼吸道疾病中很常见，所以这导致科学家们把这些患者的情况定义为原发性肺纤维化。原发性的意思就是该病没有明确的原因。研究者对这些患者进行了检查，以探寻其中是否有人的保护端粒的基因出现了缺陷。总的来说，具有该病家族遗传史但没有鉴定出明确基因突变的患者中，有六分之一的人的保护端粒相关基因上出现了缺陷。即使在那些没有肺纤维化家族史的患者中，端粒相关基因突变出现的比例也在 1% ~3% 之间。在美国大概有 100000 名原发性肺纤维化患者，所以换算一下就是，其中大概有 15000 人是由于他们不能很好地保护自己的端粒而得病的。

保护端粒机制的缺陷还能导致另外一种疾病。这种疾病被称为再生障碍性贫血，该病患者的骨髓不能生成足够的血细胞。该病很少见，发病率大概在五十万分之一。患者中大概有 5% 的端粒酶的任一亚单位出现了突变。

这些患者中有些可能会同时出现骨髓缺陷和肺部缺陷，但在临床上这两者往往是先后发生的。这会导致在治疗上面临很大的麻烦。骨髓移植是治疗再生障碍性贫血的一种方法。在接受了新骨髓以后，为了防止排异反应往往要给患者吃抑制免疫的药物。这些药物中有一些对肺部有毒性。对大部分再生障碍性贫血的患者来说，这并不是什么大问题。但对于那些端粒酶系统有缺陷的患者来说，这些药物能够触发可能致死的肺纤维化。这样，“治病”就变成了“致命”。

临床医生可能无法分辨出某个再生障碍性贫血患者实际上是不是得的端粒问题遗传病，而这是有原因的。端粒酶复合体在生殖细胞中通常非常活跃，这样父母才能把足够长的端粒传给孩子们。但在那些编码端粒酶中蛋白质或者 RNA 部分基因突变的家族中，并不是这样。结果，端粒的长度会逐代缩短。因为只有当端粒长度降到一定水平后，患者才会出现症状，所以存活的每一代都随着端粒的缩短在一步步走向发病的悬崖。

这会导致相当戏剧性的影响。祖父母也许会具有相对较长的端粒，所以大概在 60 多岁会患上肺纤维化。他们的孩子可能有中等长度的端粒而在 40 多岁就出现了肺部症状。但第三代的端粒则非常短。他们可能在童年就出现了再生障碍性贫血。

因为祖父母和父母的症状直到生命后期才出现，第三代可能会在所有长辈们发病之前就出现了。这就使临床医生很难认识到患者得的是家族遗传性疾病，更别说还要加上受累严重和受累轻微个体之间还有症状差异了。

这个奇怪的特征，就是最老一代的症状跟最年轻一代不同且较轻的情况，跟我们在第 1 章见到的强直性肌营养不良很像。这是个非常不寻常的遗传现象，而且亮点是在这两个最明确的例子里面，其根本原因就是垃圾 DNA 区域长度的变化。

有一个明显的问题就是，为什么一些组织比其他组织对短端粒更敏感。其实并不完全清楚，但我们还是有了一些解释。看起来应该是增殖旺盛的组织对端粒的缩短更加敏感。最经典的例子就是我们在本章稍早提到过的造血干细胞。如果这些细胞在保持端粒长度方面出现了问题的话，就会导致该群细胞的耗竭。

这解释对再生障碍性贫血有用，但对肺纤维化则不行。肺组织更新得非常缓慢，而端粒缺陷的患者却经常出现肺纤维化。可能在肺细胞中，端粒的缩短能够同时导致其他影响基因组和细胞功能的因素的变化。而这种影响需要时间，所以肺部的症状通常比其他由造血干细胞导致的症状出现得更晚。

随着每次呼吸，我们的肺都暴露在潜在的化学伤害中，所以不奇怪的是，它们始终与端粒缺陷进行着斗争。最常见的吸入性危险物之一是烟草。吸烟在全球对人类健康的影响是巨大的。世界卫生组织的数据显示每年大概有600万人因吸烟而死亡，而死于二手烟影响的是50万人。

研究者用实验研究了吸烟的危害。他们通过基因修饰的方式获得了具有短端粒的小鼠，随后就把各种小鼠暴露在了烟雾中。结果如图5.2所示。最终，只有具有短端粒且暴露在烟雾中的小鼠得了肺纤维化。

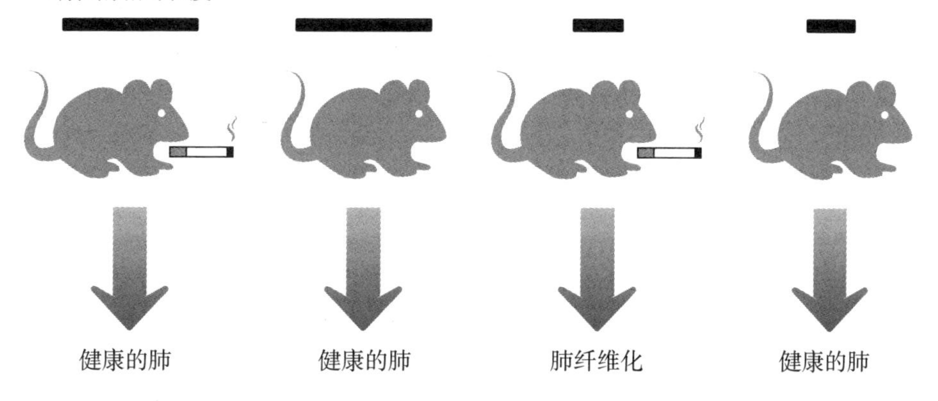

图5.2　在小鼠中，遗传缺陷和环境因素共同导致了肺纤维化的形成。仅仅具有较短端粒酶的小鼠不会发生肺纤维化，没有暴露在烟雾中的小鼠也不会发生肺纤维化。但是，置于烟雾中的具有较短端粒酶的小鼠则会发生肺纤维化。

吸烟不是唯一对人类健康有危害的因素，当然，不吸烟可能是你对自己健康所能做的唯一明智的选择。但，在发达国家影响人类健康最主要的因素还是年龄。这本来并不是问题（因为我们以前并不能活那么久）。但现在，通过大量的医疗、药物、社会和其他技术，我们跟那些想在我们年轻时就干掉我们的一切，包括感染、儿童夭折和营养不良等进行着艰苦而又富有成效的斗争。

垃圾DNA 端粒的倒计时

变老现在是发生慢性疾病的最主要危险因素。如果我们意识到在2025年之前全球会有12亿60岁以上的老人的话，这确实是个大问题。癌症的发病率在40岁以上会猛然增高。如果你活到了80岁，你会有相当大的概率罹患某种类型的癌症。如果你是个大于65岁的美国人，你还有相同的概率来得心血管疾病。还有很多其他的统计数据在刻画着相似的惨淡场景，让我们不忍直视。还没有完，英国皇家精神病学院宣称大概超过65岁的老人中有3%会出现抑郁的临床症状，而且有六分之一出现其他人能感知的轻度抑郁症状。

但我们都知道，相同年龄的两个人在健康方面的表现会有天壤之别。史蒂夫·乔布斯（Steve Jobs），苹果公司的联合创始人，在56岁的时候死于癌症。福杰·辛格（Fauja Singh）在89岁的时候开始跑马拉松，在101岁的时候跑完了最后一次（当然不是只跑了一次）。对于长寿，我们还所知甚少，它应该是遗传、环境和好运气所共同产生的。但我们所知道的是，仅仅计算一个人活了多少年是片面的。

我们已经开始意识到端粒可能是一个复杂的分子计时器。端粒缩短的速度可以被环境因素所影响。这意味着我们可能可以把它们当作一个标记，不是简单代表活多少年，而是健康地活多少年。目前获得的数据相当初步，且经常矛盾。这部分是因为很难找到准确测量端粒的方法，如前所述，我们通常在容易获得的细胞中衡量它们。这些一般是白细胞，并且它们可能并不是最相关的细胞类型。但尽管有这些困难，一些有趣的数据仍不断涌现。

让我们回到我们的宿敌，烟草上来。一项研究分析了超过1000名女性白细胞中的端粒长度。他们发现，在吸烟者中端粒的长度较短，而且在吸烟过程以18%的速度不断丢失。他们的计算认为每天吸烟20支持续40年相当于失去了7.5年的端粒寿命。

一项2003年的研究观察了大于60岁人群的死亡率，结果显示具有最短端粒的人死亡率最高。而其死亡主要是由心血管疾病导致，而该研究被后来一项更大规模的关于另一个老年群体的研究所证实。对一组德裔犹太人社区百岁老人的研究发现端粒越长的人，患与衰老相关的疾病就越少，而且其认知功能比具有较短端粒的同龄人更好。

有时候我们会忘记不仅仅只有物质的因素会影响健康和寿命。慢性心理应激对人体多个器官都非常有害，包括心血管健康和免疫应答等。受慢性心理应激困扰的人比应激较少的人寿命要短些。一项对20～50岁女性的调查结果显示，慢性应激组的端粒长度较无应激组要短。通过计算，这相当于大概10年的寿命。

在影响人类健康的选手中，肥胖似乎能够和吸烟一决高下。再回到国际卫生组织那里，我们知道每年大概有接近300万人因肥胖或超重而死亡。心脏病患者中有四分之一是超重或者肥胖的。在2型糖尿病中，肥胖的贡献更加显著（有50%的人是超重的），在癌症患者中也一样（在7%～41%之间）。全球为此付出的经济和社会代价是巨大的。

最新的数据显示，在我们细胞中试图调节响应能量和代谢波动的系统跟那些维持基因组完整（包括端粒稳定）的系统之间有着显著的相互作用。所以理所应当地，科学家们分析了肥胖者细胞中的端粒长度。科学家们同时也研究了吸烟对端粒长度的影响。他们发现，与肥胖有关的端粒缩短甚至比吸烟更明显，相当于近9年的寿命。

如果上面说的激发了你控制体重的热情，请谨慎选择你的生活方式。根据联合国有关机构提供的数据，全世界拥有百岁以上老人比例最高的国家是日本。传统的日本饮食起了很大的作用，因为那些将饮食习惯西化的日本人也同时获得了西方的慢性病。日本的传统饮食结构是低蛋白摄入和相对较高的碳水化合物摄取。在大鼠中的研究还表明，生命早期的低蛋白饮食与寿命延长有关，而这又与端粒的长度相关。

如果你正在考虑使用高蛋白而低碳水化合物的阿特金斯（Atkins）或者杜坎（Dukan）减肥法的话，先跟你的垃圾DNA谈谈吧。我想你的端粒也许会说，不。

6 二才是完美的数字

一个细胞变成两个、两个变四个、四个变八个，而后根据《国王与我》（*The King and I*）中的表述，“等等、等等、再等等”，一直分裂出构成我们身体的50万亿个细胞。一个人类细胞每分裂一次，它就不得不将与自己所含完全相同的遗传物质传递给两个子细胞。为此，细胞要给自己的DNA做个完美的复制。这两个备份最开始是在一起的，但随后就被拖向了细胞相反的两极。图6.1进行了基本的描述。

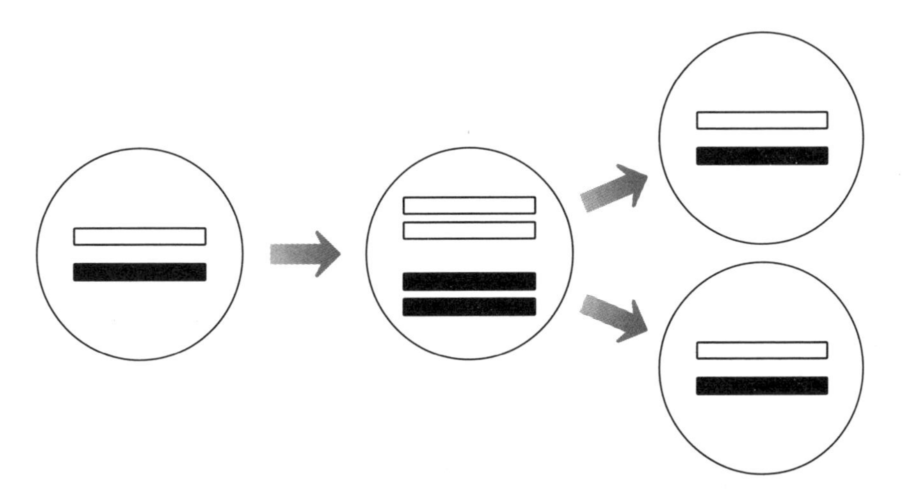

图6.1 一个正常细胞包含有每个染色体的两个拷贝，从父母双方各获得一条。在细胞分裂前，每个染色体被拷贝出一个完美的副本。这些拷贝在细胞分裂时被拖开。这就形成了两个含有跟原始细胞完全相同染色体的子细胞。为简化起见，本图只显示了一对染色体，而不是人类细胞中的23对染色体。不同的颜色表示不同的来源，即父母来源的各一个。本图仅显示了细胞核的分裂，实际上细胞的其他部分也出现了分裂。

唯一的例外发生在卵巢或者睾丸中的生殖细胞制造卵子或者精子的时候。卵子或者精子里面的染色体只是体内其他细胞中染色体数目的一半。由此产生的结果就是当一个卵子和一个精子融合时，产生的合子（受精卵）里面的染色体数量就是正常的，而后受精卵就开始不断地一分为二。

之所以染色体的数目能够减半，是因为我们的染色体都是成对的。我们从父亲和母亲那里各自遗传了一半数目。图 6.2 显示了在卵子和精子形成时染色体是如何减半的。

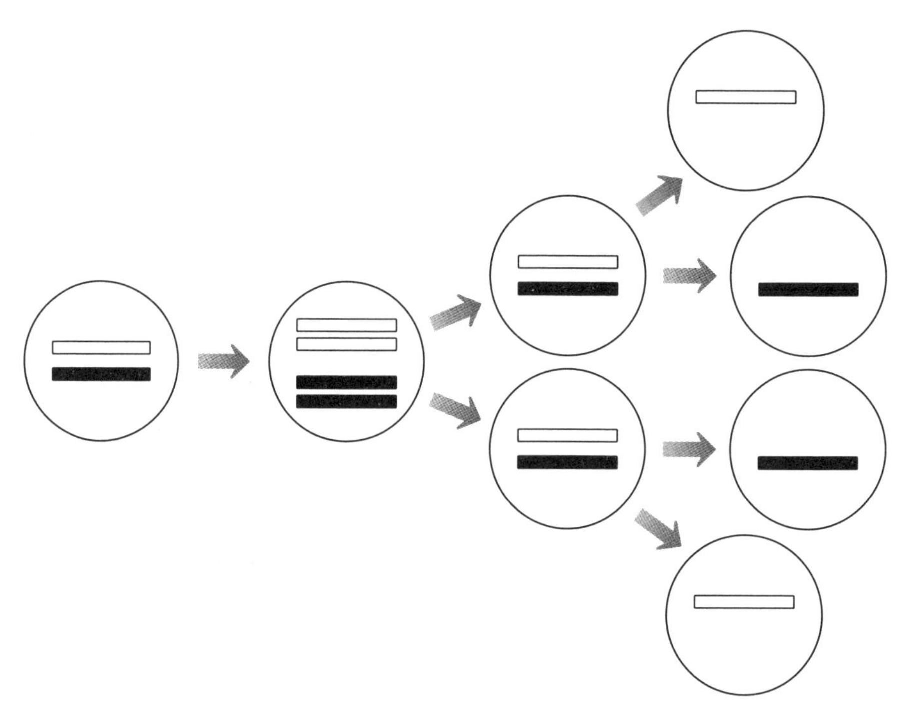

图 6.2　该图表示了生成配子（卵子或者精子）时，细胞分裂出只包含一半染色体后代的过程。该过程在开始的时候跟图 6.1 中所示的正常细胞分裂相近。但是，随后还有第二次的染色体分离，以形成只有正常染色体数量一半的配子。此外，在早期还有一个过程，就是为了在后代中创造出更大多样性而进行的染色体对内部的遗传物质交换，但本图中没有展示。

不管是新的体细胞形成还是生殖细胞制造卵子或精子的时候，如果细胞分裂出现了错误，后果是非常严重的，我们在本章后面会提到。细胞分裂是一个极其复杂的过程，需要上百种不同蛋白质按高度严格顺序进行作业。鉴于细胞顺利成功分裂的过程是如此复杂以及如此重要，可能会令人吃惊的是，这竟然完全依赖于一长段垃圾 DNA 区域。

这段特殊的垃圾 DNA 被称为着丝粒（centromere），与上章中的端粒不同，着丝粒所处的位置在染色体的内部。它在不同染色体上的位置各异，可能会在中间，也可能接近末端。在同一染色体上，它的位置是固定的，例如人的 1 号染色体上，它总是靠近中间；而在人的 14 号染色体上它总是接近末端。

着丝粒是一组拖动染色体向细胞两端运动的蛋白质的最终附着点。还记得蜘蛛侠吗？他站在某个位置上，喷射出一个蛛网，粘住他想要的东西并拖过来。现在想象一下，细胞里面的一段有一个非常小的蜘蛛侠。他向自己想要的染色体上喷射出一个网，网粘住了染色体，于是他把染色体拖向了自己所在的位置。而在细胞的另一端，也有个小蜘蛛侠做着同样的事情。

细胞里面的这项工作对蜘蛛侠来说有点复杂。大部分染色体的表面都涂覆有防网涂层。只有其中的一小部分能够被网粘住。这部分就是着丝粒。细胞里面，着丝粒跟一长串蛋白质附着在一起，拉动染色体远离中心并趋向两极，这一串蛋白被称为纺锤体。

着丝粒在所有物种中都有非常重要和一致的作用。它们是纺锤体必要的连接点。该系统能够正常工作是至关重要的，否则细胞分裂就会出错。考虑到其重要性，我们也许会认为着丝粒的 DNA 序列在整个进化树上都应该是高度保守的。但非常奇怪的是，事实并不是这样。一旦我们在进化树上超越酵母（如啤酒酵母）和微观蠕虫（如秀丽线虫）后，不同物种之间的该 DNA 序列是大相径庭的。事实上，一个细胞里面两条染色体之间的着丝粒 DNA 序列都可能不同。如此多样性的序列，却有着完全一致的功能，这多少让人有点违和感。不过令人高兴的是，我们正在开始了解该重要的垃圾 DNA 区域是如何去设法克服这个奇怪的进化伎俩的。

在人类染色体中，着丝粒由 171 个碱基长的 DNA 序列元件（这个由 171 个碱基构成的元件被称为一个 α 卫星重复序列）重复而构成。这 171 个碱基对不断地进行重复，甚至达到 500 万个碱基的长度。着丝粒的关键特征是能作为 CENP－A（着丝粒蛋白－A）的结合位置。与着丝粒 DNA 相比，CENP－A 基因在物种之间是高度保守的。

关于蜘蛛侠的比喻可能会帮助我们理解之前提到的关于进化的难题。

蜘蛛侠的蛛网可以绑定到 CENP－A 蛋白。不管 CENP－A 蛋白上结合的是肉、砖头、土豆还是灯泡。只要 CENP－A 蛋白结合了东西，蜘蛛侠的蛛网就会粘住这个蛋白，把它和跟它结合的东西一起拉向我们的超级英雄。

所以，着丝粒上的 DNA 序列在物种间可以全然不同，不管是肉还是灯泡。真正关键的是 CENP－A 蛋白必须保持一致，这样高度保守的牵拉装置就能够粘住它，并把染色体朝细胞的两极拖去。

CENP－A 不是在着丝粒上发现的唯一蛋白，还有其他很多。我们可以在实验室里让细胞不再表达 CENP－A。这样做的结果就是，那些本该与着丝粒结合的其他蛋白就罢工了。然而，如果做些迂回的实验——将其他蛋白中的某个敲除掉——CENP－A 还是能够与着丝粒结合。这说明 CENP－A 的作用类似于基石。

当研究者在果蝇细胞里面过表达 CENP－A 时，他们发现染色体的非常规位置上出现了着丝粒。但人类细胞中的情况看起来要复杂些，因为过表达 CENP－A 并不导致新的异常定位的着丝粒出现。似乎在人类中，CENP－A 在着丝粒形成中是必要条件，不是充要条件。

CENP－A 的作用是作为吸引其他构成纺锤体的必需蛋白质的基石。当一个细胞开始进行分裂，超过 40 种不同的蛋白质在 CENP－A 的基础上进行组装。这是个步进的过程，就像是按特定顺序安装乐高积木一样。在染色体被拖到细胞相反的端头后，这个巨大的复合物立刻就会解体。整个过程不超过 1 小时。我们不知道这一切是如何控制的，但我们了解了一些简单的物理学过程。正常情况下，细胞核外有一层膜包裹，而大的蛋白质分子很难穿越这道屏障。当细胞准备好分离它复制好的染色体时，该屏障会临时分解并使蛋白质能够在着丝粒上组装复合物。这就像是你家门口有一个搬家公司。他们随时准备搬走你的家具，但是只有你开门让他们进屋才能如愿。

垃圾DNA 定位、定位、定位

我们还有一个很困难的概念性问题没有解决。如果着丝粒上的 DNA 序列不那么保守，而关键因子是放置 CENP－A，那么细胞怎么知道每条染色体上的着丝粒应该出现在哪里呢？为什么 1 号染色体总是出现在中间，而

14号染色体却靠近末端？

要想理解这个问题，我们就要对细胞里面的DNA结构了解得更详细一些。DNA双螺旋是一个标志性的图像，甚至可能是生物学的代表图像。但它并没有展示出真实DNA的样子。DNA是一条非常细长的分子。如果你把一个人类细胞里面的所有染色体的DNA连在一起并拉直，其长度可达2米。但是该DNA不得不被收纳在细胞核中，而这个核的直径仅仅是1毫米的百分之一那么长。

这就像是要把一个长度跟珠穆朗玛峰高度差不多的东西塞进一个高尔夫球中。如果你想把像珠穆朗玛峰那么长的登山绳塞进高尔夫球中，那显然是不可能的。而另一方面，如果你想塞的不是登山绳而是一条比头发还细的丝线，你可能会成功。

尽管人类的DNA很长，但它很细，所以就可以被塞进细胞核中。但，一般说来，还是很复杂的。把DNA随便绕在一起塞进一个小空间是不够的。之所以这样说的原因，我们可以用圣诞树上的绳灯进行比喻。如果假日结束，你要把树上面的灯拿下来并随便塞到盒子里，它们会占用很大的空间。而你在明年想再使用它们的时候，你会发现它们缠绕成了一团。你不得不用很长的时间来把它们解开，而且你还很有可能会弄坏一些。在绕成一团的绳灯中间，你也很难找到一个特定的灯泡。

但是，如果你是一个很会收拾的人，你就会把它们每串都绕在一个纸板上，然后再收起来。而你的组织性会在来年得到回报，就是你可以把它们从很小的贮藏盒子里取出并轻易地再次使用。你的所作所为并不是仅仅为阁楼剩下了些地方，你也会发现解开这些灯很容易，它们不会缠绕成一团，而你还能很轻易地找到你心仪的灯泡。

我们的细胞中也是同样的过程。DNA不是那种随便绕在一起的遗传物质。相反，它围绕着一种特殊的蛋白。这会防止DNA纠缠和损坏，而且使细胞能够获得需要的区域以达到开启或者关闭基因的目的。

那些我们细胞里面DNA围绕着的特殊蛋白叫做组蛋白。其基本结构如图6.3所示。8个组蛋白——4种类型每种2个——组成1个八聚体。DNA缠绕在八聚体上，就像是一条跳绳围着8个网球一样。我们的基因组中有着巨大数量的这些八聚体。

CENP-A是这些组蛋白之一的近亲，有着很多相同的氨基酸序列，但还有一些重要的差异。在着丝粒上，一种标准组蛋白的两个拷贝都不见

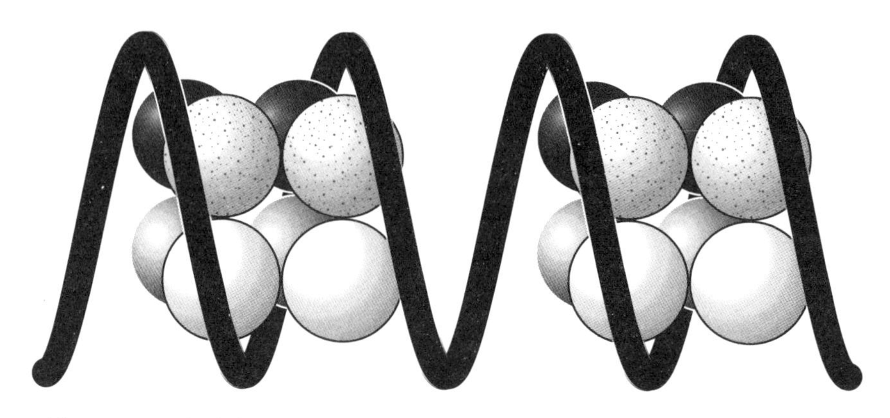

图6.3　用黑色线条表示的DNA缠绕在8个组蛋白（四种不同的类型每种两个）形成的聚合体上。

了，取而代之的是CENP－A，如图6.4所示。每条染色体的着丝粒上都有成千的包含CENP－A的八聚体。

图6.4　左侧的组蛋白八聚体表示大部分基因组中的标准配置。右侧的八聚体表示在着丝粒中发现的特殊八聚体。一对标准的组蛋白被一对特殊的着丝粒组蛋白，CENP－A（用条纹球形表示）取代了位置。

当纺锤体想拖动染色体时，着丝粒上这几千个八聚体里的CENP－A为之提供了锚定的位点。插入到八聚体中的CENP－A有一个作用，就是使这段区域更坚硬。我们想象一下拉动一个果冻和一颗硬糖的区别，就会理解对纺锤体的拖动任务来说，增加硬度绝对是有益的。

但我们还是要回到老问题上来。为什么CENP－A插入的位点是着丝粒上的八聚体，而不是其他位置呢？这不是靠 DNA 序列决定的。我们基因组的其他区域里也有跟着丝粒里面类似序列的垃圾 DNA，但是那些地方并没有 CENP－A 聚集。CENP－A 只存在于着丝粒中，但从另外一个角度来说，应该是 CENP－A 的位置决定了着丝粒在哪里出现。人类的进化怎么能够允许出现使用这种不稳定的方式来引导细胞的稳定分裂呢？

答案就在于自播种模式，即一旦 CENP－A 定了位，它就会保持在那里并确保将此遗传给所有的子代细胞。这与 DNA 序列无关。相反，它似乎取决于组蛋白八聚体上面的化学小分子的修饰。

八聚体里面的组蛋白能够通过很多种方式被修饰。蛋白质是由 20 种不同的氨基酸构成的，其中很多可以被修饰。而且一个蛋白质上面也可以存在大量的不同修饰。这在组蛋白和其他蛋白质上都是一样的。

在人类着丝粒中，包含 CENP－A 的八聚体并不是把一个区域全部垄断了。相反，这些八聚体之间还包含了一些标准组蛋白，如图 6.5 所示。这些标准组蛋白携带了一组非常有特色的化学修饰。这又反过来会吸引一些其他蛋白结合到这些修饰上来，其中一些蛋白的功能就是保持这些修饰的稳定存在。这一切都是为了保证包含有 CENP－A 的八聚体能够定位到基因组的相同区域，而这也意味着它们仅仅能存在于染色体的一个位置上。这可能就是为什么着丝粒上的垃圾 DNA 序列在物种间可以差异巨大，尽管它提供了细胞最基本过程的地理骨架。

标准八聚体　　含CENP-A的八聚体

图 6.5　着丝粒里含 CENP－A 八聚体的交替形式。为清楚起见，只显示了很少的八聚体，事实上，细胞里有成千上万个。每个圆圈表示一个完整的八聚体。

着丝粒上的化学修饰也有保持该基因组区域沉默的能力。尽管最新的数据显示一些着丝粒区域可能会低水平表达 RNA，但并没有发现它有什么明确的功能。本质上说，着丝粒上的 DNA 除了当垃圾以外，没有什么确定的功能。它就是作为 CENP－A 和其他相关蛋白质能够结合的位点存在。

这是细胞需要它做的唯一的一件事情。这样就不会影响到含 CENP - A 八聚体的结合了。这就是为什么这段区域在进化中可以变化如此大的原因，因为该序列确实没什么用。

凡事不会无中生有

似乎我们还有一个问题没有解决。就是在最开始的时候，CENP - A 怎么会“知道”结合到垃圾 DNA 的正确区域上呢？出于我们的惯性思维，凡事都想究个根本。但如果我们仔细考虑一下这个假设，就会发现它实际上把我们带到了一个死胡同里。这里，我们再做一次引用，这次是来自澳大利亚的词作家奥斯卡·汉默斯坦（Oscar Hammerstein）的作品。

在《音乐之声》（*The Sound of Music*）里面，冯·特拉普上校（Von Trapp）和玛丽亚（Maria）唱道：“凡事不会无中生有。凡事皆然。”

他们何其正确。

单独的人类 DNA 是完全无功能的分子。它什么也干不了，所以显然不可能直接造出一个活生生的人来。它需要所有的辅助信息，例如组蛋白和它们的修饰物，而且还需要一个有功能的细胞。当复制好的染色体分离并拖向细胞的两极，它们每个的正确位置上都携带着一些组蛋白八聚体和它们的修饰物。这些携带的八聚体和修饰物足以在子细胞中作为种子区域制造出全套的组蛋白和修饰物。不仅标准的八聚体是这样，那些包含 CENP - A 的非标准八聚体也是如此，这样就定出了着丝粒的位置。对这些非标准八聚体来说，包含不同氨基酸的 CENP - A 蛋白对于吸引相关蛋白是最重要的。

而化学修饰物的信息在产生卵子和精子的时候也会予以保留。含有 CENP - A 的八聚体在精子和卵子融合的时候就已经在它的位置上了，而后这个融合细胞就不断分裂成为了组成我们身体的那数十亿个细胞。我们的着丝粒在我们远祖出现以前就随着进化的过程不断地传递给下一代，其决定因素是蛋白质的位置，而不是它们结合的 DNA 的序列。

有些药物能够干扰纺锤体将复制好的染色体拖向细胞两极。纺锤体是由大量蛋白质组成的，而它们仅仅是在细胞准备好要把染色体拉开的时候才进行组装。一种名为紫杉醇（paclitaxel）的药物能导致纺锤体过于牢固，而导致其无法解离。

这对细胞来说绝不是好事，我们可以通过载有升降梯的救火车的例子来理解。梯子能够伸出从而解救失火建筑里楼上的人员，这是件好事。但如果消防员救完火后无法把梯子收回来，还不得不举着梯子到处开，那就麻烦了，估计要不了多久就会出严重的事故。被紫杉醇处理过的细胞就面临着同样的问题。细胞里面的系统发现纺锤体没有被正确解离后，就会触发细胞自毁机制。在英国，紫杉醇用于治疗多种肿瘤，包括非小细胞肺癌、乳腺癌和卵巢癌。

紫杉醇的药效依赖于肿瘤细胞的快速分裂。使用以细胞分裂为靶向的药物时，杀死肿瘤细胞的速度要比正常体细胞快，因为正常细胞的分裂没有那么快。但是，我们也知道很多肿瘤细胞的染色体分离过程本身就是异常的。

垃圾DNA 数目的问题

如果染色体的分离出了错，一个子细胞也许会同时遗传到“原始的”染色体和它的复件。而另一个子细胞则可能一个都没有。前面的那个子细胞中的某一条染色体会过多，另一个子细胞则过少。这种染色体的数目出错的情况，被称为非整倍体（aneuploidy）。这个词来自于希腊语。在这里，“an”代表“不”，“eu”代表“好的”，而“ploos”代表“倍数”（就像两倍、三倍等等）。换句话说，它表示了一种基因组的不平衡状态。

令人惊讶的是，实体肿瘤的细胞中有90%是非整倍体，就是包含了错误的染色体数目。非整倍体的形式可能会很复杂，因为在染色体分离的时候如果过程出错的话，可能会有很多种随机错误出现。一个单独的癌细胞中，可能会出现一条染色体的四个拷贝，另一条的两个拷贝和第三种染色体的一个拷贝，或者其他的一些组合。由于多样性，我们很难确定非整倍体在癌症发生的过程中到底是驱动因素，还是仅作为一种无辜的标记。由于异常的染色体数目基本上是随机模式，所以较大的可能性是这是一种频谱。一些癌细胞可能会获得促使细胞增殖的组合。其他的细胞则可能获得有相反效果的组合，甚至是可以触发癌细胞自杀系统的组合。而在一些细胞中，获得的组合可能是完全中性的。

值得注意的是，非整倍体在相当正常的细胞中也会出现。根据报道，小鼠和人类大脑中的细胞中大概有10%是非整倍体。随着成长，这个比例甚至会高达30%，但是其中很多都被消除掉了。而据我们所知，大脑里面留下来的非整倍体细胞是有功能活性的。现在并不清楚为什么我们要这些染色体数目异常的脑细胞有什么用，同样的情况在肝脏中也存在。

在上面列出的情况中，非整倍体出现在大部分主要的体细胞已经成型以后。它发生在细胞分裂制造新体细胞的时候，尽管有时候是肿瘤细胞。这些染色体分离的失败导致的后果相对温和，甚至没有影响。这也许是因为有很多正常细胞可以进行补偿。

但是，当非整倍体出现在制造精子或者卵子的时候，情况就不一样了。如果一对染色体不能正确地分离，那么就会有一个生殖细胞中包含一条多余的染色体，而另一个则缺少这条染色体。让我们举个例子，如果在形成卵子的时候，21号染色体没有正常分离的话，一个卵子就会有两个拷贝的21号染色体，而另一个卵子则一个也没有。

如果那个没有21号染色体的卵子受精了，只有一个21号染色体拷贝的胚胎就会很快死亡。但是，如果包含两个拷贝的21号染色体的那个受精了的话，它就会包含有这个染色体的3个拷贝。尽管这类胚胎比其他正常的有更高的流产可能，但其中还是有很多能够发育完全并出生。

我们大概都遇到过或者至少见过拥有3条21号染色体的人（有3个拷贝被称为3倍体，所以这种情况被称为21三体）。这种染色体分离的失败就是唐氏综合征（Down's Syndrome）的病因。它也可以由含有两个该染色体拷贝的精子引起，或者也可以由受精后初始的几次分裂中出现染色体分离失败造成，但主要还是来自于母亲。

唐氏综合征在新生儿中的发病率高达1/700，而且伴有一系列复杂而多样的症状，一般包括心脏缺陷、特征性体征和面容，还有或轻或重的学习障碍。感谢现在良好的药物和外科治疗手段，现在罹患唐氏综合征的人的寿命比以前显著延长，通常能达到成年。但是，他们早期就患上阿尔茨海默病的概率依然很高。

唐氏综合征表现出的复杂的表征清楚地告诉我们，细胞里有正确数量的染色体是多么重要。唐氏综合征患者有三条21号染色体，而不是两条。但这个染色体的数量就相对升高了50%，相应地，该染色体上携带的基因数量也相对升高了50%，从而对细胞和整体产生巨大的影响。我们的细胞无法处理这种提升，说明基因的表达被严密地调控着而且保持着精密的平衡，而我们可以补偿的范围则非常小。

人类中还有两种三倍体疾病，而每种的表现都比唐氏综合征还要严重。爱德华氏综合征（Edward's Syndrome）是由于18号染色体三倍体造成的，其在新生儿中的发病率为1/3000。大概有四分之三的18三体胎儿在子宫内就死亡了。那些成功挺到出生的胎儿，大概有90%因为心血管缺陷而不能活过出生后的第一年。这些婴儿在子宫内成长缓慢，他们的出生体重很低而且头、下巴和嘴都很小，还有很多系统的问题，包括学习障碍等。

最罕见的情况要数帕陶综合征（Patau's Syndrome）了，就是13三体，每7000个新生儿中有1个患病。患儿有严重的发育畸形，而且几乎都不能生存超过一年。广泛的器官受累，包括心脏和肾脏。严重的甚至会出现颅骨畸形，还伴随严重的学习障碍。

这里值得注意的是，具有一条额外的染色体显然会导致明显的发育问题。对这些三倍体的宝宝来说，从出生的那一刻起就面临着巨大的生存难题。事实上，随着产前筛查的进步，大多数患病的胎儿都能在怀孕期被检测出来。这就告诉我们，有正确数量的染色体是高度协调的发育过程所必要的。

人们很容易想到，是不是13、18和21号染色体有什么不寻常？或许，它们的着丝粒有什么不同，能导致卵子和精子在形成过程中更容易产生染色体的错误分离？会不会是其他染色体的三体也确实存在，但没有临床表现，所以我们不曾注意到？

这样的想法其实是被我们所看到的表现蒙蔽了。我们看到有13、18和21三体的婴儿出生的原因，听起来可能有点怪，是因为这些错误是相对良性的。在所有的常染色体中，这3条染色体最小，而且它们包含了相对较少的基因。一般来说，染色体越大，包含的基因数量就越多。所以，举例来说，我们之所以从来没见过1号染色体的三体患者，是因为它的尺寸。1号染色体非常大且包含了很多基因。如果一个卵子或者精子融合后形成一个包含3个该染色体的受精卵的话，这个细胞就会过表达大量的基因，以至于细胞功能混乱，导致胚胎在非常早的时候就停止发育了。这甚至会发生在女性已经意识到自己怀孕之前。

对于25~40岁的女性来说，通过体外受精而成功受孕的概率跟年龄没有什么关系。但25岁以后，女性自然怀孕的可能性会随着年龄的增长而下降。这两种状态间的差异提示母亲的年龄对她的卵子，而不是子宫，有非常直接的影响。我们已经从唐氏综合征知道母亲的年龄对卵子中染色体的成功分离有影响。所以可以假设，25岁以后不断下降的怀孕概率跟极早期胚胎发育失败有关，而这种失败就是由着丝粒活性故障并制造出了大型染色体错误分配的卵子引起的。

7　用垃圾来涂抹

在 2011 到 2012 年的 24 个月里，英国有 813200 个婴儿降生到这个世上。使用前面章节提到过的数据，就意味着大概有 1200 名唐氏综合征、270 名爱德华氏综合征和 120 名帕陶综合征患儿。这对于庞大的新生儿总数来说是非常小的数目。这和拥有太多染色体拷贝非常有害的观念是一致的：通常出现这种情况时我们都不期望会有太高的生存率。

而真正令我们震惊的是这段期间内有一半，即超过 400000 个新生儿，都携带了 1 条多余的染色体。是的，就是我们中的二分之一。更令人疑惑的是，这条多余的染色体并不是个只携带很少基因的小家伙。它是条相当大的染色体。那么，如果多余的一条小染色体均能导致像爱德华氏综合征和帕陶氏综合征这么严重症状的话，那么这些是如何发生的呢?

上面提到的那个多余者就是 X 染色体，之所以它没有带来伤害是依赖于一个由垃圾 DNA 介导的机制。但是，在我们开始讨论这个保护作用如何运行之前，我们需要了解一下 X 染色体自身的一些基本情况。

细胞里的染色体大部分时间是又长又黏的，想把它们彼此分开非常困难。在光学显微镜下，它们看起来就像是一大团纠结在一起的毛线。但是，细胞准备分裂的时候，染色体开始变得紧密和更有条理，会成为真正独立的实体。如果你掌握了正确的技术，就可以将细胞核里面所有的紧密收缩的染色体分开，用特殊的化学物质进行染色后通过显微镜逐个进行检视。在这个阶段，它们看起来更像是分开理好的一卷卷毛线，其中的着丝粒就是卷毛线的小纸筒一样。

通过分析人类细胞里所有染色体的照片，科学家们能够将所有的染色体一一鉴定出来。他们通常把染色体的照片裁成一块块的，然后按照一定的顺序把它们重新粘在一起。这就是研究者发现唐氏、爱德华氏和帕陶氏综合征使用的方法，即分析从患病儿童取来的细胞中的染色体。

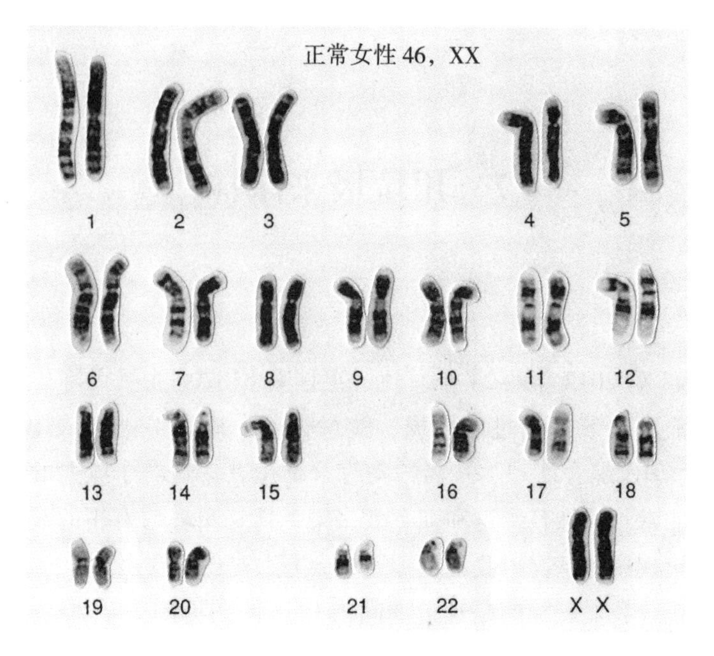

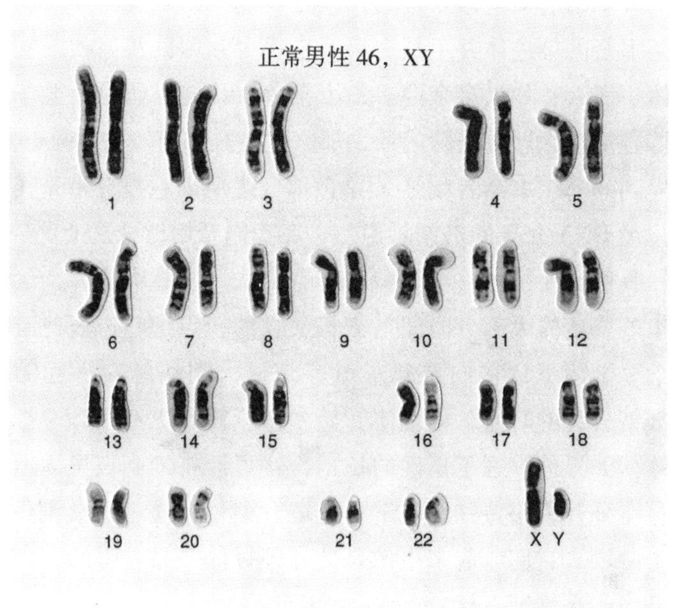

图 7.1 标准的女性和男性核型，展示了一个细胞里所有的染色体。上半图为女性，下半图为男性。唯一的区别在于最后一对染色体。女性有两条巨大的 X 染色体，男性有一条巨大的 X 染色体和一条很小的 Y 染色体。

但是，在鉴定出导致这些严重疾病的病因之前，早期的研究者已经对我们的正常遗传物质进行了研究。他们发现人类正常细胞中的染色体数目是46。例外只存在于卵子和精子中，它们每个只有23条。我们的染色体成对出现，从父母那里各遗传一半。换句话说，一个拷贝的1号染色体来自妈妈，而另一个拷贝来自爸爸。2号及其他染色体亦然。

以上规则适用于1号到22号染色体，它们被统称为常染色体。如果我们仅关注细胞里面的常染色体的话，我们无法分辨出一个细胞到底是来自于男性还是女性。但如果我们把目光移向剩下的那一对染色体——性染色体，立刻就会得到答案。女性有两条醒目的大个子染色体，X染色体。男性有一条X染色体和一条非常小的染色体，被称为Y染色体。这两种情况如图7.1所示。

Y染色体也许个子很小，但它的影响力惊人。正是Y染色体的存在决定了发育中的胚胎的性别。它里面仅仅包含了很少数量的基因，但这些基因对于决定性别却非常重要。事实上，这项功能完全依赖于诱导睾丸生成的一个基因（这个基因的名字是SRY）。这反过来又引发了睾酮激素的产生，从而导致胚胎的男性化。值得注意的是，一个最近的研究结果显示只有这个和另外一个基因不仅决定了雄性小鼠的性别，还决定了这些小鼠能否生成有功能的精子及生育下一代。

另一方面，X染色体个头很大，包含了超过1000个基因。这就产生了一个潜在的问题。男性只有一条X染色体，也就是每个基因只有一个拷贝。但女性在数量上是两倍，所以理论上，跟男性相比，她们能生成两倍X染色体上这些基因编码的蛋白质。在第6章里面描述的三倍体患者中，一个小染色体中仅仅50%的基因表达升高就导致了极其严重的发育畸形。那么，跟男性比，有1000多个基因表达升高女性怎么受得了呢?

垃圾DNA 女人有个停机开关

答案是，她们的基因表达没有升高。女性在细胞里产生与男性一样多的由X染色体编码的蛋白质。她们的方法非常巧妙，就是让每个细胞中的一条X染色体失活。它不仅仅是人类生存所必需的过程，而且还开辟了一个新的且意想不到的生物学领域。

最有意思的事情之一是我们已经发现到我们的细胞能够数出X染色体的数目。男性细胞包含有X和Y染色体各一条，而它们从不会将那唯一的一条X染色体失活。但是，有些男性生来就有两条X染色体和一条Y染色体，他们依然是男人，因为Y染色体已经让其男性化。但他们的细胞将一条多余的X染色体失活了，正如女性细胞所做的一样。

女性里也有类似的事情发生。有时候，有些女性出生时，每个细胞里就有3条X染色体。当出现这种情况的时候，细胞会关闭掉两条X染色体，而不是一条。另一方面，如果有女性出生时只有一条X染色体的话，细胞就不会启动关闭机制。

除了能够计数以外，我们的细胞还能够记忆。在女性产生卵子的时候，她通常在每个卵子里面放置每对染色体中的一条，包括X染色体。男性产生的精子要么包含X染色体，要么是Y染色体。当包含有X染色体的精子与卵子融合后，产生的单细胞合子包含有两条X染色体，且两条都是有活性的。但在发育的极早期，大概经过几个分裂循环周期后，胚胎里每个细胞中都有一条X染色体被失活。有时候失活的是来自母亲的，有时则是来自父亲的。而每个子细胞中失活的X染色体都跟亲代细胞的完全一样。这意味着在成年女性体内大约50万亿个细胞中，平均有一半表达由卵子提供的X染色体，而另一半表达则来自于精子。

失活的那条X染色体会出现很不同寻常的物理形态。DNA变得令人难以置信的紧密。想象一下，你和一个朋友各拿着一条毛巾的两端。现在，你开始把你的毛巾按顺时针旋转，你的朋友在另一端也做同样的事情。很快，毛巾开始在中间扭转，而你们两个则将被拉近。现在想象一下，毛巾的长度在一米五左右，但你要设法一直扭曲它，直到它的直线长度压缩到只有一毫米。通过你的努力，毛巾应该是格外紧密地缠绕起来的。本质上，X染色体的变化就如同上面说的那条毛巾。后果就是，它形成了一个非常致密的结构。如果我们从显微镜下观察一个来自女性的细胞时，当细胞核中其他所有的染色体都是长而黏且不可见的时候，我们依然可以看到它。这个被压实了的X染色体被称为巴氏小体（Barr body）。

为了试图去理解X染色体如何被失活的，科学家们对非常规的细胞系和小鼠种系进行了研究。这些研究聚焦于X染色体中有部分丢失，或者有部分被转移到其他染色体中的情况。一些丢失了X染色体某些部分的细胞依然能够将它们里面的一条X染色体失活，会表现为仍然有巴氏小体出现。但有些丢失了 X 染色体其他部分的细胞不能形成巴氏小体，就表明它们没能失活一条染色体。

X 染色体的某部分被转移到其他染色体上时，有时候这些异常的染色体会被失活，有时候则不能。这完全取决于被转移的是 X 染色体的哪一部分。

这儿的数据是研究者能够缩小 X 染色体上跟失活相关的关键区域范围。顺理成章，他们把该区域称为 X 染色体失活中心。1991 年，一个研究团队报道了该区域包含有一个被他们称为 Xist 的基因［Xist 的名字来源于 X-inactive（Xi）-specifictranscript（X－失活－特定转录）］。只有被失活的 X 染色体上的 Xist 基因表达 Xist RNA。这非常有意义，因为 X 染色体失活是一个不对称的过程。在一对 X 染色体中，一条是失活的，另一条不是。因此事情似乎应该是这样，其中一个染色体表达的基因驱动了失活过程，而另一个没有表达的不被失活。

一大段垃圾

很显然，下一个问题就是关于 Xist 基因如何进行工作的。所以，研究者首先要做的事情就是试图预测该基因表达的蛋白质的序列。这样通常相对比较直接。当他们发现了 Xist RNA 分子的序列后，所有的科学家不得不去做的事情就是在计算机上运行程序来预测其编码的氨基酸的序列。Xist RNA 非常长，大概有 17000 个碱基。每个氨基酸是由 3 个碱基确定的，所以 17000 个碱基的 RNA 理论上能够编码一条长为 5700 个氨基酸的蛋白质。但当对 Xist RNA 序列进行检测时，得到的最长的氨基酸序列结果只有不到 300 个氨基酸长度。主要的原因是 Xist RNA 被我们在第 2 章提过的方式进行了剪接，以至于丢失了大量的插入的垃圾序列。

“问题”不仅在于 Xist RNA 是被非编码氨基酸的序列广泛隔断的，而且在于该非编码序列的作用是在蛋白链合成时作为终止信号的。我们可以这样理解，这就像是想要利用乐高积木建造一个高塔。你可以一直造下去，直到有人给了你一块无法跟其他积木拼接的组件。而一旦插入了这块积木，你的塔就不能再继续建造下去了。

如果 Xist 基因是用来编码蛋白质的话，那么细胞产生一条 17000 个碱基（是碱基而不是碱基对，因为 RNA 是单链的）长的 RNA 来制造一个只需要其 5% 长度就能编码的蛋白质就太奇怪了。该领域的研究者相对较快地意识到这是不可能发生的。现实的情况则更为奇怪。

DNA 存在于细胞核中，它被拷贝成 RNA，而信使 RNA 则被转移出核，并运到将其当成模板以制造蛋白质的结构中。但是，分析显示 Xist RNA 从未离开过细胞核。它并不编码蛋白质，甚至很短的也没有。

Xist 基因实际上是 RNA 分子不仅仅作为蛋白信息载体而拥有自身功能的最早的例子之一。这是一个绝好的关于垃圾 DNA——不编码蛋白合成的 DNA——如何有所作为而不仅仅是垃圾的例子。它的重要性在于其自身，因为没有它，X 染色体失活就无法发生。

Xist 基因的奇怪之处不仅在于它不离开细胞核，它甚至都没有离开制造它出来的那条 X 染色体。相反，它紧紧地粘在这条失活的 X 染色体上，而后沿着这条染色体伸展。随着越来越多的 Xist RNA 被制造出来，它开始散开并覆盖在失活的 X 染色体上，这个古怪的过程被称为“涂抹”。使用这个描述性的术语恰恰显示了我们对这个过程其实并不了解的这个事实。没有人真正知道 Xist RNA 是如何悄悄地沿着染色体，像日行千里藤（即五爪金龙，旋花科番薯属的成员，日行千里藤这个名字用于形容其蔓延迅速。五爪金龙在全世界都造成了值得关注的生态问题：它的叶片非常密集，覆盖在其他植物上时会导致其缺乏阳光而死）一样覆盖整个墙面的。虽然已经过了二十多年，我们依然对这种现象出现的机制不清楚。我们目前只知道该机制不依赖于 X 染色体的序列。因为如果把 X 染色体灭活中心转移到一个细胞的常染色体中，这条常染色体就会像一条 X 染色体一样被灭活掉。

尽管 Xist 基因是启动 X 染色体失活所必需的，但这个过程还需要一些有加强和保持作用的帮助者。当 Xist 基因在 X 染色体上涂抹时，它还能够吸引细胞核里面一些蛋白质。这些蛋白质结合到失活的 X 染色体上后，就会吸引更多的蛋白质，这些会更强烈地关闭掉基因的表达。唯一没有被 Xist RNA 和这些蛋白覆盖的基因就是 Xist 基因自己。它成为了失活 X 染色体的表达暗区中的一个灯塔。

垃圾DNA 由左向右，从右向左

所以，我们现在知道了在这种情况下所谓的“垃圾”DNA——不编码蛋白的DNA——实际上在一半的人类中具有相当重要的作用。科学家们最近发现X染色体的失活过程还需要至少一段垃圾DNA的参与。令人疑惑的是，它在X染色体上的编码位置就跟Xist基因完全一致。我们都知道，DNA是由两条链构成的（标志性的双螺旋结构）。将DNA拷贝成RNA的元件往往在一个方向上“阅读”DNA，在这个方向上我们能够分辨出一个特定序列的起始和终点。但是，DNA的两条链的方向是相反的，有点像我们在旧的海滩和山区度假村见过的缆车。这意味着DNA的一个特定区域能够通过使用相反的序列，在一个物理位置上携带两倍的信息量。

在英语里有一个简单的例子，就是DEER这个词。从左向右来读就是“鹿”。如果我们把这个词从右向左来读，它就变成了“REED”（芦苇）。相同的字母，不同的单词，不同的意思。

在X染色体失活里面至关重要的关键垃圾DNA被称为“Tsix”。这当然就是“Xist”反过来的拼写，原因是它就定位在跟“Xist”相同区域的反义链上。“Tsix”编码了一条长达40000个碱基的RNA，大概是“Xist”的两倍长。跟“Xist”一样，“Tsix”也从未离开过细胞核。

尽管它们由X染色体相同的部分编码，但它们并不是一起表达的。如果一条X染色体表达了Tsix，就会阻止这条染色体表达Xist。这意味着Tsix必须由有活性的X染色体表达，而不像Xist是由失活的那一条来表达。

它们这种相互排斥性的表达在发育极早期的某个时间点是至关重要的。卵子里面的X染色体已经失去了任何作为灭活染色体的蛋白质标记（如果它是被灭活的那一条），而精子的X染色体则从未被灭活。在两者融合并经过六七轮的细胞分裂后，胚胎里就会有100个左右的细胞。在这个阶段，女性胚胎的每个细胞都要随机关闭其两条X染色体中的一条。这需要细胞里面两条X染色体之间一个短暂但激烈的斗争。经过几个小时，这两条X染色体的斗争以其中的一条被灭活而结束。这个斗争仅仅依赖于X染色体上的一个小小的区域——编码了Xist和Tsix RNA的X染色体失活中心。

垃圾DNA 一个瞬间就决定了永远

这比所有的一夜情都影响深远。在这两个小时中，染色体的决定将维持一生之久。不仅仅在胚胎发育期间，而且包括出生成长直到女性死亡，也许会延续超过100年。它影响的不仅仅是这100个细胞，而是随后会出现的以万亿计的细胞，因为所有的子代细胞都会失活相同的X染色体。

现在还不是很清楚在发育极早期的这几个小时里面，X染色体上发生了什么。目前的理论是两条染色体之间的垃圾RNA出现了再分配，这样就会有其中的一条获得所有的Xist基因，从而成为失活的X染色体。虽然我们并不知道具体情况，但是一条染色体相对另一条表达略多或略少的Xist或Tsix是可能的。我们已经知道，这个过程开始于Tsix水平的下降。也许一旦它的水平低于某一临界值，Xist基因的表达就可以在某一条X染色体中启动。

基因的表达往往有一种所谓的随机成分存在，我们的意思是在表达水平上可能会出现随机的变异。如果一条染色体表达的一个或多个关键因素略多，则可能导致一个蛋白质和RNA分子级联放大网络的形成。因为表达量不平均的现象在本质上是随机的（原因是随机“噪声”），所以这近百个细胞中的失活也基本上是随机的。

我们可以打个比方。想象一下一天晚上你回家晚了，而且你很想吃两块奶酪三明治。但就在开始做这顿美味的晚餐前，你发现冰箱里的奶酪不多了。你打算怎么办？是依旧做两块，但每一块三明治中的奶酪数量都不令你满意？还是把所有的奶酪集中在一块三明治上面，让你能够得到平时的口感？大部分人都会选择后者，而这就是那对X染色体在胚胎发生随机失活时所做的事情。同样，进化更青睐于将关键因子全部堆给那条在开始的时候就稍微多一点的染色体上，而不是每条上面都放一点。你有的越多，得到就越多。

X染色体失活完全依赖于垃圾DNA，证实了这个名词的错误。在雌性哺乳动物中，该过程对维持正常的细胞功能和健康生命至关重要。它也会导致很多种疾病。我们在第1章提到过，脆性X染色体综合征引起的严重智力低下仅发生在男孩身上。这是因为该基因的定位是在X染色体上。女性有两条X染色体。即使其中的一条染色体出现了突变，另一条会表达出足够的蛋白质以防止出现很严重的综合征。但男性只有唯一的一条X染色体和一条小且仅携带了与性别相关的少数基因的Y染色体。后果就是，如果男性的X染色体上的脆性X基因出现了突变，就不会有相应的补充出现。于是，他们唯一的一条X染色体携带了脆性X染色体突变，就不能制造蛋白质，从而引发综合征。

对于其他由X染色体携带基因突变导致的疾病来说，也是同样的道理。男孩比女孩更容易发生X染色体连锁的遗传性疾病，因为男孩只有一条可以使用的X染色体，对缺陷的基因没办法找到其他补充的途径。与此相关的疾病范围很广，从相对温和的红绿色盲问题到很严重的疾患都有。包括血友病B，一种血液凝固障碍疾病。维多利亚女王是该病的携带者，而她的一个儿子（利奥波德）受累并因脑溢血去世，享年31岁。因为至少有两个维多利亚的女儿也是携带者，而且欧洲王室贵族又经常通婚，所以这个突变就被传到了其他国家，其中最有名的就是俄罗斯的罗曼诺夫家族。

尽管携带有引起血友病B的突变的女性只能产生正常水平一半的凝血因子，但这足以使她们免于出现症状了。部分原因是这种凝血因子是从细胞中释放到血液循环中的，在血液中它已经有足够高的水平来防止各个地方的出血了。

但是，还有些情况，具有两条X染色体的女性无法逃离X染色体连锁疾病的魔掌。瑞特综合征（Rett Syndrome）是一种破坏性的神经系统疾病，某些时候表现为相当极端的自闭症。女婴在刚出生时看起来非常健康，而后在生命中的前6~18个月期间的生活一切正常。但在那之后，她们就会开始退步。她们会失去之前已经发育出的任何口头语言表达能力。她们还会出现重复的手部动作，而失去了有目的的动作，比如指向行动。这些女孩们在她们的余生中还会继续遭受严重的学习障碍。

瑞特综合征是由X染色体上一个编码蛋白的基因发生突变而导致的（该基因称为MeCP2，其作用是结合到表观修饰的甲基化DNA上，并通过与其他蛋白质的相互作用而降低其结合位置上的基因的表达）。受累女性拥有一个该基因的正常拷贝，和一个由于突变而不能生成有功能的蛋白质的拷贝。基于随机发生的X染色体失活，我们认为在大脑中平均有一半的细胞能够表达正常量的蛋白质，而另一半则不能。显然，从临床表现来看，有一半大脑细胞不能正常表达该蛋白质导致了严重的问题。

瑞特综合征恰恰仅累及女孩。这对于一种X染色体连锁疾病来说是很不正常的，一般来说这类疾病都是女孩作为携带者而男孩才是受累者。这可能会激发我们的好奇心，为什么男孩能够不受瑞特综合征的影响呢？事实上，他们并没有逃离该病的魔掌，我们从未发现过罹患瑞特综合征的男孩的真正原因是：那些受累的男性胚胎不能正常发育而导致胎儿根本无法出生。

垃圾DNA 千万别低估了运气，不管好还是坏

作为科学家，我们在接受教育和工作的过程中被训练得要仔细思考很多事情。但有些事情是我们很难考虑的，就是运气成分。即便我们不得不来描述它的时候，我们也会使用诸如“随机波动”或者“随机变异”等词语来代替。这是一种羞耻，因为有时候“运气”才是更好的表达方式。

杜氏肌营养不良症是一种严重的肌肉萎缩疾病，我们在第3章的时候提到过它。患病男孩一开始的时候没什么症状，但在儿童期，他们的肌肉就会开始以一种特征性的方式出现退化。例如，其腿部的大腿肌肉首先出现萎缩。男孩们的身体会发育出强壮的小腿以试图弥补大腿的缺陷，但经过一段时间，这些小腿肌肉也会退化。孩子们的青少年期通常是在轮椅上度过的，而他们的平均寿命只有27岁。这种早期的死亡在很大程度上是因为参与呼吸的肌肉出现萎缩所致的。

杜氏肌营养不良症是由于X染色体上编码一种巨大的被称为抗肌萎缩蛋白（dystrophin）的基因出现突变所致。该蛋白在肌肉细胞中发挥着一种类似减震器的作用。因为突变，男性不能产生有功能的蛋白质，最终导致肌肉的退化。女性携带者通常能够制造正常水平50%数量的有功能的抗肌萎缩蛋白。而拜一种奇特的解剖学特征所赐，这也足够用了。如我们所知，独立的肌肉细胞会融合成为一个拥有很多细胞核的巨大的超级细胞。这意味着每个超级细胞都有很多不同的细胞核，从而导致每个必需基因也有很多个拷贝。所以，携带着女性的肌肉细胞都包含有足够的抗肌萎缩蛋白以保持正常活性，而不是一个细胞有很多，一个细胞什么也没有。

这里有一个奇特的患有典型杜氏肌营养不良症的女性的例子。这很罕见，但我们还是可以预测出她患病的原因。一个可能性就是，她的母亲是携带者，而她的父亲是一个幸存到能够结婚产子的杜氏病患者。如果是这样的话，她肯定会从父亲那里得到一个突变的基因（因为他只有一条突变的 X 染色体可以遗传给女儿）。作为她的母亲，则有一半的概率把缺陷的那条 X 染色体遗传给她。如果发生这种情况，她的两条 X 染色体都不能提供正常的该基因拷贝，而她，就不能产生这种必需的蛋白。

但负责治疗她的医生们获取了她的家族史，并且发现她父亲并不是杜氏肌营养不良症患者，所以还需要另一个解释。有时候，突变会发生在精子或者卵子形成的同时。编码抗肌萎缩蛋白的基因非常大，所以从概率上说，相比基因组里其他的基因，它发生突变的可能性也会相对较大。这是因为突变本质上来说就是个数字游戏。基因越大，它发生突变的可能性就越大。所以，女性能够遗传到杜氏肌营养不良症的机制之一就是，她从携带者母亲那里得到了一条突变的染色体，而从她父亲那里遗传到了一条新突变的染色体。

对于这个女性患者来说，这似乎是一个相当不错的解释。但是，现在还有一个问题。患者有一个妹妹，一个从同一个精子和卵子而来的同卵双胞胎妹妹。而且她的孪生妹妹绝对健康。完全没有杜氏肌营养不良症的症状。为什么两个基因完全相同的女人会在遗传性疾病中有这么大的差异呢?

让我们回头想想在胚胎发育极早期发生 X 染色体失活的那 100 个左右的细胞吧。从概率上讲，大概其中有 50% 会关闭掉一条 X 染色体，而剩下的则会关闭掉另一条 X 染色体。相同的 X 染色体失活特征将会遗传给生命中即将产生的所有子代细胞。

患有杜氏肌营养不良症的姐姐在这个阶段就是难以置信的不幸运。仅是因为偶然，所有将会发育成肌肉的细胞都关闭了那条正常的 X 染色体。就是那条来自父亲的 X 染色体。这意味着她肌肉细胞里面开启的那条唯一的 X 染色体是遗传自她那携带者母亲的那条突变染色体。所以，双胞胎中患病的那位的肌肉细胞就不能表达出抗肌萎缩蛋白，从而表现出通常情况下仅见于男性的症状。

但是，当她的同卵双胞胎妹妹发育的时候，那些发育成肌肉的细胞中有些关闭了异常的 X 染色体，而有些则关闭了突变的那条。这意味着她的肌肉表达了足够的抗肌萎缩蛋白以保持健康，于是她成为了跟她母亲一样的携带者。

很难相信这一切的源头就是 Xist 基因，一条从垃圾 DNA 而来的一长段 RNA 的选择。这个选择的时间不超过几个小时，而且发生在一个长度不到人类头发百万分之一的空间里。然而，这是健康彩票里面输与赢的差异。

垃圾DNA 运气可以表现为斑纹

也许听起来很奇怪，那些我们身边的爱猫者每天为之疯狂的就是 X 染色体失活的成果。玳瑁猫（tortoiseshell cats）或者叫条纹猫（calico cats）（取决于你所在位置是大西洋的哪一侧），具有橙黑相间的特征性条纹。它们被毛的颜色呈斑片状，控制这两种颜色的基因是独立的。一条 X 染色体上只携带一种颜色的基因，不是橙色就是黑色。

如果携带黑色基因的 X 染色体被失活，那么另一条染色体上的橙色基因就会被表达，反之亦然。当猫的胚胎发育到大概 100 个细胞规模的时候，每个细胞里面就会有一条 X 染色体被失活。而后，如同所有其他例子里面提到过的一样，所有的子代细胞将会关闭同一条 X 染色体。最终，这些子代细胞中的一些会发育成产生被毛颜色色素的细胞。随着这些细胞分裂和发育，它们彼此靠近。这意味着子代细胞倾向于以斑片状的聚集在一起。因为子代细胞中 X 染色体失活的特征，这会导致出现斑片状的橙色和黑色被毛。该过程如图 7.2 所示。

2002 年，科学家们漂亮地通过克隆一只玳瑁猫，描述了 X 染色体失活的过程实际上有多么的随机。他们从一只成年雌性猫中获取细胞，并进行了标准（但是仍然相当困难）的克隆操作。也就是，他们将成年猫细胞中的细胞核取出来并把它放进一个被移除了染色体的猫卵子中。这个卵子被移植到一只代孕的猫妈妈体内，随后，一只活泼可爱的雌性小猫咪就诞生了。但它看起来一点也不像那只提供了细胞核的基因组完全一样的原版猫。

在克隆动物的时候，卵子会把新的细胞核当作是真的由卵子和精子融合而来的产物进行处理。它会尽可能地去除 DNA 上面的其他修饰，只留下

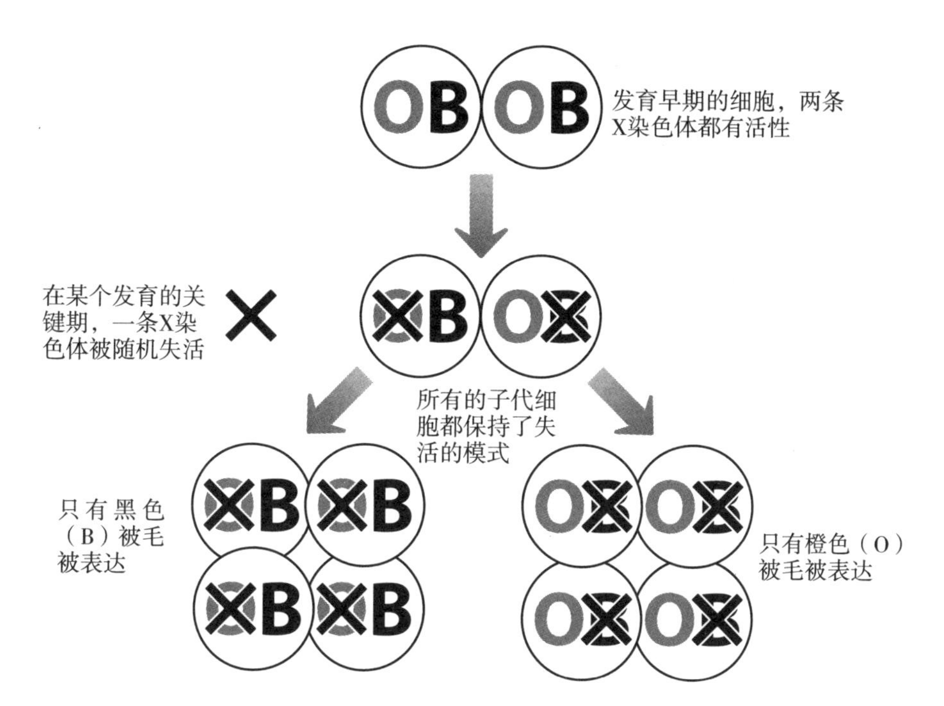

图 7.2　该图展示了雌性玳瑁猫中橙色和黑色斑纹的出现依赖于随机 X 染色体失活。决定颜色的基因位于 X 染色体上。如果一个细胞中的黑色版本位于在发育早期失活的那条染色体上，所有该细胞的后代都只能表达橙色的基因。反之，携带橙色基因的 X 染色体被失活，则其所有子代细胞就只能表达黑色基因。

最基本的序列信息。在克隆中，这个过程往往不如在真正的受精卵中那么有效率，这也是克隆成功率始终不高的原因之一。一旦它成功完成，如同我们这个例子，克隆动物就会顺利出生了。

当来自原版猫的细胞核被植入猫的卵子后，卵子会让这些染色体出现一些变化。变化之一就是去除那条失活 X 染色体上的所有失活蛋白，并关闭 Xist 基因表达。所以，在早期发育的一个短时期内，两个拷贝的 X 染色体都具有活性。随着胚胎发育，它会经历那个大约 100 个细胞的阶段，并且重新开始一次每个细胞内 X 染色体的随机失活过程。X 染色体的失活模式会被所有的子代细胞所继承，而这只小猫因此会发育成一只在橙色和黑色被毛分布上与克隆“母版”完全不同的个体。

这个故事的寓意何在？如果你有一只玳瑁猫，而且你觉得它的花纹特别美丽，那就多拍点录像和照片，或者如果你愿意的话，可以在它死了之后将其做成标本。但如果你想通过克隆技术得到一只一模一样的猫的话，那就只能是听天由命了。

8　玩个长时间的游戏

很多年来，Xist 一直被认为是一个通过非同凡响的方式来影响基因表达的反常现象和奇怪分子。即便在 Tsix 被确定后，仍有人认为垃圾 RNA 的作用仅限于其在 X 染色体失活中的重要性。只是在最近几年，我们才开始意识到，人类基因组中表达着数千个这种类型的分子，并且它们在维持正常细胞功能中是出奇的重要。

目前我们将它们归为长链非编码 RNA 的成员。尽管它的意思是指不编码蛋白，但这个名称还是有可能误导。正如我们将要看到的，长链非编码 RNA 确实编码了有功能的分子。这个有功能性的分子就是长链非编码 RNA 本身。

长链非编码 RNA 的定义一般是指任意长度大于 200 个碱基且不编码蛋白质的 RNA 分子，这个定义使它与信使 RNA 明确区分开来。200 个碱基是最低限，而最大的长链非编码 RNA 可以达到 100000 个碱基的长度。尽管目前还没有一个得到广泛认同的确切数字，但大家都知道有很多长链非编码 RNA，人类基因组里大概的数字范围是 10000～32000。尽管有很多长链非编码 RNA，它们并不像那些编码蛋白质的信使 RNA 一样有很高的表达水平。通常情况下，一条长链非编码 RNA 的表达水平不到信使 RNA 平均水平的 10%。

长链非编码 RNA 的相对低丰度也是我们在最近才认识到这类分子的原因之一。因为当我们分析细胞表达的 RNA 分子的时候，如果检测手段敏感度不够的话，我们就无法可靠地检测出长链非编码 RNA 来。然而，既然我们现在知道了它们的存在，我们也许认为可以通过分析任何生命，包括人类基因组的 DNA 序列，来预测它们的存在。我们，毕竟，已经很好地对编码蛋白的基因进行过这项工作。

但是，还有很多方面的困难存在。我们能够找出假定的蛋白编码基因因为它们具有一些特征。基因在开始和结束的附近有一些特定的序列能够帮助我们找到它们。通过它们可能编码的氨基酸序列，又可以使我们验证蛋白编码基因的存在。最后，如果你看一下不同物种间的某个特定的基因，你会发现大部分编码蛋白的基因都非常相似。这意味着，如果我们在一个动物，比如河豚中，确定一个典型的基因后，就可以很容易地以该序列为基础分析人类基因组，看看我们自己是否存在类似的基因。

然而，长链非编码 RNA 并不像编码蛋白质的基因那样具有很强的序列预测性，它们在各物种之间很少有交叉。结果就是，知道其他物种里面一条长链非编码 RNA 的序列并不能帮助我们鉴定人类基因组里面有类似功能的序列。在一种常见的模式系统斑马鱼中，只有不到 6% 的特定种类的长链非编码 RNA 在小鼠和人类中能找到“亲戚”。人类和小鼠的长链非编码 RNA 中，只有大概 12% 能够在动物王国的其他种类中找到同类。一项最近的实验研究了不同四足动物中各种组织里面的长链非编码 RNA，其结果也证实了物种间长链非编码 RNA 的低保守性。四足动物指的是所有陆生脊椎动物，也包括那些“回到海里的”，比如鲸鱼和海豚等。该研究报道称有 11000 种长链非编码 RNA 只在灵长类动物中存在。有 2500 种是四足动物共有的，其中仅仅 400 种是从 30000 万年前四足动物脱离两栖动物后就一直保守传承下来的，被称为远古长链非编码 RNA。该文作者怀疑，远古长链非编码 RNA 是所有生物中最积极的调控者，而且很可能主要参与早期发育。大多数脊椎动物在胚胎发育的早期阶段看起来非常相似，因此，也许有理由认为我们和所有的远房亲戚正在使用类似的通路以开始生命。

物种间的普遍低保守性导致一些作者推测长链非编码 RNA 并不是那么重要的。这样说的理由是，如果它们非常重要的话，它们应该在物种的进化和发展过程中尽量保持稳定；但是相反，编码这些“垃圾”RNA 的序列的进化速度远远超过那些编码蛋白质的序列。

尽管该观点有合理的成分，但还是过于简化了。长链非编码 RNA 也许在碱基数量上有些长，但这并不意味着它们在细胞里面就像一根长棍子一样存在。这是因为长链 RNA 分子能够进行自我折叠，形成三维结构。RNA 里面的碱基们遵循类似于形成 DNA 双链的方式相互进行配对。RNA 是单链分子，所以它的碱基能够在相对较短的距离上进行配对，将该分子折叠成复杂的稳定结构。这些三维结构也许对于长链非编码 RNA 的功能非常重要，而且尽管其序列在物种间变化很大，构成 3D 结构也许会相对保守。

不幸的是，由于缺乏帮助我们找到功能保守的长链非编码 RNA 的技术，所以很难使用序列信息来预测类似的结构。

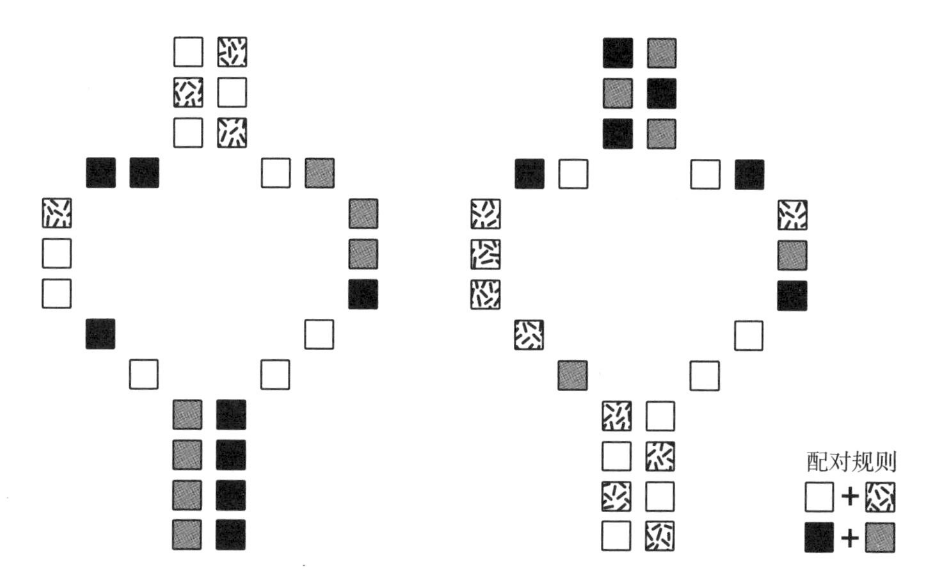

图 8.1　两条单链碱基序列不一样的长链非编码 RNA 分子能够形成相同形状的示意图。该形状是由 A/U（腺嘌呤/尿嘧啶）或者 C/G（胞嘧啶/鸟嘌呤）配对决定的，我们用具有不同阴影和特征的方块来表示这些碱基。该示意图是过度简化的。在实际情况下，长链非编码 RNA 也许具有多个能够形成复杂结构的区域。它们形成的结构也不像这里显示的是平面的，而是三维立体的。

原木还是木屑？

鉴于想要从人类基因组序列里面鉴定长链非编码 RNA 的复杂性，大部分的研究者倾向于一种更务实的方法，就是在细胞里面检测这些分子本身。但在如何解释这些结果的层面上，科学界也有相当程度的冲突。铁杆垃圾爱好者可能会声称，如果一个序列能够被表达为一条长链非编码 RNA 分子，则该分子必定有其生理意义所在。其他科学家则多持怀疑态度，并主张长链非编码 RNA 的表达基本上属于我们所说的那种旁观者事件。也即是说，长链非编码 RNA 确实被表达了，但这只是在开启一个“适当的”基因时顺便形成的副产物。

要理解旁观者事件是什么意思，可以想象一下我们正在用电锯修剪树枝。我们做这项工作的主要目的是制造原木，以用来建造船舱，或者为火炉提供燃料。我们并不想产生木屑或锯末，但无论如何，只要你用了电锯，它们就会出现。我们并不需要刻意避免木屑的产生。它们并不会对我们的主要目标产生干扰，如果我们真的想要找到一种方法来避免产生它们的话，很有可能需要付出减低生产效率的代价。只是偶尔地，我们甚至会发现，这些木屑副产品也有用处，比如可以铺花盆底，或者为我们的宠物蛇提供床上用品。

在一个类似的模型中，垃圾怀疑论者推测，长链非编码 RNA 的表达只是反映了特定区域基因表达时，被压制的序列被松动了而已。在该模型中，长链非编码 RNA 的产生仅仅是一个重要过程的必然伴随结果，但本质上是无害和微不足道的。支持者则认为这种说法不能解释长链编码 RNA 表达某些方面的特征。例如，如果我们检测大脑不同区域的样本，我们会得到不同类型的长链非编码 RNA。长链非编码 RNA 的拥趸声称此结果支持了他们关于该分子重要性的模型，否则为什么大脑的不同区域要开启不同的长链非编码 RNA 呢？怀疑者则认为这种长链非编码 RNA 表达的差异仅仅是因为大脑各区域中表达了不同的经典的编码蛋白基因所致。联想关于电锯的比喻，这就相当于我们得到的不同木屑取决于锯掉的是橡树还是松树的树枝。

双方争执了很久，但最近的数据表明，双方的极端分子或许都应该放松一点，因为现实的情况很可能是处于中间的位置上。我们要想真正去检验长链非编码 RNA 在细胞内功能的假设的唯一方法，就是在正确的细胞类型中对每一条进行检测。虽然听起来这是非常明智的做法，但其实并不像听起来那么简单。部分原因是绝对数量的问题。如果我们想在一种细胞或者组织中检测数百或数千种不同的长链非编码 RNA 的话，我们就必须先决定好哪一条是我们的目标。但要做到这点，我们还要先假设出那条具体的非编码 RNA 在细胞里面可能存在的功能。否则，我们就不会知道在干预了分子的表达或者功能后，应该去观察什么指标。

另一个问题就是，很多长链非编码 RNA 的定位与经典的蛋白编码基因区域相重合。有时候，它们可能会在完全一致的位置上，只是在反义链上编码，就像在第7章说过的Xist和Tsix一样。其他一些可能会位于一个基因的两个氨基酸编码区域中间的垃圾序列中，如同我们在第2章遇到过的弗里德赖希共济失调一样。长链非编码RNA有很多种方式可以跟蛋白编码基因共享同一区域，而这会给试图探索其功能的研究带来巨大的实验困难。

通常情况下，我们通过突变来研究基因的功能。有很多种可以使用的突变方法，但最常用的就是关闭掉该基因或者让它表达得比正常水平更高。但由于如此多的长链非编码RNA与蛋白编码基因有重叠，很难做到在突变一个的同时而保证另一个没有变化。而我们则会面临一个问题，我们不能确定突变产生的影响是来自于长链非编码RNA的变化还是蛋白编码基因的变化。

我们可以通过一个轻率行为而得出结论的例子来理解上面的问题。有一个研究青蛙听觉的博士研究生。他建立了一个实验系统，利用手术将青蛙的器官进行移除，而后观察青蛙是否能够听到巨大噪声（这里他用的是枪声）。一天，他冲进导师的办公室，高喊着他已经知道青蛙是如何听到声音的了。“它们是通过腿来听声音的!”他对困惑的导师说。当她问到他为何如此肯定的时候，他回答：“很简单。通常情况下，如果我在旁边开一枪，青蛙就会听到并因为害怕而跳起来。但是当我把青蛙的腿切掉以后，我再开枪的时候它就没有跳了，所以它一定是通过腿来听声音的（这是个非常著名的思想实验，在这个想出来的实验中没有现实中的青蛙被伤害）。”

当然，理论上，有时候在我们将蛋白编码的基因突变了以后，出现的一些意想不到的后果就是因为当初做实验的时候并不知道，有些跟基因重合定位的长链非编码RNA也出现了变化。

因为这些潜在的对蛋白编码基因的伴随影响，很多研究者转而专注于一类没有与基因重叠的长链非编码RNA。选择不少，大概有3500个长链非编码RNA属于此类。有一种观点认为应该将这些更远的长链非编码RNA单独列为一类，而且现在它们确实有了自己的名字（它们被称为linc RNAs，意思就是基因间长链非编码RNA）。但如果我们确实这么做的话，就必须通过它们的特征进行区分。比如，它们不与蛋白编码基因重叠。这就意味着我们会把大量功能各异的长链非编码RNA混为一谈。

急于进行分类和建立术语在基因组分析领域一致，并将继续作为真正的问题存在。因为这往往会在我们对其有足够的生物学了解并建立相关的分类之前，把我们的思维局限在定义中。试想一下，如果你从来没有看过电影，然后又让你连续看一个星期的电影。想象一下，你看的电影是《礼帽》(*Top Hat*)、《雨中曲》(*Singin' in the Rain*)、《黄金三镖客》(*The Good, the Bad and the Ugly*)、《正午》(*High Noon*)、《音乐之声》(*The Sound of Music*)、《七侠荡寇志》(*The Magnificent Seven*)、《歌厅》(*Cabaret*)、《大地惊雷》(*True Grit*)、《不可饶恕》(*Unforgiven*)和《西区故事》(*West Side Story*)。如果让你为电影进行分类，你会说它们分为两类：音乐剧和西部片。这很好，但如果接下来的一周又让你看了一些电影，又会发生什么呢？你在这周看的是《BJ单身日记》(*Bridget Jones's Diary*)和《地心引力》(*Gravity*)，或者《长征万宝山》(*Paint Your Wagon*)、《七对佳偶》(*Seven Brides for Seven Brothers*)和《野姑娘杰恩》(*Calamity Jane*)，以上这些属于歌舞片还是牛仔片？你会被你在了解电影流派之前所下的定义给限制住。出于同样的理由，我们将尽量避免给长链非编码RNA下太多的定义，而只专注于我们通过实验真正了解了什么。

垃圾DNA 有个好的开始对生命的重要性

对基因表达进行适当调控在整个生命过程中都是必需的，但它在极早期发育中尤为重要，因为前几个细胞分裂过程中即使是轻微的改变都会带来巨大的影响。这在受精卵，由卵子和精子融合而成的单细胞中尤为显著。受精卵，以及由它分裂产生的最初的几个细胞被认为是具有全能性的。它们能够制造出形成胚胎和胎盘所需要的所有细胞。研究人员喜欢用这些细胞进行实验，但它们的数量太少了。相反，大多数研究的对象是胚胎干细胞，也称为ES细胞。很多年前，这些细胞最初来源于胚胎，但我们现在并不需要再面对胚胎了，因为它们可以在培养基中生长。胚胎干细胞源于发育稍晚一点的阶段，从而不像受精卵那么不受约束。它们被称为具有多能性，因为它们具有形成身体任何细胞类型的潜力，但不包括胎盘细胞。

在精准的培养条件下，ES细胞能够分裂，并产生多能干细胞。但培养条件相对很小的变动都会导致其失去多能性。这些ES细胞会开始分化成更特异的细胞类型。其中最显著的变化是，当胚胎干细胞分化成心肌细胞后，就会在培养皿中自发并同步地开始搏动。但本质上，ES 细胞可以有许多不同的发育途径，这取决于它们被处理的方式。

研究人员在培养的 ES 细胞中敲低（意为降低某种基因的表达，但不是完全封闭）了大约 150 种远离蛋白编码基因的长链非编码 RNA。每个实验中他们仅敲低一个长链非编码 RNA 的表达。他们发现在数十例实验中，只有一个长链非编码 RNA 的敲低足以引起 ES 细胞失去多能性并开始分化成其他类型的细胞。作者还分析了在敲低这些长链非编码 RNA 前后有哪些基因进行了表达。他们发现，90% 的这些长链非编码 RNA 直接或者间接地控制了蛋白编码基因的表达。在许多情况下，数百个蛋白编码基因的表达受到影响。这些基因在基因组中通常不是被敲低的长链非编码 RNA 的邻居，往往相隔甚远。

这些科学家还进行了反向试验。他们用已知能够导致分化的化学物质处理 ES 细胞，而后分析了他们感兴趣的特定的长链非编码 RNA 的表达情况。他们发现，在该细胞从具有多能性转为开始分化的时候，大约 75% 的长链非编码 RNA 的表达出现了降低。这两组数据与特定长链非编码 RNA 的水平在保持 ES 细胞多能性状态中起“守护”作用的想法一致。这使我们相信，这些不编码蛋白的 RNA 在细胞中，至少在早期发育期间，确实具有功能。

一些长链非编码 RNA 也可能会影响发育晚期。我们在第 4 章遇到过 HOX 基因。这些基因对身体各部分的正确发育具有重要作用。它们的突变会导致果蝇出现奇幻般的变化，比如头上长出腿来。HOX 基因在基因组中成簇定位，而且长链非编码 RNA 在这些区域中也异常丰富。而这在古病毒中是相对缺乏的。科学家们非常想知道长链非编码 RNA 是否能够影响在基因组位置上跟它重合的 HOX 基因的活性。为了测试这一点，研究人员使用一种技术，减少了鸡胚 HOX 基因区域特定长链非编码 RNA 的表达。结果他们发现，动物的肢体发育出了问题。肢体两端的骨头非常的短。同样地，在小鼠中敲除另一个该区域长链非编码 RNA 的表达能够导致动物出现脊椎和腕骨的畸形。这两组数据都与认为长链非编码 RNA 是 HOX 基因表达和肢体发育的重要调节者的观点一致。

垃圾DNA 长链 RNA 和癌症

从某种角度来看，癌症可以被认为是发育的逆过程。癌症中存在的问题之一是，成熟的细胞可能会被改变，并恢复到具有未分化细胞那种无限分裂特性的状态。鉴于长链非编码 RNA 在多能性和发育中的重要性，我们可能会轻易联想到它们跟癌症有些关联。

一项大型实验对超过 1300 名患者体内长链非编码 RNA 的表达情况进行了研究，他们分别患有四种不同癌症（前列腺癌、卵巢癌、一种称为胶质母细胞瘤的脑瘤和一种特定类型的肺癌）。大概有 100 种长链非编码 RNA 在短期内因病死亡的患者中普遍出现了高水平表达。其中 9 种长链非编码 RNA 显示出了跨病种的相关性，这提示它们可能可以作为预测患者生存率的普遍标记物。

对于三种类型的癌症（不包括前列腺癌），该研究还报道，可以检测到能够区别不同肿瘤亚类的长链非编码 RNA。例如，尽管我们统称为卵巢癌，但是根据不同的细胞类型有不同种类的卵巢癌，而它们有不同的发病过程。反过来，这会对疾病的预后和患者应接受的治疗方案产生影响。未来，分析肿瘤样本里面特定的长链非编码 RNA 的表达可能会帮助临床医生为患者选择最恰当的治疗方法。

关于长链非编码 RNA 表达和癌症关联的报道越来越多。一些耐人寻味的数据也出现在癌症的遗传学研究中。有些癌症是由家族内部一个异常强大的基因突变遗传所造成的。其中最有名的就是 BRCA1 突变基因导致女性乳腺癌高发的例子。人们广泛得知该例子的原因是，具有该罕见基因突变的女演员安吉丽娜·朱莉（Angelina Jolie）在 2013 年决定进行了预防性的双侧乳腺切除术。但研究表明，相当多的癌症都确实具有遗传成分。问题是，当科学家描绘与癌症风险相关的遗传多态性图谱的时候，这些变异经常出现在基因组中没有蛋白编码基因的区域里。与癌症相关的基因多态性大概有 300 多种，其中只有 3.3% 改变了蛋白质中的氨基酸序列，超过 40% 的都位于传统的蛋白编码基因之间的区域。在这些情况下，这些多态性可能会影响到的不是编码蛋白质的基因，而是长链非编码 RNA。最近的研究证实，这种情况在至少两个类型的癌症（乳头状甲状腺癌和前列腺癌）中是确实存在的。

令人鼓舞的是，我们也在开始收集一些数据来证实在某些情况下，这些联系不仅仅是相关而已，而是长链非编码 RNA 本身导致了癌症细胞行为模式的改变。

在前列腺癌中有一种长链非编码 RNA 的表达显著增高。该长链非编码 RNA 的过表达本质上就像是在下坡路上将停好的汽车的手刹放开一样。在小鼠中被敲除后会导致骨骼变形的那条长链非编码 RNA，在多种癌症，包括肝癌、结直肠癌、胰腺癌和乳腺癌中都呈过表达状态，而其过表达与患者的预后不良相关联。通过实验室培养癌细胞进行的研究表明，过表达此长链非编码 RNA 可能使该细胞具有更强的转移和侵袭身体其他部位的能力。

证实长链非编码 RNA 在癌症中不是旁观者而是有活性的一些最有力的数据来自前列腺癌。当前列腺癌开始形成时，它的生长依赖于雄激素——睾酮。睾酮跟受体结合后会导致大量能够促进细胞增殖的基因活化。前列腺癌早期的治疗就是使用抑制该激素与受体结合的药物。这就像是在你的脚和油门之间塞了东西，让你不能踩下油门把车开得更快。

但随着时间流逝，癌症细胞通常会找到一些解决办法。该激素受体会找到办法激活相关基因，不管有没有睾酮与之结合。这就像一个人在油门上面放了一包糖。这样，油门就始终处于踏下状态并加速汽车向前，哪怕你的脚还放在仪表盘上。两种在恶性前列腺癌中高度过表达的长链非编码 RNA 就扮演了这样的角色。它们在即使没有激素存在的情况下帮助受体增加基因表达，并促进细胞增殖。它们就是汽车例子中的那包糖。如果在癌症模型中抑制了这些特定长链非编码 RNA 的表达，瘤体的生长会出现显著降低，而这也证实了这些分子的关键作用。

还有一条长链非编码 RNA 在前列腺癌中有作用。该长链非编码 RNA 表达的水平越高，该癌症的恶性程度就越高，患者治疗后的生存时间就越短，死亡率就越高。在癌症模型中，敲低该长链非编码 RNA 能得到与之前描述类似的保护作用，但这条长链非编码 RNA 的作用跟睾酮受体没什么关系。这提示，哪怕仅在一种肿瘤类型中，长链非编码 RNA 在癌症发展中的作用具有多样性。

垃圾DNA 长链 RNA 和大脑

对这些分子感兴趣的并不只有肿瘤学家。跟其他组织相比，大脑中长链非编码 RNA 的表达种类更多（睾丸可能是个例外）。其中有些在表达位置和发育阶段等表达特征方面从鸟类到人类都是比较保守的。这些可能有保守的功能，也许是在正常大脑发育方面。然而，很多表达在大脑中的长链非编码 RNA 在人类或者灵长类中具有种属特异性，而这诱使研究者想知道它们是否是高等灵长类极其复杂的认知和行为物质基础。

一种可以影响大脑细胞相互连接方式的长链非编码 RNA 已经被鉴定出来。另一种在我们从其他猿猴分离出来时就已经演化了长链非编码 RNA，也许参与调节一种形成人类大脑皮质独特发育过程必需的基因表达。

上述例子表明，长链非编码 RNA 在大脑中应该发挥着有益的作用。但跟健康方面一样，它们也会牵涉到某些疾病。阿尔茨海默氏病（Alzheimer's disease）是一种通常与老龄化相关的智力障碍疾病。因为目前人群寿命普遍延长，阿尔茨海默病正变得越来越普遍。据世界卫生组织估计，目前全世界有超过 3500 万人患有老年痴呆症，而这个数字将在 2030 年增加一倍。现在没有能够治愈，甚至是减慢其临床进展的有效药物，既然连控制都说不上，就更别说逆转病变了。这种疾病的情感和经济负担非常巨大，但在治疗上的进步则可怕的缓慢。部分原因是我们对患者大脑细胞到底出了什么问题知之甚少。

而我们还是有所信心，原因是我们知道在这个患病过程中，至少有一个重要的步骤是在大脑中产生了不溶性的斑块，这是通过尸检获得的结果。该斑块是由一些错误折叠的蛋白质组成，其中最重要的一个就是 β-淀粉样蛋白。它是由一种名为 BACE1 的酶切割较大的蛋白质后产生的。有一条长链非编码 RNA 是在 BACE1 基因相同位置的反义 DNA 链上产生的，就像 Xist 和 Tsix 之间的关系一样。

该长链非编码 RNA 和标准的 BACE1 信使 RNA 彼此结合在一起。这导致了 BACE1 信使 RNA 更稳定，从而在细胞中停留得更久。因为它留存时间长了，细胞就会产生更多拷贝的 BACE1 蛋白。这会引起 β-淀粉样蛋白的生成增多，最终引起斑块的形成。

有报道称该长链非编码 RNA 在患有阿尔茨海默病患者大脑中表达增高，但事实上很难解释这些数据。因为，这种表达增加有可能仅仅是病变的结果而已。记得之前的比喻吗，你砍出越多的原木就会产生越多的木屑。但研究人员设法找到了一种在阿尔茨海默病模型小鼠中特异性降低该长链非编码 RNA 表达的方式。该长链非编码 RNA 的敲低导致了 BACE1 蛋白和 β－淀粉样蛋白斑块的减少。该结果支持了长链非编码 RNA 在这种破坏性疾病中发挥致病作用的假设。

并不是只有中枢神经系统才会受到长链非编码 RNA 的影响。神经性疼痛是患者在没有任何物理刺激的情况下都会感觉到疼痛的疾病。它是由将感觉信号从外周传向中枢神经系统（脑和脊髓）的神经出现异常电活动引起的。该病令患者十分痛苦，但是常用的止痛药，如阿司匹林或扑热息痛等并没有任何作用。目前并不清楚为什么神经会出现异常活动。最近的工作已经表明，在某些情况下，该病可能是由于一种长链非编码 RNA 水平升高，进而导致一种电通道表达增多所致。该长链非编码 RNA 通过与编码该通道的信使 RNA 分子结合，改变其稳定性，从而改变了该蛋白质的产量。

研究者发现越来越多的疾病中，可能有长链非编码 RNA 在发挥作用。但是，人们依旧在争论着这些长链非编码 RNA 在疾病发展过程中真正的功能和重要性。它们是否真的跟蛋白质一样重要？也许目前的答案是否定的，除非我们面对的是一个像 Xist 这样具有明确的至关重要的分子。不过，仅仅考虑单独一条长链非编码 RNA 的影响的话可能会有失偏颇。

最近的评论认为，“一个明显的可能性是，许多长链转录产物最多是基因组管理的推动者和优化者，而不是作为开关。”但最大的复杂性和灵活性往往不是来自“开/关”或者“黑/白”这类开关的作用，而是来自像声音大小或者灰度差异的精密调节变化。从生物学角度上看，我们可能会亏欠推动者和优化者很多。

9 给暗物质加点颜色

在生物学领域，一般紧跟在问题“它有什么作用”后面的，就是另一个问题“它是如何发挥该作用的”。我们已经知道长链非编码RNA是什么了，也知道了一些它们的作用——它们能够调节基因表达。接下来我们就需要讨论下一个问题，它们是如何发挥作用的?

这问题的答案不会是唯一的。人类基因组里面能够产生成千上万条长链非编码RNA，而且它们不可能用同样的方式发挥作用。不过，我们可以大概了解它们的一些主要方式。

其中最重要的方式涉及我们之前遇到过的一个特征，就在第6章阐述着丝粒以及其在细胞分裂里作用的那部分。如果回顾一下图6.3，我们就可以想起来，我们细胞中的DNA缠绕在8个组蛋白形成的聚合物上。目前为止，我们已经知道了这些蛋白质的打包作用，但它们真正的作用比已知的更为复杂。我们的细胞可以修饰组蛋白，或DNA本身。它们可以在上面添加少量的化学基团。这些化学添加剂不会改变基因的序列。该基因将仍然编码相同RNA分子和相同的蛋白质（如果它是一个蛋白编码基因的话)。这些修饰能改变某个特定基因被表达的可能性。这些修饰能够做到这一点的原因是，它们反过来也是一些其他蛋白质的结合位点。这些修饰可以作为吸引其他蛋白质构建大型复合体的第一附着点，而这个蛋白质复合体最终能够决定某个基因的开启或者关闭。

这些对DNA的改变以及它相关的蛋白质被称为表观遗传学修饰(epigenetic modifications)。Epi一词来自于希腊语，意思是“在……之中”、“在……之上”、“附加的”和“以及”。这些修饰是附加于基因序列基础之上的。最容易理解的修饰就是直接加在DNA本身上的。迄今为止DNA上最常见的修饰发生在一个C碱基后面紧跟着一个G碱基的时候。该序列被称为CpG，而细胞里面的酶能够在这里添加一个修饰。一个被称为甲基的化学基团能够被加到这个 C 上面。甲基仅仅由一个碳原子和三个氢原子构成，而且它很小。把它加到 C 碱基上面就像是把一片三叶草粘到一朵盛开的向日葵旁一样。

如果一段 DNA 序列有很多 CpG 元件，就意味着有很多可以被表观遗传甲基化的位点存在。这会吸引那些能够抑制该基因表达的蛋白聚集。在极端的例子中，如果在较小的区域里面有大量 CpG 元件的话，DNA 甲基化可以导致非常深远的影响。本质上，该 DNA 会改变形状，并且该基因会被彻底关闭。值得注意的是，它不仅仅是在这个细胞里面被关闭，而是在它分裂而得的所有子细胞中被关闭。在非分裂细胞，如我们的大脑神经元中，这些 DNA 甲基化的模式可能是我们还在子宫里面的时候就建立了。它们中的许多将会保留到 100 多年以后，只要我们能活那么久。

对于 DNA 甲基化能够在生物体内或多或少地关闭基因的认识引起了巨大的反响。这是因为，它终于给了科学家们能够解释困惑了他们多年的问题的一个答案。其实，我们很早就已经知道了不是所有的一切都可以用基因序列来解释的。我们知道这点是因为有很多基因完全相同的两者却各不相同的情况。当毛虫化蛹成蝶的时候，它的基因组没有任何变化。基因完全一致的小鼠，在完全标准的实验条件下饲养，体重也各不相同。

你和我，亲爱的读者们，都是表观遗传学的杰作。人体内几乎所有的 50 万亿 ~70 万亿个细胞都包含完全相同的遗传密码。（对抗特定感染的免疫系统里的细胞是例外。与众不同的是，这些细胞能够重新排列它们的一些基因来创造抗体和受体的不同组合，以对广泛的外源性蛋白产生响应。）无论它们是汗腺中分泌盐的细胞、我们眼睑的皮肤细胞，还是膝盖中减震用的软骨细胞，都包含完全相同的 DNA。它们只是根据所在组织的不同，以各自的方式使用这些基因中的信息。例如，大脑中的神经元表达了神经递质的受体而关掉了血红蛋白（在我们红细胞中运输氧气的色素）的基因。

这些例子都是我们所说的所谓表观遗传表象。是的，就是跟修饰完全一样的意思，而它确有道理。这些都是一些发生在附加于基因编码之上的情况。

DNA 甲基化的发现终于给了我们一个理解表观遗传表象如何发生的解释。在神经元中，负责制造血红蛋白的基因被严重甲基化，从而被关闭。它们终生保持关闭状态。然而，在那些发育成红细胞的细胞中，这些基因没有被甲基化，从而血红蛋白能够生成。但是，在这些细胞中，编码神经递质受体的基因通过表观遗传学机制被关闭了。

DNA 甲基化相当稳定。所以，想要移除该修饰相当困难。如果你的细胞需要长时间的保持特定基因的关闭状态，这绝对是个好消息。但是，很多情况下，我们的细胞需要对周围环境的一些短时改变做出反应，比如我们喝了点酒或者因工作面试而感到了紧张等。所以，这里还有第二套系统。它们在毗邻基因的组蛋白上进行修饰。改变组蛋白的修饰能够关闭基因，但是因为这些修饰的移除相对容易，细胞就有在很短的时间里把基因表达还原的选择，如果它需要的话。组蛋白的修饰也能用于精密调节基因的表达——打开一点、再大一点、再大一点，并以此类推。我们可以简单地把 DNA 甲基化想成电源开关，而组蛋白修饰则是音量调节。

组蛋白修饰能够作为基因表达微调机制的原因就是该修饰具有多样性。如果 DNA 通过甲基化的水平分为几个灰度的黑白色阶的话，组蛋白修饰就是绚烂多彩的。组蛋白中有多个氨基酸能够被修饰，而至少有 60 种不同的化学基团能够被加到这些氨基酸上面。这就导致了无比复杂的等级出现，因为在不同基因或者不同细胞类型的相同基因中，大概会有几千种可能的组蛋白修饰的组合存在。这些修饰组合会对细胞产生不同的影响，因为它们会吸引不同的能够控制基因表达水平和模式的蛋白复合体。一些组合会上调基因表达，其他的则会降低。

垃圾DNA 在基因组里面找个位置

但多年来，我们一直有个困惑。往组蛋白上添加修饰的酶对 DNA 序列完全无视。它们不与 DNA 结合，也不能区分 DNA 序列的差异。但在有相关刺激存在的时候，不论是什么，这些酶却会相当精准地对特定的组蛋白进行修饰。它们能够在相关基因的组蛋白上添加（或者移除）修饰，但却忽视临近基因的组蛋白。

现在看起来似乎长链非编码 RNA 的功能之一就是作为一种分子蓝丁胶，将组蛋白修饰酶吸引到被选择的基因的附近。证据之一就是来自第 8 章介绍过的，那个对人的 ES 细胞（胚胎干细胞）中某些长链非编码 RNA 的分析工作。研究人员发现，他们鉴定的长链非编码 RNA 中，大约有三分之一与含有组蛋白修饰酶的蛋白复合体相结合。为了检查该长链非编码RNA与蛋白质的结合是否无功能，他们敲低了复合体中组蛋白修饰酶的表达。在几乎一半的情况下，对细胞和基因表达的影响与敲低长链非编码RNA本身产生的影响一样。这表明，长链非编码RNA和组蛋白修饰酶确实在细胞中携手工作。

很多关注长链非编码RNA和表观遗传系统关系的研究者都注意到了一个表观遗传酶。这个酶能够添加一个特定的组蛋白修饰，并与关闭基因密切相关。我们可以把这个酶叫做主要抑制子（该主要抑制酶的名字是EZH2。它的作用是在组蛋白H3上面27位的赖氨酸上添加3个甲基分子。该修饰的学术名称是H3K27me3，而它是除了DNA甲基化以外被了解得最深入的表观遗传学抑制标记）。科学研究表明它与很多不同的长链非编码RNA之间有相互作用。

来自于一个基因的长链非编码RNA会靶向这个基因的主要抑制子。该主要抑制子酶随后会在该组蛋白上创建抑制性修饰，降低该基因的表达。这些抑制性的修饰还会继续吸引其他能够结合并抑制该基因的蛋白质。

这种由主要抑制子表观遗传酶进行的调控，经常被用于控制那些编码其他表观遗传酶的基因表达。而那些被调控的基因通常具有跟主要抑制子相反的功能，即它们会上调基因的表达。总的效应就是，主要抑制子对基因表达的模式具有很强的影响力。它通过直接的，和间接的方式（防止那些能够开启基因的表观遗传酶的表达）降低基因的表达。一套表观遗传学的组合拳。

通常，这是发生在我们细胞里面的，对基因表达进行控制的完全正常的一部分，并且该系统运转良好，确保所有的复杂的细胞通路都各司其职。但是，如果长链非编码RNA和表观遗传机制之间的复杂相互作用中的某个部分出现失衡的话，就会出现问题。

不幸的是，看起来这正是一些癌症中发生的事情。在某些癌症中，比如前列腺癌和乳腺癌，主要抑制子呈过表达状态，而且这种过表达与低生存率相关。在某些类型的血细胞癌中，主要抑制子出现了突变，导致其异常活化。以上变化的结果就是“错误的”基因被抑制了。这导致促进细胞增殖的蛋白质和通常作为刹车的蛋白质之间的平衡被打破，促进了癌症形成的状态出现。抑制主要抑制子活性的药物目前正处于早期临床实验中。

主要抑制子是作为一个巨大的蛋白复合体［该复合体被称为多梳抑制

性复合体 2（PRC2，Polycomb repressive complex 2）。PRC2 的活性需要与另一种抑制性复合体 PRC1 密切配合。PRC2 通常在基因组区域上建立起第一个抑制性的修饰，而 PRC1 随后添加维持抑制状态的额外修饰］的一部分进行工作的，而且多种长链非编码 RNA 与该复合体有关，提示在不同的细胞类型和细胞行为中，也许会有多种途径与靶向抑制性修饰有关。在第 8 章，我们见到过一条其过表达能够导致前列腺癌的长链非编码 RNA。研究发现它能与主要抑制子结合并将其导向特定的基因，包括那些通常情况下阻止细胞增殖的基因。该发现验证了一个观点，就是长链非编码 RNA 与表观遗传学修饰酶之间具有微妙平衡，且该平衡被打破后对细胞和生物体都很危险。类似的数据也见于第 8 章中与骨骼畸形和各种癌症有关的长链非编码 RNA 的结合活性中。它结合到包含有主要抑制子的复合体上，并同时结合到另一个能够添加额外的抑制性修饰的表观遗传酶上。

上述解释中有一个隐含点，就是长链非编码 RNA 被转录出来的位置，应该在那些组蛋白将会被主要抑制子或者其他表观遗传酶靶向的基因上或者附近。虽然很难进行检测，但现有的数据表明，情况的确如此。主要抑制子可以与所有种类的长链非编码 RNA 分子进行结合。含有主要抑制子的复合体可以通过复合体中不同的组件来识别不同类型的组蛋白修饰。这些组件可以在细胞间各不相同。当它们“扫描”附近的组蛋白时，该复合体可以识别出多种修饰模式，并通过添加主要抑制性修饰的方式进行强化。或者，如果该区域富含促进基因表达的修饰的话，该复合体可能会被抑制并且主要抑制子会离开这些组蛋白。如果我们简单地认为这仅取决于先来后到的话，其实是不对的。相反，模式特征的维持或创建，通常依赖于基因组中已有的组蛋白修饰组合。

这似乎在保持相反效果，即活化区域保持活化中同样有效。有报道称，蛋白编码基因表达被开启的区域中也有长链非编码 RNA 表达。这些长链非编码 RNA 滞留在产生它们的基因组区域，并可能形成陪伴 DNA 的双螺旋结构的第三条链。这些长链非编码 RNA 与那些将甲基化修饰放到 DNA 上的酶结合并阻止它们的工作。这样，可以使在该区域中的基因始终处于活跃状态。

垃圾DNA 如果你是失活的，就保持失活吧

对关闭雌性细胞中一条 X 染色体表达有至关重要作用的 Xist，是最早发现的有功能的长链非编码 RNA 之一。也许显而易见，它与表观遗传系统间的相互作用是被研究得最清楚的。当 Xist 顺着 X 染色体进行延伸时，它会吸引其他的蛋白质。其中很多就是添加化学修饰到 DNA 或者组蛋白上面的表观遗传酶。它们包括组蛋白的主要抑制子，以及添加甲基基团到 DNA 上的酶。它们产生的这些表观遗传修饰强化了对基因的关闭，而最终导致了 X 染色体的高度聚集，并形成了我们在第 7 章提到过的巴氏小体。

我们也许对细胞分裂后仍能在正确的 X 染色体上重建表观遗传学修饰感到困惑。我们可以通过一个物理学的例子来简单想象一下。你有两个木质棒球棍，现在你将其中的一个刷了带磁性的油漆，这代表着 Xist。等油漆干了以后，你把这两根球棒放到盛有小铁盘的浴缸里。每个小铁盘的一面覆有钩状魔术贴。小铁盘代表着结合在 Xist 覆盖的染色体上的表观遗传蛋白。这些光盘将会粘到被涂了磁性油漆的球棒上，而不是另一支。在此之后，你再把两个球棒都放进另一个浴缸，里面装着缝有另一半魔术贴的美丽的塑料花。这些代表着修饰。显然，花朵将只会粘到最初涂了磁性油漆的球棒上，即使它们本身并没有磁性。

你甚至可以把这个略显怪异的思想实验更进一步。即使你把那些花从球棒上移走，只要你再次把它放进有塑料花的浴缸里，它一定会再次粘满鲜花。你甚至可以把小铁盘全部拿走，只要你再把球棒按顺序放到第一个和第二个浴缸中，它还是会满身花朵。

事实上，你能阻止球棒在置入两个浴缸后满身花朵的唯一办法就是把磁性油漆刮掉。这本质上就是女性产生卵子时干的事情。失活标记会被从 X 染色体上，以及所有的子细胞中全部移除，也即所有的卵子都是“新鲜的”，因为它们不会传递任何失活信息到子代。而磁性油漆将会在早期发育中被重新加到两条 X 染色体中的一条上。

垃圾DNA 让远古的入侵者保持安静

长链非编码 RNA 显然与表观遗传蛋白之间存在互动，并帮助调节其功能。但如果仅仅认为这是垃圾与表观遗传系统会话的唯一方式的话，就大错特错了。事实远不止于此。我们在第 4 章看到过，人类基因组已经被大量的各种重复 DNA 元件入侵，而且让这些重复 DNA 元件保持关闭是一件非常重要的事情。一些研究人员推测，基因表达的表观遗传调控原本有可能是从控制某些垃圾区域演变而来，只是到了后来，表观遗传系统转入了对正常内源基因调节的新领域。

关于垃圾 DNA、表观遗传学和哺乳动物最终外观与行为之间的相互作用的突出例子，可以在一个被称为 Agouti 的自发性黄色小鼠（Agouti viable yellow mouse，Avy mouse）的品系中找到。该品系中所有小鼠的基因都是相同的，但它们看起来非常不一样。有些是肥胖的黄色小鼠，有些是棕色的瘦弱小鼠，有的处于两者之间。其外观上的差异是由于对一个垃圾 DNA 区域的表观遗传调控引起的。在这些小鼠中，一个重复 DNA 元件被插入到基因组里面的某个特定基因的前面。该 DNA 元件可以产生不同和随机程度的甲基化。较重的甲基化，导致更多的重复 DNA 元件的活性被抑制，而这会影响到临近基因的表达。就是这些临近基因的表达水平最终决定了这只小鼠到底会有多胖和多黄。图 9. 1 是对此的概述。

垃圾DNA 表观遗传学和扩展

表观遗传学和垃圾 DNA 之间的交互也在某些遗传突变产生的影响中有作用。典型的例子就是脆性 X 综合征，我们在第 1 章和第 2 章中描述过。造成这一疾患的突变是 CCG 三核苷酸重复序列的过度扩展，有时会达到数千个拷贝。本章前面介绍过，这种包含了一个 C 的后面紧跟着一个 G 的重复（CpG）是 DNA 甲基化的靶序列。当此垃圾重复序列变得非常大的时候，酶和蛋白质就会忍不住地为该元件添加一个甲基基团。这就会导致该重复序列被严重甲基化，而这反过来又吸引了所有抑制基因表达的蛋白

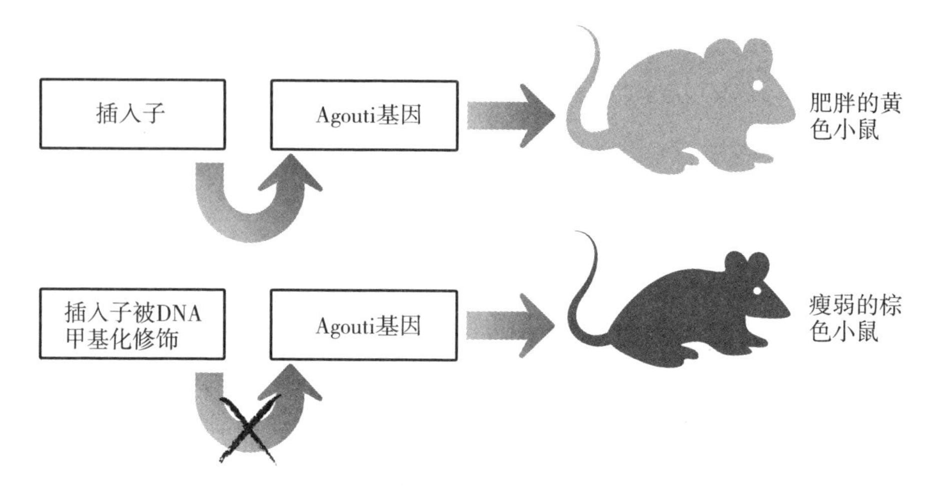

图 9.1　上半张图中，一个插入子促进了 Agouti 基因的表达，导致了黄色肥胖小鼠的产生。下半张图中的插入子被 DNA 甲基化修饰。该插入子不再能够促进 Agouti 基因的表达，从而该小鼠是棕色和瘦弱的。

质，甚至会改变 DNA 本身的结构。最终，该细胞将不可能再表达脆性 X 蛋白，而这种垃圾 DNA 和表观遗传学之间相互作用导致的后果就是，终身的学习障碍和社交困难。

10　为什么父母爱垃圾

犹太基督教信仰中，孩子们学会的第一个圣经故事就是创世纪的传说。在这个故事中，上帝创造了地球和天空，以及其间的万物，最后他创造了亚当和夏娃。在此之后，这两个人的后裔遍布全地球，从此再无神助，直到传统基督教中的新约时代。

我们之所以笃信亚当和夏娃的故事，可能是因为这个故事反映了生物学领域一个根深蒂固的简单观念。想创造出孩子，就必须要一个男人和一个女人。在生物学上，不可能由两个男人，或者两个女人，或者一个女人自己生出孩子来。

这种生物学上的确定性似乎如此显而易见，以至于我们从来不曾质疑过。但我们可以质疑，因为有时候，最非凡的生物学隐藏在最平凡而明显的假设中。我们也应该质疑它，因为人类跟那些孕育后代的其他所有哺乳类动物一样，是动物王国中仅有的从来都不无性繁殖的一类。哺乳动物的卵需要由一个精子来受精，才能创建一个新的个体。在其他物种中，都有雌性不需要交配就可以生出下一代的例子。这不仅仅出现在诸如昆虫的低级动物中。鱼类、两栖类、爬行类，甚至一些鸟类中的某些种类都可以做到这一点。哺乳动物则不能，这表明对无性生殖的这一限制出现得相对较近，大概是在哺乳动物和爬虫类在300多万年前分道扬镳之后。

我们能够假设哺乳动物中对无性生殖的限制不仅是一个基础生物学的问题。也许两个哺乳动物的卵子不能融合，所以它们不能创造出可以分裂出其他细胞的受精卵。结果就是，哺乳动物的生殖需要一个雄性捐献者，因为精子可以穿透卵细胞并释放出其携带的DNA。千真万确，哺乳动物的卵子不能正常进行融合，但这并不是真正的原因。不是，真实的原因比这要有趣得多，而且是被一组在20世纪80年代中期以小鼠为模型的杰出实验结果给出的。

研究者提取已经受精了的小鼠卵子，并移去其细胞核。他们使用来自卵子或者精子的细胞核对该卵子进行了重组，并且把它们植回到雌性小鼠的子宫中。结果如图 10.1 所示。

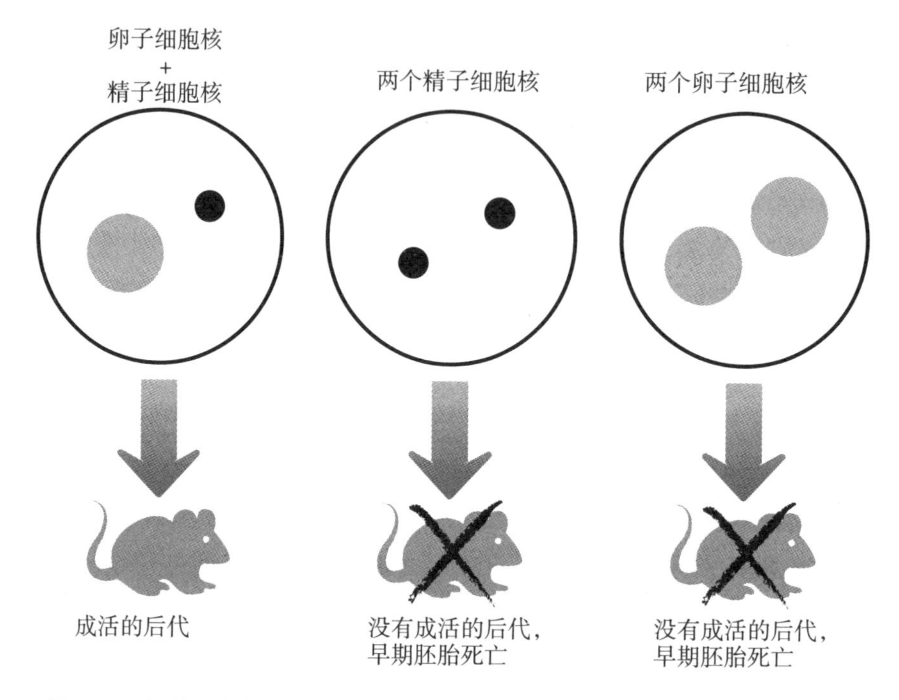

图 10.1　如果一个卵子细胞核和一个精子细胞核被注入一个失去了自己细胞核的空卵子中，会生成一个活的小鼠。如果使用两个卵子细胞核或者两个精子细胞核，产生的胚胎不能正常地发育。在所有的三个实验中，基因序列信息都是相同的。

只有包含来自卵子和精子各一个细胞核的重组卵子成功产出了后代。里面含有两个来自精子的细胞核或者两个来自卵子的细胞核的重组卵子仅能形成很早期的胚胎，而后就停止发育了。就遗传学角度而言，这实在是非常奇特的。在所有的三个实验体系中，重组卵子含有的 DNA 数量都是正确的。而在 DNA 序列方面，从精子来的 DNA 和从卵子来的 DNA 之间不存在实际的差别，因为该实验被特别设计成卵子和精子均携带了 X 染色体。这就导致了一个奇怪的悖论。所有的三个实验所涉及的 DNA 序列是完全相同的。不过，活着出生的生命只能出现在这些 DNA 序列分别来自雄性和雌性的情况下。

我们能够非常自信地宣称这种对卵子和精子的同时需要不仅仅存在于小鼠中，因为我们知道一种人类疾病叫葡萄胎（hydatidiform mole）。一个女性看起来像是怀孕了，体重增加而且经常受到严重晨吐的困扰。但扫描显示并没有胚胎存在，而只有一个充满了被流体填充的肿块的增大的异常胎盘。这就是葡萄胎，它在孕检中的发病率大约为二千分之一，而在一些亚洲人群中这个数字可以达到二百分之一。尽管在医疗条件良好的社会中，产前保健医生会为防止出现潜在的恶性肿瘤而很早将其移除，但该结构会在受精后四至五个月的时候自行终止发育。

对该异常胚胎的基因分析已经非常透彻。结果显示大部分情况下，葡萄胎源于一个接受了精子的细胞核却没有自己细胞核的卵子。精子的23条染色体被拷贝而形成了正常人类的染色体数目，46条。有20%的葡萄胎是由于两条精子同时穿透了一个异常的没有细胞核的卵子，同样产生了染色体的正确数目。如同上面说过的小鼠实验，葡萄胎包含了正确的染色体数目，但它们仅仅来自于父亲一方，而这就会导致发育过程中的严重失败。

临床病例和小鼠实验证明了一些真正基础的事情。它们表明，配子（精子和卵子）除了提供遗传密码外还贡献了其他信息。仅靠DNA数量或序列根本无法对以上结果进行解释。在现象上，这是表观遗传学的一个例子。现在我们知道，在分子水平上，该现象是由于表观遗传系统和垃圾DNA之间相互作用而导致的。

记住DNA的来源

科学家们已经发现了某些特定的DNA区域能够携带标示“我来自母亲”或者“我来自父亲”的表观遗传修饰。这被称为亲源（parent-of-origin）效应。在基因组的这些区域里面，正常的发育全依赖于从母亲和父亲那里各继承一个拷贝的特定基因。

这种表观遗传修饰不仅仅是那种能够指示你从谁那里遗传了这个基因拷贝的一片蓝色或者粉色的基因装饰。这些修饰控制了特定基因的表达，以使在每对等位基因中只有一个会被开启（例如，是你从父亲那里继承的那个），而从另一方（在这个情况下，就是你母亲）继承的则被关闭。这个系统就被称为印迹（imprinting），因为基因被印迹上了它们来源的信息。

正常情况下，细胞表达两个拷贝的某个蛋白编码基因能够给细胞一种保障。即使拷贝中的一个遭受突变或者因异常表观遗传修饰导致沉默，细胞还有另一个拷贝备用。但如果细胞已经通过印迹关闭了拷贝之一的话，这就会使它更容易受到另一个拷贝随机关闭的影响。但对于某些基因来说，细胞更愿意承担这种风险的事实告诉我们，印迹一定有大大超过其缺点的好处所在。

并非偶然，这个系统只出现在哺乳动物里面。雌性哺乳动物为它们的后代发育付出巨大。它们把后代保持在自己的身体里面，通过胎盘把营养分享给它们。事实上，还有很多雌性以其他方式养育后代的实例。想想孵蛋的鸟类，或者精心堆窝且仔细调节温度的鳄鱼。但在所有孕育方式中，没有哪种雌性对胚胎的滋养会像哺乳动物那样尽心竭力。

出于进化方面的原因，这种孕妇的付出需要一个限度。为了成功传递她的基因，雌性哺乳动物更希望一次能够多生几个。有可能，它还会遇到其它潜在的比它现在孩子的父亲更适合的配偶（在进化而言）。所以，尽管它为每次怀孕都牺牲巨大，但对雌性而言，能够多生几次是很有意义的。让发育中的胚胎能够从它那里获得足够的营养，对于保证后代正常存活和顺利出生是确有一定好处的。但是，对母亲来说，给予胚胎过多的营养以导致自己活不下去或者失去生育能力是绝对的得不偿失。

但对雄性来说就不是这么回事了，它只盼望着后代从母亲那里尽量多的获取营养。但对此产生的后果，比如导致母亲再也无法生育等，雄性并不关心。从进化的角度来看，它所有的希望就是它的后代能够得到很好的营养并尽可能强壮，这样它们就会有最好的机会来传递它的基因。而它则更倾向于与更多的其它雌性进行交配，以更多地传递基因。

雌性哺乳动物不能决定到底将多少营养提供给它们子宫中的胚胎。它们不像鸟类一样可以因为某些原因放弃巢中的鸟蛋。所以进化提供了一个营养军备竞赛的表观遗传学对峙。印迹已经在基因组中进化出了对于雄性和雌性这种竞争性需求的平衡。在为数不多的一些基因中，遗传自父亲的DNA上的表观遗传修饰建立了能够促进胚胎发育的基因表达模式。而在遗传自母亲的相同基因上的表观遗传修饰则有相反的效果。

在进化的过程中，相关的父源性基因通常促使产生一个大而有效的胎盘，因为这是滋养胚胎的器官。这就是为什么在所有遗传物质都来自父亲的葡萄胎中，会有一个异常和巨大的胎盘的原因。

垃圾DNA 通过开启而关闭

被印迹的编码蛋白的基因数量很少，小鼠中大概只有140个。它们存在于包含2到14个基因的基因簇中，而且其中很多基因簇跟人类基因组中的很相似。也许并不奇怪，有袋类动物中印迹基因的数量要低得多，因为其幼崽在子宫中发育的时间要短得多。

在每个基因簇中最关键的成分就是一个能够控制编码蛋白基因表达的垃圾DNA区域。这个关键成分被称为印迹控制元件，或者ICE。它的作用就像用12个灯泡照亮一个房间。如果你想调节这个房间的亮度，可以使用不同亮度的灯泡并且给每个灯泡都安上各自的开关。但是，这种劳动密集型的控制整体亮度水平的方式并不好。更好的办法是，将所有的12个灯泡连在一个线路上，并通过开关或调光器进行调节。

ICE的作用相当于中央调光器，只是它比我们的电路系统要复杂一些。ICE如此重要的原因就是它能够驱动一条长链非编码RNA的表达。这条长链非编码RNA能够关闭基因簇周围的基因表达。所以，本质上，印迹完全依赖于两类垃圾DNA——基因组里面的ICE区域和受ICE调控的长链非编码RNA。如果在特定基因簇的长链非编码RNA被开启，它就会关闭该簇里面蛋白编码基因的表达。另一方面，如果受ICE驱动的该长链非编码RNA被抑制，该簇里面的蛋白编码基因就能够被激活。

印迹完全依赖于垃圾DNA及其与表观遗传系统之间的交互。ICE能够被表观遗传修饰。该长链非编码RNA的表达依赖于它的ICE中的DNA是否被甲基化。如果它的ICE DNA被甲基化了，该长链非编码RNA的表达就会被抑制。从本质上讲，这是一种对等协议。如果长链非编码RNA表达时，其相同染色体簇中的基因将被关闭。如果长链非编码RNA没有被表达，簇中的基因将被开启。印迹区域中的长链非编码RNA有时非常长，最大的长度甚至到了惊人的100万个碱基。

不幸的是，我们对这种长链非编码RNA抑制临近基因簇表达的机制的理解仍很粗浅。显然，同样表观遗传系统参与其中，导致了蛋白编码基因上抑制性表观遗传修饰的沉积。如果在发育的胚胎中敲除掉我们在第9章提到过的那些关键的表观遗传酶，比如主要抑制子的话，通常情况下处于关闭的被印迹的基因就会开始表达。这种情况并不仅限于主要抑制子，敲除其他参与抑制性组蛋白修饰的表观遗传酶也会获得类似的效果。这说明表观遗传系统在执行长链非编码 RNA 指令中的重要性。这似乎是因为长链非编码 RNA 吸引了这些酶到印迹的基因簇附近，从而导致了对编码蛋白基因的组蛋白的修饰。

ICE 自身也有表观遗传的修饰存在。如我们预期的一样，如果 ICE 的 DNA 被甲基化了，组蛋白的修饰通常是与关闭基因相关的。如果 ICE 没有被甲基化，组蛋白上的修饰通常是与开启基因相关的。ICE 上表观遗传修饰的特征则与 DNA 和组蛋白上的完全一致。

在印迹的过程中，最重要的决定性因素是形成 ICE 的垃圾 DNA 是否被甲基化。有观点认为，ICE 的甲基化出现在临近蛋白沉默的时候，比如我们在第 4 章遇到的能够延展到邻居的那种寄生元件的沉默方式。这可能是获得性的，并且被选择性地用于后续世代。耐人寻味的是，在最原始的哺乳动物，产蛋单孔目动物（如鸭嘴兽和针鼹）中，在高等哺乳动物 ICE 存在的位置上，几乎没有什么寄生元件。

垃圾DNA 重设印迹

但是，高等哺乳动物中的 ICE 上的甲基化特征是如何建立并传递下去的呢，而这又与父源性和母源性基因组间的 DNA 差异无关？它是如何正确设定的？女性会从父亲那里遗传到有印迹的区域，其中的 ICE 被甲基化/非甲基化以标示她是从父亲那里得到的该区域。如果她将该相同的印迹区域遗传给她的孩子，这个父源性的印迹一定会被移除并由显示其来自母亲的印迹所代替。

这似乎充满了矛盾，但如果我们再次造访音乐的世界，它就会变得容易理解。这次不是奥斯卡·汉默斯坦，而是曾经跟伯特·巴哈拉赫（Burt Bacharach）一同工作了很长时间的词作家哈尔·大卫（Hal David）。他们为 1973 年翻拍的电影《消失的地平线》（*Lost Horizon*）写作了歌曲。其中一首著名的歌曲中有一个对我们来说非常有用的概念："这个世界是一个没有开始的圆，而且也没有人知道它会在哪里结束。"如果我们把发育的过程想成是一个永无止境的圆圈而不是一条直线的话，它就会变得容易理解得多。繁衍中印迹ICE的这个“放上去—拿下来—放上去”的循环如图10.2所示。该图显示了卵子如何传递母源性的ICE甲基化特征。类似的过程使精子能够始终传递父源性特征。

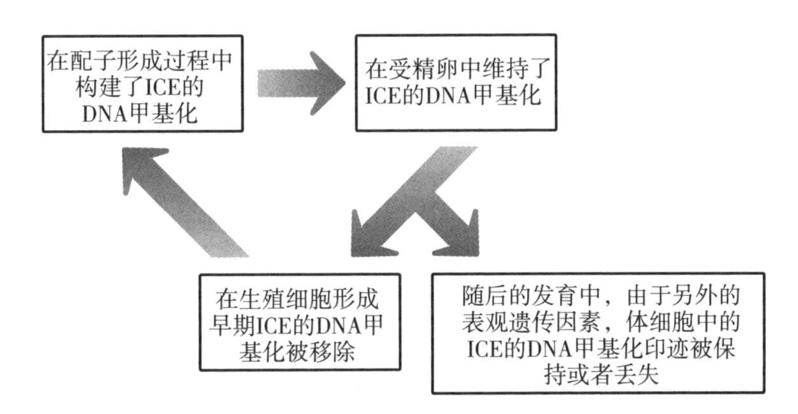

图10.2　甲基化和去甲基化的循环保证了传递给孩子的染色体上有正确的修饰来指示其亲源性。

当然，该模式的问题之一就是发育中的卵子和精子怎样识别出ICE区域以及如何“知道”哪个该被甲基化而哪个不该被甲基化。这是很热门的研究领域，而且该机制可能在雄性和雌性生殖细胞之间，以及不同的ICE区域之间都是不同的。坦白地说，其中一些仍是谜，但我们还是了解了一些特征。我们知道在母源性的生殖细胞中，该过程严格依赖于那些能够向先前未甲基化的CpG元件上添加DNA甲基化的酶类。（该关键蛋白被称为DNMT3A和DNMT3L，DNA从头甲基转移酶。）此后，该特征就会被一种以保持甲基化存在为工作的酶进行维持（该蛋白被称为DNMT1，而它被认为是维持性DNA甲基转移酶）。其他的蛋白也似乎参与了创建正确的甲基化特征，其中的一些似乎在发育的生殖细胞中被选择性地表达。

生殖细胞中的酶类如何在广袤的基因组DNA中识别出ICE区域的呢？再次，我们还不是很清楚，但有观点认为这些特定的垃圾DNA中的某些重复序列可能会有作用。在序列层面上，它们在物种间大相径庭，但如果我们注意一下三维结构的话，它们可能就比较相似了。细胞可能会通过一种办法识别它们的结构，而不是序列。这与我们在第8章见过的寻找长链非编码 RNA 的方式雷同。

尽管关于印迹还有显而易见的大量的问题存在，但我们还是很自信地认为这绝对就是为什么孕育后代必须需要父母双方的原因所在。2007 年的时候，研究者通过一套在转基因小鼠身上进行的复杂生育实验，表明他们已经能够让移植了两个卵子细胞核的受精卵成功孕育出活的子代。他们能够成功的原因就是，他们对小鼠基因组里面两个区域的印迹特征进行了人工修改。在一个卵子细胞核中，他们建立了一个看起来具有正常父源性特征的甲基化模式，而不是母源性的。这一举措蒙蔽了发育通路，使之相信该遗传物质就是来自于父亲，而不是母亲的。这显示，在发育的控制中，这两个印迹区域有至关重要的作用。它也显示了能够真正阻止双母源性生殖的只有关键基因上的 DNA 甲基化特征。它反驳了一个先前的假说，该假说认为精子之所以是必需的，原因在于精子自己携带了某些必需的因子，比如特定的能够正确开启发育的蛋白质或者 RNA。

回到图 10.2，我们能够看到印迹特征在发育中可能会出现变化。基因表达的印迹控制看起来在发育中特别重要。例如在小鼠中，140 个左右的被印迹的基因中的绝大部分只在胎盘中被印迹。在成体组织中，这些基因可能会表达两个或者一个拷贝。这印证了早期发育中对生长的控制可能就是印迹出现的主要原因。看起来这应该是空间原因所导致的。在印迹基因簇中，离 ICE 最近基因可能会在所有的组织中保持印迹，但那些离控制中心较远的基因可能仅仅在胎盘中被印迹。在大脑中，特定的细胞类型似乎特别倾向于保留印迹，只是目前对于在大多数情况下这会受到进化青睐的原因并没有达成共识。有观点认为由 ICE 产生的长链非编码 RNA 吸引了 DNA 甲基化到最近的基因，而为基因簇中较远距离的基因吸引了组蛋白修饰。因为与 DNA 甲基化相比，组蛋白修饰能够更容易地被更改，这可能是组织在成熟时，释放远距离基因印迹的机制之一。

所以，印迹确实存在，而我们已经开始初窥端倪。通过印迹的出现是为了平衡母亲和父亲（和这种间接的父亲）之间进化需求竞争的理论，我们可以顺理成章地发现，大部分通过印迹控制的蛋白编码基因都参与了胎儿生长、婴儿哺乳和新陈代谢。同样在意料之中的是，如果印迹出了错误，最常见的症状就是生长缺陷。

垃圾DNA 如果印迹出了错

对于印迹导致的疾病的研究早在1980年就开始了，那时，对遗传性疾病相关基因的鉴定刚刚成为可能。该技术包括寻找超过一名成员受某种疾病困扰的家庭，并随后对家庭进行分析以排查该家庭中导致疾病的染色体区域。这些事情我们现在做起来很简单，因为我们已经有了正常人类的基因组序列，而且有非常便宜的测序技术。但在当时，想找到一个导致疾病的突变就像是让你找一个破了的灯泡，而你知道的唯一线索就是它在一座美国的住宅里。想要鉴定出一个致病的突变需要一大堆科学家多年的努力才行。

有些团队的研究聚焦于一种被称为普拉德－威利综合征（Prader－Willi syndrome）的疾病。患有普拉德－威利综合征的婴儿出生时有低体重和吸吮反射缺乏的症状。直到断奶，他们的肌肉张力都不能正确发育，所以这些婴儿非常软。当这些孩子长大后，他们的胃口会变得异常大，从而导致很早就出现极度肥胖。这些孩子还有轻度的智力障碍。

另一群研究者则关注了一种非常不同的综合征——安格曼综合征。患病儿童有个又小又发育不良的头部，严重的学习障碍，而且很晚才能进食固体食物。这些儿童会经常毫无理由地爆发出大笑，但是谢天谢地，之前用于描述患者的不专业的名称“快乐木偶”已经被弃用。

想象一下，我们打算在整个非洲大陆兴建铁路，有一组工人从东部开始工作而向西修建，另一组人在西部开工并向东修建。起初，工人是在完全不同的地区进行工作，随着时间的推移，他们开始越来越接近对方，最终会在某个地点（假设一切顺利）见面、握手并一起喝咖啡。这其实就是调查普拉德－威利综合征和安格曼综合征的研究人员所遇到的事情。当然，跟我们的铁路比喻不同的是，科学家们从没想过要见面。他们本以为自己正在向不同的城市修建各自的铁路，结果最后在完全相同的点上终止了工作。

当为普拉德－威利综合征和安格曼综合征绘制染色体区域地图的时候，很明显，这两个疾病被定位在了基因组中的相同区域。最开始的时候，大家都显而易见地认为导致这两个疾病的基因是彼此不同的，但位置非常靠近，就像是同一条街道上的两个相邻的商店。但最终，人们清楚地发现这两种疾病是由严格定义的完全相同的区域的缺陷造成的。

两种疾病都有相同的基因起源，就是15号染色体上面一小块区域的缺失。患儿的父母没有患两者中的任何一种疾病，而且当研究者分析他们的染色体后发现，他们的染色体完全正常。15号染色体上关键区域的缺失发生在卵子或者精子形成的过程中（这被称为从头突变，意思是新发生的）。

一条染色体上一小块的缺失会导致两种表现大相径庭的疾病，这多少会让人有些迷惑。但是，当研究人员认为15号染色体上这个小区域的缺失本身并没有那么重要的时候，这道难题也开始变得更有意义了。真正重要的是，它为什么会失踪。普拉德－威利综合征的患儿中有70%是从突变精子细胞获得的异常15号染色体。70%的安格曼综合征患儿是从突变的卵细胞获得的异常染色体。不久以后，科学家们发现，25%的普拉德－威利综合征患者有两条非常完整的染色体，就是说什么也没有丢失。而这些患者的问题是，他们的两个拷贝的15号染色体都是从母亲那里得到的，而不是父母各一条（这就是所谓的单亲二倍体，这个例子中是母源性单亲二倍体）。安格曼综合征中有一小部分患者有两条完美的15号染色体拷贝，只是都来自于他们的父亲。

这些遗传获得的特征只有在印迹存在的情况下才有意义，如图10.3所示。在所有这些疾病中，细胞缺乏从亲代中一方来的印迹控制区域。这导致了那些通常被亲源性调控严密监控的基因的表达水平出现异常，从而引发了病理变化，包括过度发育或者发育不良。

研究者已经能够通过分析被印迹控制区域调控的基因，来进一步锁定引发这些疾病的问题所在。在10%的安格曼综合征病例中，患者从亲代双方那里遗传了所有的正确的DNA。他们的问题是，从母亲那里获得的DNA上有突变。该突变并不是发生在ICE里面，而是在一个受ICE调控的基因上。这是个蛋白编码基因，通常仅在母源性染色体上表达。父源性染色体上该基因的版本被印迹所沉默了。如果母源性的基因由于突变而不能制造蛋白质的话，细胞则不能产生这种蛋白质，这就导致了疾病的发生。（该基因被称为UBE3A。它能向其他蛋白上添加一种叫做泛素的分子，而这会导致那些蛋白的降解。）

而普拉德－威利综合征的情况则有一点特殊。经鉴定，其中一小部分患者是缺乏了在15号染色体上一个准确区域里面的一段序列。这段序列并

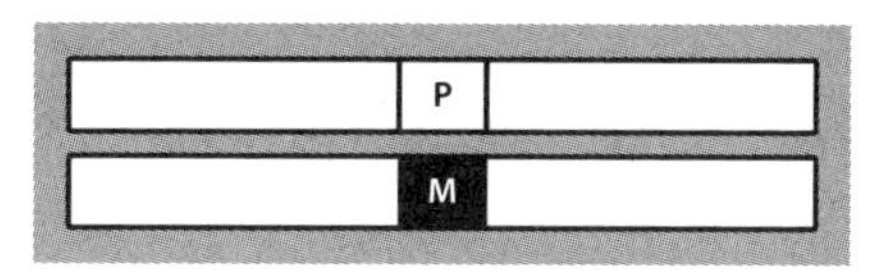

正常15号染色体的组合

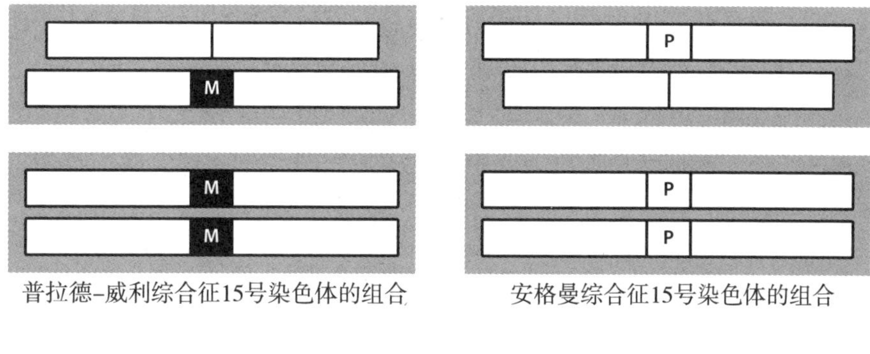

普拉德–威利综合征15号染色体的组合　　安格曼综合征15号染色体的组合

图 10.3　正常情况下，我们从母亲和父亲那里各遗传一条 15 号染色体。如果两个拷贝都来自母亲，受累儿童就会患普拉德 - 威利综合征。如果来自父亲的那个拷贝丢失了运载父源性表观遗传修饰标记的印迹区域的话，也会导致相同后果。本质上，父源性特异信息的缺乏导致了普拉德 - 威利综合征。安格曼综合征是由于 15 号染色体上完全相同的区域的缺失造成的，但是，这种疾病的原因是母源性特异信息的缺乏。

不编码蛋白。相反，它编码了一批具有类似功能的非编码 RNA。这些功能包括控制另一类不编码蛋白的 RNA 分子。看起来，这一条非蛋白编码的序列的缺失导致了普拉德 - 威利综合征的主要症状。

让我们来想想这个情况的复杂性。一个垃圾 DNA 区域（ICE）控制了一条编码长链非编码 RNA 的垃圾 DNA 的表达。这条长链非编码 RNA 又严格地调节了一段编码一批非编码 RNA 的序列。而且这些非编码 RNA 的作用是去调节另一些不编码蛋白的 RNA。当我们念及此处，就很难去说垃圾 DNA 没有功能了。

普拉德 - 威利综合征和安格曼综合征并不是仅有的因印迹缺陷导致生长和学习障碍的人类疾患。另一对疾病是塞尔沃 - 鲁塞尔综合征（Silver - Russell syndrome），一种发育不良疾患，和贝克威思 - 威德曼综合征

(Beckwith - Wiedemann syndrome)，一种过度发育性疾病。这两种疾病中的一些患者是由于11号染色体上相同区域的亲源性问题导致的。这是一个特别复杂的印迹核心所在，包括了很多基因和不止一个的ICE。

在其他染色体上也能找到类似的联系。从母亲那里遗传到全部两条14号染色体的儿童在出生前后跟正常儿童没什么区别，但随后就会发生肥胖。如果两条14号染色体全部来自于父亲，就会发育出一个巨大的胎盘，而且出生的婴儿会出现各种不同的问题，包括腹壁缺损等。

大部分这些疾病中，都还有一些罕见的病例是由于表观遗传错误导致的。有很少一部分患者从父母那里获得了正确的DNA。DNA上并没有突变，但患者却出现了印迹导致的疾病。在这些罕见病例中，受精卵和早期发育中印迹的建立和保持出现了偏差。这会导致一条ICE被错误地甲基化或者非甲基化，从而导致错误的关闭和开启。而这再一次证明了垃圾DNA和表观遗传机制之间交互作用的重要性。

垃圾DNA 一件激动人心的事件的影响

1978年，一个名为路易斯·布朗（Louise Brown）的小女孩出生了。如果你见过路易斯·布朗的话，你会认为她是个漂亮的普通婴儿。毫无疑问，她的父母认为她是世界上独一无二的孩子。哪个父母不是这样想的呢？但是，布朗夫妇这次的想法确是实事求是的。路易斯·布朗的出生是全世界的头条新闻，因为她是第一例试管婴儿。

她母亲的卵子跟父亲的精子在实验室的培养皿里进行了受精，而不是在她妈妈的子宫里。之所以这样做是因为路易斯妈妈的输卵管被堵住了，所以她无法正常受孕。路易斯·布朗的成功出生在人类不孕不育的治疗领域开辟出了新天地。自该技术建立以后，超过500万个儿童通过这种辅助生殖技术得以出生。

有观点认为辅助生殖技术也许会导致印迹性疾病发病率的升高，尤其是塞尔沃-鲁塞尔综合征、贝克威思-威德曼综合征、安格曼综合征。之所以有这种怀疑是因为，胚胎建立印迹的关键时期是在实验室中度过的。也许很奇怪，我们其实并不确定这到底有没有问题。当然，也许对500万个儿童进行分析应该能够得到直接的数据吧。但问题是，印迹疾病非常罕见，大概自然发病率只有几万分之一。当你对如此罕见的事件进行分析时，数据可能会偏离事实。

记得协和（Concorde）式飞机吗，两种曾经进入商业服务的超音速机型之一。数十年来，它是城市地球上最安全的载客飞机，因为它从未出过坠机事故。但是，随着2000年在巴黎戴高乐机场那件悲惨事故的发生，109名乘客和机组人员遇难，它在统计学上也成了最不安全的飞机之一。当然，这仅仅是因为跟大多数客机相比，协和航班的数量和乘客数量都很少（这种飞机内部尺寸很小）。因此，如果仅仅使用简单的计算方法，一个事件就可能会对统计结果产生重大的影响。

这在印迹性疾病中也是一样的。如果你认为正常情况下在500万个新生儿中应该出现50例患者的话，那么采用辅助生殖技术出生的儿童中出现了55例病例会让你怎么想呢？这升高的10%的印迹性疾病是因为医疗干预而来，还是仅仅是统计噪音（这里的数字只是随机举例）。需要提醒大家的是，不孕不育本身就可能会导致印迹性问题的轻微升高，而这与辅助生殖技术并没有关系。可能来自低生育能力父母的精子或者卵子就更容易携带印迹缺陷，但这些能表现出来还要多谢医疗技术能够让他们拥有孩子。在过去，他们不能够生育，所以我们无法看到印迹缺陷导致的影响。这就是生物学上迷人的情形之一，在这些情况下我们所见的，会因为一些未见的而误导我们。

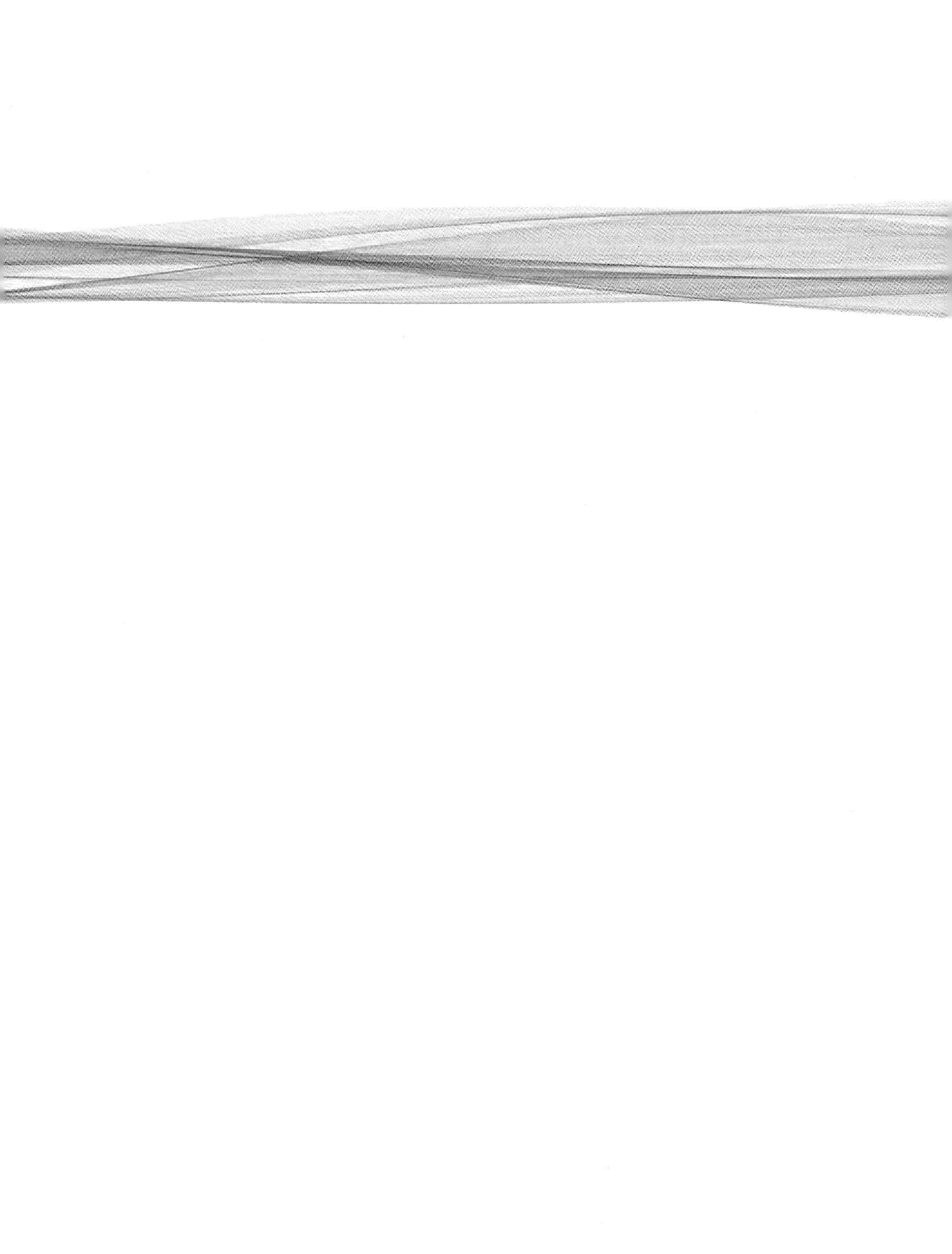

11 有任务的垃圾

很有可能，生物学中最美妙的和引人注目的方面就是显著的不一致性。生物系统已经用匪夷所思的创造性方式完成了进化，就是尽可能地通过借用和重复使用来创造新的用途。这意味着，几乎每一次我们认为一个主题已经基本明确了的时候，都会出现例外。而且有时候，想要分辨出什么是正常和例外是非常困难的。

让我们讨论一下垃圾 DNA 和非蛋白编码 RNA。基于现有的研究结果，我们有理由做出以下假设：

> 当垃圾 DNA 编码了一条非蛋白编码 RNA（垃圾 RNA）之后，这些 RNA 就会通过一种类似于支架的功能来指导基因组中特定区域蛋白质的活性。

该假设与长链非编码 RNA 的功能具有完美的一致性。它们的功能是作为表观遗传蛋白与 DNA 或组蛋白之间的魔术贴。这些蛋白质经常以复合物的形式来行使功能，该复合物中通常包含酶，即一种可以催化化学反应的蛋白质。其作用可以是添加或删除 DNA 或组蛋白上的表观遗传修饰，也可以是向正在延伸的信使 RNA 分子上添加一个额外的碱基。

在以上所有的情况中，蛋白质才是“分子句子”中的动词。它才是最终执行功能的分子。

可惜的是，这个模型有个不幸的缺陷。那就是某种情况下，分子们的角色彻底颠倒过来了。在这个逆转状态中，蛋白质们相应沉默，而垃圾 DNA 则像酶一样工作，引起另一种分子的化学改变。

这听起来匪夷所思，以至于很容易让人以为这是个古怪的例外，同时也是个了不起的例外。因为在任何时候，人体细胞中 80% 的 RNA 分子都是具有这个功能的垃圾 RNA 分子。实际上我们早在几十年前就已经知道这些特殊的 RNA 分子了，令人惊讶的是，我们竟然还一直在基因组蓝图中保持着那种以蛋白质为中心的想法。

具有此奇妙功能的 RNA 分子被称为核糖体 RNA，或者简称为 rRNA。非常符合逻辑的是，它们主要定位在细胞里面被称为核糖体的结构里。这些结构不在细胞核里面，而在细胞质里，我们在第 2 章的图 2.3 中见过。这些核糖体是将信使 RNA 分子中的信息转换为氨基酸顺序并制造蛋白质的结构所在。使用我们在第 1 章和第 2 章提到过的关于编织的比喻，核糖体就是那些进行编织工作从而将图纸信息转变为大洋彼岸的士兵的袜子和手套的女士们。

如果从重量上分析，rRNA 的重量占到了核糖体总重量的大约 60%，剩下的 40% 是蛋白质。这些 rRNA 分子簇集成两个主要亚结构。一个包含有三种类型的 rRNA 和大约 50 种不同的蛋白质。另一个亚结构则仅仅含有一类 rRNA 和大约 30 种蛋白质。核糖体有时候被看成一个巨大的分子复合体，因为它确实很大并且由很多不同的组分构成。我们可以把它想象成一个巨大的蛋白质合成机器。

当信使 RNA 分子被从蛋白编码基因中制造出来后，这些信使 RNA 被转运出细胞核并且到达核糖体所在的细胞区域。信使 RNA 分子被“喂”进核糖体里面，并且这些信使 RNA 携带的基因信息会被核糖体“读取”。这导致了氨基酸被以正确的顺序连接在一起。将氨基酸加到它旁边邻居上的工作是由核糖体 RNA 完成的。据此，就会制造出长而稳定的蛋白质分子。

当信使 RNA 被喂到核糖体里面的同时，另一个核糖体可能也会结合到这条信使 RNA 的起始部位。这就是为什么一条信使 RNA 分子能够作为模板来制造多个拷贝的相同蛋白质分子。该过程如图 11.1 所示。

将氨基酸带到核糖体的是另一种垃圾 RNA，被称为转运 RNA，或者 tRNA。这些小小的非编码 RNA 仅仅有 75 ~ 95 个碱基长。但它们能够自我折叠成一个像三叶草似的复杂三维结构。每个 tRNA 末端都会结合一个特定的氨基酸。在远端的一个环状结构上，有个三碱基构成的序列。这些三碱基能够与信使 RNA 分子上的特定序列进行配对结合。其原理本质上跟 DNA 里面的碱基配对规则是一样的。

tRNA 分子的作用就是作为信使 RNA（及其来源的 DNA）上运载的核

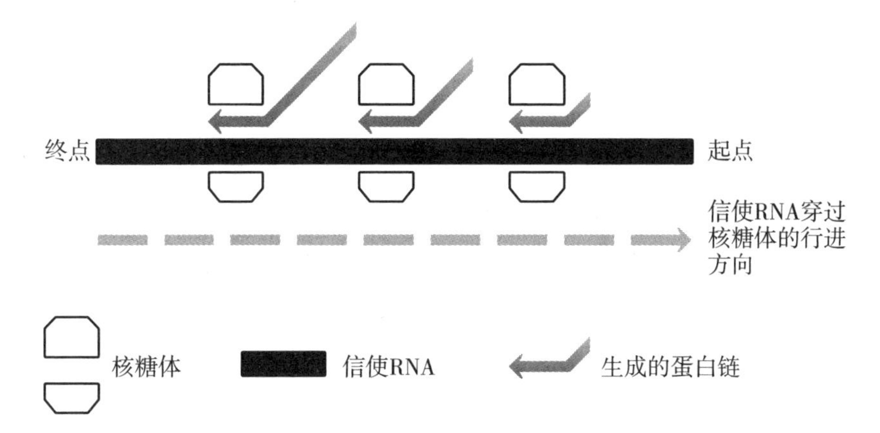

图 11.1　一条信使 RNA 穿过核糖体，方向是从左向右。核糖体建造蛋白链。当信使 RNA 的起始端从一个核糖体中暴露出来后，它可以与另一个核糖体结合。作为结果，一条信使 RNA 上可以有很多个核糖体，所有的都能制造出全长蛋白质。

酸序列跟终产物蛋白之间的适配器。这保证了氨基酸以正确的顺序进行连接以制造出无误的蛋白质。如图 11.2 所示。当两个氨基酸在核糖体中彼此相邻时，rRNA 能够诱发一种化学反应以使一个氨基酸的末端与另一个的起始端相衔接，从而制造出蛋白质链。

信使 RNA 中有些三碱基序列并不能跟任何 tRNA 进行配对。这些三碱基序列就是终止信号。当核糖体读到其中一个的时候，就没有相配对的 tRNA 可以使用，而且核糖体会从信使 RNA 上脱落，蛋白质就会停止延长。这些就是我们在第 7 章提过的乐高积木中的屋顶。核糖体随后会找到另一个信使 RNA 分子并将其翻译成蛋白质，或者可以回到原来那条的起点重新开始。

即使该过程需要依赖于由 4 类核糖体 RNA 和大约 80 种相关蛋白质构成的巨大复合体且是一个非常复杂的过程，但向生长中的蛋白链上添加新氨基酸的速度是相当快的。想要测量人类细胞中该过程的速度很困难，但我们知道在细菌中，每个核糖体能够在一秒钟内添加大约 200 个氨基酸。这个速度可能还比不上人类细胞的效率，但这已经是我们在修建乐高玩具塔时搭积木速度的 10 倍了。而且不要忘了，核糖体并不是随机搭积木的。它要在 20 种（因为有 20 种不同的氨基酸）不同类型的乐高积木中找出特

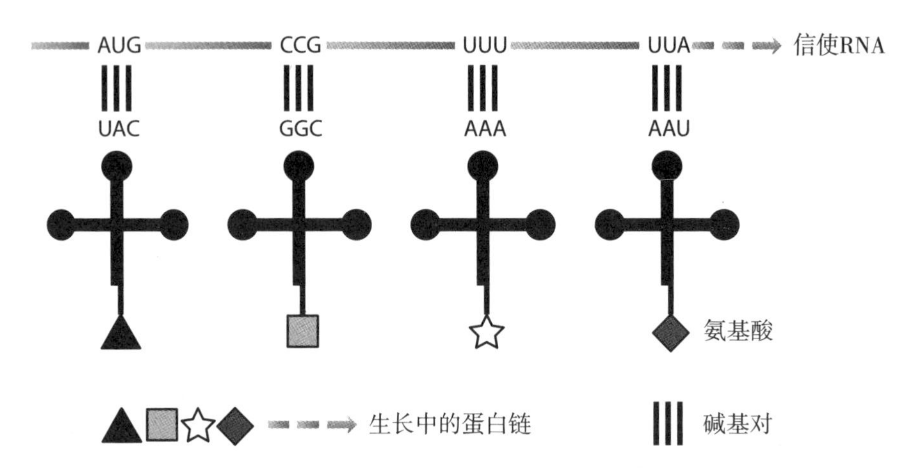

图 11.2　当信使 RNA 从核糖体中穿过时，转运 RNA 分子携带的相应氨基酸通过碱基对找到蛋白链中的正确位置。核糖体 RNA 元件会将正确序列的氨基酸结合到一起并制造出蛋白链。

定的两个作为对象，并且在那极短的时间内把它们按顺序首尾相接地连在一起。这绝对是个艰巨的任务。

我们的细胞每秒钟都需要合成数百万的蛋白质分子，所以我们需要我们的核糖体非常有效率地进行工作。我们也需要大量的核糖体来满足该要求，大概一个细胞中要 1000 万个这种合成机器。为了制造出足够的核糖体，我们的细胞已经积累了大量的 rRNA 基因的拷贝。与经典的从父母双方各遗传一个用于制造 rRNA 的基因拷贝的方式不同，我们遗传到了大约 400 个 rRNA 基因，并分布于 5 条不同的染色体上。

如此大量的 rRNA 基因存在的结果就是，我们很难因这些基因突变而患病。这是因为即使一个拷贝突变了，我们还有很多备胎。所以，我们可以使用编码相同 rRNA 分子的那些正常版本来填补有可能产生的缺陷。但对于那些编码核糖体中蛋白质的基因来说，如果出现突变的话，就不是这么回事了。我们对此的细节尚不明了，而且有些看起来在核糖体功能上似乎也没那么重要。但是，其他有些蛋白质的突变缺失会导致人类的疾病。

两个广为人知的例子就是迪亚蒙 - 布莱克范贫血（Diamond-Blackfan Anaemia）和特雷彻 - 柯林斯综合征（Treacher-Collins Syndrome）。它们是由于不同蛋白编码基因的遗传性突变而引起的。这两种疾病的后果是一样的，都是导致了核糖体数量的减少。但是，它们各自如何影响细胞功能肯定还有微妙的区别，因为如果唯一重要的因素就是核糖体数目减少的话，我们应该看到相同的临床表现。但事实并非如此。迪亚蒙－布莱克范贫血的主要症状是红血细胞的生产出现了缺陷。而特雷彻－柯林斯综合征的主要症状是头面部畸形，导致了与呼吸、吞咽和听力相关的问题。

因为我们需要大量的核糖体以及因此导致的大量 rRNA 基因，所以理所当然地，我们也需要很多 tRNA 基因以保证有足够的 tRNA 分子来将氨基酸转运到核糖体里面。人类基因组包含有大约 500 个 tRNA 基因，分布在几乎所有的染色体上。这带来的好处参见之前描述过的 rRNA 基因多拷贝的好处。

在 rRNA 和印迹之间也可能有些奇妙而迷惑的关系存在。如我们在第 10 章说过的，有少数的普拉德－威利综合征患者病因的定位，是在一个编码一批非编码 RNA 的垃圾 DNA 区域上。这些非编码 RNA 被称为 snoRNA，就是小核仁 RNA（small nucleolar RNA）的意思。这些非编码 RNA 会移居到细胞核内一个被称为核仁的区域，那里对核糖体的生物学功能非常重要。如图 11.3 所示，核仁就是成熟核糖体进行组装的地方。

在核仁里面，rRNA 和蛋白质被修饰，且随后被组装进完整的成熟核糖体中，然后这些核糖体就被转运回细胞质中去履行其蛋白质制造机器人的功能。snoRNA 的作用就是确认在 rRNA 上进行正确的修饰。如同 DNA 和组蛋白可以被甲基化修饰一样，rRNA 分子也能被甲基化。snoRNA 的作用可能是参与寻找 rRNA 上正确的位置。再一次，其机制是利用了两个核酸分子之间的互补配对。一旦它们结合上了，snoRNA 就会吸引能够添加甲基的酶到 rRNA 上。其原理可能跟长链非编码 RNA 吸引那些修饰组蛋白的酶的原理类似（该过程中需要的甲基转移酶被称为核仁纤维蛋白，它与其他三个蛋白质和 snoRNA 组成复合物而发挥功能）。这些修饰对 rRNA 有何意义尚不明确，但有一种说法是它们对稳定核糖体里面 rRNA 和蛋白质之间的相互作用有帮助。

尽管有一种倾向认为普拉德－威利综合征的症状是源于 snoRNA 对 rRNA 修饰的调控错误，但目前为止这只能作为一种推测理论。问题在于我们现在认识到 snoRNA 也能够靶向到很多其他类型的 RNA 分子上去，所以我们并不确定出问题的是患儿的哪个过程。

核糖体是相当古老的结构，并且可以在真正原始的生物中检测到。它

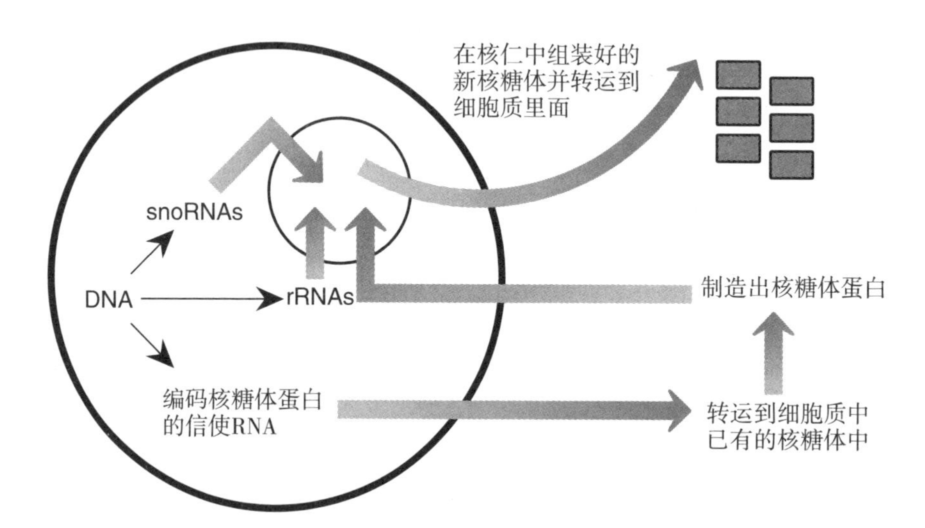

图 11.3　编码核糖体蛋白的信使 RNA 分子在细胞核中合成，而后被转运到细胞质中的已有核糖体中。新的核糖体蛋白被转运回细胞核中的一个特定区域中。在这里，它们跟核糖体 RNA 分子结合在一起形成新的核糖体，新的核糖体会被运出到细胞质中开始工作。

们甚至可以在细菌，那些没有细胞核结构的微小的单细胞生物中存在。进化生物学家经常使用编码 rRNA 的 DNA 序列来追踪物种间是如何随着时间而相互分离的。

细菌和更高等的生物在大约 20 亿年前分道扬镳，所以即便我们仍然能够在我们细胞中认出一些 rRNA 是细菌的远房亲戚，但两者已经完全不同了。这对我们来说是件好事，一些常用且有效的抗生素的靶点就是抑制细菌的核糖体活性。四环素和红霉素便在名单中。这些抗生素干预了细菌核糖体的活性，而不是人类。在西方世界，我们对抗生素习以为常而导致有时候会忘记了它们有多重要，据保守估计，自从 20 世纪 40 年代正式出现在医疗战场后，它们已经挽救了数千万人的性命。想到这些生命能够被挽救的原因是物种间那些被认为是垃圾 DNA 之间的区别，还是感到挺奇妙的。

垃圾DNA 我们依赖于那些入侵者

认为我们人类的远祖在当初跟现代细菌分道扬镳的时候就已经被其他生物殖民了的观点听起来确实有点古怪。“被殖民”其实还有点轻描淡写了。我们和其他这个星球上的每种多细胞生物，从青草到斑马，从鲸鱼到蠕虫，之所以能够存活都依赖于这种殖民。在我们用来发酵面包和啤酒的酵母身上也是这样。

数十亿年前，我们最早的祖先就被微小的生物入侵了。当时，可能还没有尺寸上能超过 4 个细胞的生物存在，而且 4 个细胞已经相当复杂了。两者间并没有进行战斗，相反，这些细胞和它们的微小入侵者达成了协议。双方都从协议中受益，而后一种美丽的持续长达数十亿年的友谊就诞生了。

这些微小的生物被纳入我们细胞里一种被称为线粒体的结构中。线粒体定位在细胞质里面，类似于微型发电机。它们是产生我们需要用来维持基本生存的能量的亚细胞结构。是线粒体，允许我们使用氧从食物资源中制造有用的能量。没有它们，我们可能会因为没有足够的能量来完成有意义的工作，而仍然是有着臭味的小小的 4 细胞无名氏。

我们有信心宣称这些线粒体曾经是自由生活的生物的后代的原因之一是，它们有自己的基因组。它比在细胞核中发现的“正确的”人类基因组要小得多。跟有 30 亿个碱基对的细胞核基因组比较，它只有超过 16500 个碱基对长，而且跟我们染色体不同的是它是环形的。线粒体基因组只编码 37 个基因。值得注意的是，其中超过一半不编码蛋白。其中 22 个编码线粒体 tRNA 分子，以及两个编码线粒体 rRNA 分子。这使得线粒体能够产生核糖体，并使用这些核糖体根据自己的 DNA 基因来制造蛋白质（线粒体使用很多其他蛋白质来参与它们的生化过程，但其中大部分都是从细胞质“进口”来的。线粒体中自行特异性编码的蛋白质都参与了在线粒体内进行的所谓的电子传递链过程。这个过程是生命的必需品，因为它是我们用来产生供给细胞动力的可存储能量的方式）。

这在进化的层面上看起来非常冒险。线粒体的功能对生命非常重要，而核糖体的功能对于线粒体功能至关重要。所以，为什么我们的能量源泉里这么重要的过程中却没有准备备用的核糖体拷贝呢？

我们大可不必担心，因为线粒体 DNA 的遗传方式跟细胞核 DNA 并不一样。在细胞核里，我们从父母双方那里各遗传一套染色体。但线粒体的遗传与此不同，我们的线粒体仅仅遗传自我们的母亲。这似乎会带来更大的隐患，因为这意味着如果我们从母亲那里遗传到了突变的线粒体基因的话，就没有来自父亲的正常基因作为后备了。

但是，事情没有那么简单。我们并不是仅仅从母亲那里遗传来一个线粒体，我们要遗传数十万，甚至上百万个。而且，它们的基因型也各不相同，因为它们并不是从母代细胞中的某一个线粒体分裂而来的。每次细胞分裂的时候，线粒体也会分裂并且被传递给子代细胞。即使这些线粒体中的一些出现了突变，细胞中还有很多其他正常的线粒体。

不过也并非永远不出问题，而出现的问题很多都是在线粒体 DNA 中的 tRNA 基因上。这些病症包括肌肉衰弱和萎缩、听力缺失、高血压和心脏问题。但患者之间的症状往往大相径庭，即使在同一家族内也是这样。最可能的原因就是，在一个组织中只有当突变线粒体的百分比到达一定阈值后才会出现症状。这可能要等到生命后期才会出现，因为等细胞分裂时随机分配“好”和“坏”线粒体以达到发病阈值可能要很久。

如果所有这些都还不足以说明 RNA 并不仅仅是 DNA 的穷亲戚，或者跟蛋白质相比的劣等品种的话，请看看这个。尽管 DNA 是生物学的典范，但地球上所有的生命可能并不源于 DNA，而是源于 RNA。

垃圾DNA 最开始（可能）是 RNA

DNA 是一种伟大的分子。它储存了海量的信息，而且其天然的双轨结构使之易于拷贝并稳定地保持其序列。但如果我们试图回想一下数十亿年前，在生命刚开始的时候，很难想象基于 DNA 的基因组会繁衍出生命。

那是因为尽管 DNA 在储存信息方面天赋异禀，但它并不能根据这些信息造出什么来，甚至不能将自己进行拷贝。DNA 永远不能具有酶一样的功能。因此，它不能拷贝自己，那么它又怎么能作为遗传物质的起源呢？它始终需要蛋白质的帮助。

如果我们看看 rRNA，一种即使是科学家都很少关注的分子，我们就会发现灵光乍现。rRNA 包含有序列信息，也有酶的活性。这就提出了一种可能性，RNA 可能具有一些酶的活性，而这可能会导致遗传信息进行自我维持和自我繁殖的进化演变。

2009 年，研究者发表了一项对类似系统研究的杰出工作。他们利用基因工程造出了两条 RNA 分子，两条都有酶活性。当他们把这些分子在实验室中进行混合，并给予它们需要的原料，包括单 RNA 碱基，这两条分子就为彼此造出了拷贝。它们使用已有的 RNA 序列作为新分子的模板，造出了完美的拷贝。只要给予需要的原料，它们就会造出越来越多的拷贝。该系统形成了自我维持。研究者还做了一些实验，他们混合了更多数量的不同 RNA 分子，每条都有酶活性。试验启动后他们发现，有两条序列的拷贝数量会迅速在所有的分子中脱颖而出。本质上，该系统不仅仅在自我维持，而且还在进行自我选择，因为这对有效的 RNA 分子能够比其他的 RNA 分子对更快地复制对方。就在不久前，科学家甚至已经成功创造出了一类具有酶活性且能够进行自我拷贝的 RNA。

如同一句英国谚语所说："哪里有淤泥，哪里 是哪里有破烂或者垃圾，哪里就会有钱。也许哪里有垃

12 启动，上调

170 万美元一辆的布加迪·威龙（Bugatti Veyron）是世界上最贵的量产公路汽车。很难确定最便宜的车是什么，尽管达契亚·山德鲁（Dacia Sandero）有可能会获此殊荣，因为它的售价仅仅是威龙的百分之一。但是，这两种汽车还是有很多相同的地方，而且其中之一就是它们都必须在启动以后才能带着你去兜风。如果你不激活引擎系统，你和你的车就只能傻站在那里。

我们的蛋白编码基因就是这样的。除非它们被激活且被拷贝到信使 RNA 中，它们就什么也做不了。它们就仅仅是惰性的 DNA 片段而已，就像如果你不启动汽车的话，威龙也不过就是一堆固定的金属和配件而已。启动一个基因要依靠一种被称为启动子（promoter）的垃圾 DNA 区域。每个蛋白编码基因的开始处都有一个启动子。

如果我们联想一下汽车的例子，启动子就是插点火钥匙所用的孔槽。钥匙就是一个能够结合到启动子上面的蛋白质复合物。这些复合物被称为转录因子。这些转录因子反过来又结合那些为基因制作信使 RNA 拷贝的酶类。该过程的结果就是导致基因的表达。

通过分析 DNA 就能相对简单地鉴定出启动子。启动子通常出现在蛋白编码区域的前面。一般情况下，它们会含有特定的 DNA 序列元件。这是因为转录因子是一类特殊的蛋白，可以识别并结合到特定的 DNA 序列上去。如果我们分析一下启动子的表观遗传修饰，我们也会发现一致的特征。启动子上的表观遗传修饰具有特别的“套装”，根据细胞里这个基因是否要被激活而定。这些表观遗传学修饰对于调节转录因子的结合非常重要。一些修饰吸引转录因子和相关酶类，而这会导致基因的表达。其他的则会阻止与转录因子的结合并使启动该基因变得非常困难。

现在，研究者已经能够复制出启动子并把它插入到基因组的任何位置上去，甚至插到其他物种的基因组里面去。这类实验证明了启动子通常能够在一个基因前面“即插即用”。它们也提示了启动子需要处于正确的方向上。如果你把一个启动子序列以错误的方向插到一个基因前面，它就不会工作。这就像是把一把钥匙以错误的方向插进点火器里一样。启动子的活性具有方向依赖性。

启动子不能真正决定具体控制哪个基因。如果它们靠得够近且处于正确的方向，它们就会启动最近的基因。这使得研究者可以使用启动子来促进任何他们感兴趣的基因的表达。该技术可以非常方便地实现，但它也有阴险的一面。在一些癌症中，分子水平上的根本问题就是染色体中的DNA混杂在一起，导致启动子驱动了错误基因的表达。在癌症的例子中，该基因的作用就是能够促进细胞增殖的速率。第一个被发现的，而且很可能仍是这方面最著名的例子就是，被称为伯基特淋巴瘤（Burkitt's lymphoma）的血癌。此疾病在我们前面讨论坏邻居旁的好基因时候已简要介绍过。在该病中，14号染色体上的强启动子被置于8号染色体上一个基因的上游，而这个基因则编码了一个能够强有力地推动细胞增殖的蛋白质。后果可能是灾难性的。携带这种重排的白细胞异常迅速地生长和分裂，并开始在血液系统中占据优势。如果能够在疾病进展的早期检测到，超过半数的患者是可以治愈的，尽管这需要一些积极的化疗，但对于晚期才诊断出的患者来说，其衰弱和死亡如此迅速以至于存世时间只能以星期来计算。

在健康的组织中，不同的启动子可能会在特定的细胞类型中才会被活化，其原因通常是依赖于细胞特异性的转录因子的表达。启动子也有不同的强度。我们的意思是强启动子能够非常积极地启动基因，导致从蛋白编码基因上产生大量的信使RNA拷贝。这就是伯基特淋巴瘤中发生的事情。弱启动子对基因表达的驱动就低得多。哺乳动物细胞中启动子的强度与多种因素有关，包括DNA序列以及转录因子的活性，还有表观遗传学的修饰和其他一些我们尚不了解的元素。

垃圾DNA 保持状态

在任何特定细胞类型中，确定的启动子对基因表达水平的驱动都处于相对稳定的水平，至少在实验系统中是这样的。但在正常情况下的基因表达并没有这么简单。基因的表达水平会非常多样。就像你可以驾驶威龙在路上以 1 英里/时 ~250 英里/时（1.6 公里/时 ~400 公里/时）之间的任何速度行驶，或者驾驶山德鲁以威龙的 50% 的行驶速度行驶。在细胞里，这种弹性选择依赖于很多过程的相互作用而实现，包括表观遗传学。但是，它也要受到另外一种垃圾 DNA 的影响。这就是增强子（enhancer）。

与启动子相比，增强子有点扑朔迷离。它们通常有几百个碱基长，但是仅仅依靠 DNA 序列分析几乎不可能将它们鉴定出来。它们太变化多端了。对增强子区域的鉴定也因此变得复杂，因为它们并不是一直都发挥着功能。举例来说，有一组已经被鉴定出来的增强子只有在被某种刺激激活后才开始调节基因的表达。这显示增强子可能并不是在基因组序列中“预设”好的。

炎症反应是人体防御外敌，如细菌感染的第一道防线。入侵者周围的细胞释放化学物质和信号分子，以制造出对入侵者不利的环境。这就像是一旦防盗警报响起后就向被攻陷的屋内倾倒又热又臭的液体一样。

研究炎症反应的科学家们是第一批指出 DNA 序列能够在必要的时候被指定为增强子的人。在这个研究中，研究者发现一旦炎症刺激被移除，增强子并没有恢复成原来的无功能状态。相反，它们会持续作为增强子，随时准备着在细胞再遇到炎症刺激的时候上调相关基因的表达。这些增强子调节的基因都是能对外来入侵者做出防御的，这可能不是巧合。这种基因表达的记忆对于尽可能迅速有效地抗击感染非常有利。

垃圾DNA 表观遗传和增强子——活性的交互

即使刺激后仍能在基因区域里保持记忆的一个方法就是表观遗传学机制。表观遗传学修饰能够通过保持该区域处于相当去抑制的状态而使一个区域更容易再次启动。在人类中的比喻就是，有一个值班的医生在位而不是一个休假的医生。在上面的例子里，研究者发现特定的组蛋白修饰会在炎症刺激被移除后仍保持在“新”的增强子上，使它们随时处于待命状态。

事实上我们在通过表观遗传修饰，而不是 DNA 序列来鉴定增强子的道路上已经取得一些进步了。这些修饰能够作为功能性标记来显示特定的细胞类型如何使用一段 DNA。研究者也已经发现在癌症中这些修饰会出现变化，产生不同的基因表达特征，进而使细胞产生向癌症发展的变化。

但是，即使我们能够找到一种表观遗传标记来指示增强子所在，我们仍然面临着另一个问题。那就是，我们不知道某个给定的增强子影响的是哪个蛋白编码基因。我们能够进行确定的唯一办法就是通过基因操纵的方法干扰一个增强子，并观察哪个基因会被这种改变直接影响。这是因为增强子的作用方式跟启动子并不相同。增强子的作用没有方向性——无论哪种方向它都能起到增强子的作用。另一个不同点甚至更加奇特——增强子的影响对象可以是距离很远的蛋白编码基因。

现实中存在的增强子远比我们现象的多。最近，科学家进行了一项针对 150 个人类细胞系中组蛋白修饰特征的综合研究。当他们评估这些细胞系中看起来像增强子的特征时，他们发现了近 40 万个备选的增强子区域。如果增强子和蛋白编码基因是一对一的关系的话，这个数量是远远大于需求的。即使我们假定长链非编码 RNA 也需要增强子，那这个数量也太多了。

不是在所有的细胞类型中都能找到增强子。这与相同的 DNA 片段在不同的细胞中能够依靠其表观遗传修饰的方式产生不同的作用一致。

多年以来，我们无法确定增强子究竟是如何工作的。我们现在怀疑，在许多情况下它们可能会严格地依赖于另一种类型的垃圾：长链非编码 RNA。事实上，某些长链非编码 RNA 可能是从增强子自身表达出来的。我们在第 8 章遇到过的很多长链非编码 RNA 与抑制其他基因的表达有关。但是，现在的观点是还有一大类长链非编码 RNA 能够增强基因的表达。这是对长链非编码 RNA 调节相邻的基因表达影响研究最先发现的现象。如果通过实验增加了长链非编码 RNA 的表达，其邻近的蛋白编码基因的表达也会相应增加。相反，如果在实验中将长链非编码 RNA 的表达敲低，蛋白编码基因也会出现低表达。

分析特定长链非编码 RNA 和受其调节的信使 RNA 之间的时间相关性能够提供更多的证据。研究者使用一种已知能够导致某特定基因表达的刺激来处理细胞。他们发现增强性长链非编码 RNA 在邻近蛋白编码基因释放信使 RNA 以前就已经开启了。这与以下假说相一致，就是增强子中的长链非编码 RNA 因受刺激而启动，之后反过来帮助了蛋白编码基因表达的开启。

此长链非编码 RNA 增强自己的表达。该过程依赖于一个巨大的蛋白复合体的存在。该复合体被称为调节子（mediator）。该长链非编码 RNA 与调节子复合体相结合，将其引导至邻近的基因上。调节子复合体中的一个蛋白质能够将表观遗传修饰添加到相邻的编码蛋白基因上（该修饰是添加一个磷酸基团，即一个磷原子和四个氧原子，到组蛋白 H3 上一个特定的位置上去。该修饰通常与激活基因有关）。这有助于募集那些能够制造信使 RNA 拷贝的酶。调节子复合体和长链非编码 RNA 之间是一致的关系。利用实验下调长链非编码 RNA 或复合体中任一成员都会导致相邻基因的表达降低。

调节子复合体和长链非编码 RNA 之间物理关系的重要性已经可以通过一种人类遗传疾病得到展示。该疾病被称为奥皮茨－卡维基亚综合征（Opitz-Kaveggia syndrome）。患有此病的儿童自出生以后就会出现学习障碍、低肌张力和过分大的头部。受累儿童是因为遗传到了一个单基因上的突变。该基因编码了调节子复合体中与长链非编码 RNA 分子相互作用的蛋白质（该调节子中的组分名为 MED12）。

科学家对调节子复合体活性分析得越多，就越觉得有趣。原因之一就是，调节子复合体能够对一组增强子产生特殊强度的反应。这些是超级增强子，而且它们在胚胎干细胞（ES 细胞），就是那些具有成为人体中所有类型细胞潜能的多能细胞中有特别重要的作用。

这些超级增强子是一簇共同起作用的增强子。它们大概有正常增强子的十倍大。因此，蛋白质跟这些超级增强子结合的水平很高，远超过跟正常增强子结合的水平。这使得超级增强子把受其调节的基因表达提得很高。但是，让研究者感兴趣的并不仅仅是结合蛋白质的数量问题。而是这些蛋白质是什么。

如我们在第 8 章所见，ES 细胞维持多能状态并不是偶然的或者被动的。为了使 ES 细胞能够维持潜能，它们必须非常谨慎地调节自己的基因表达。即使一个在基因表达上相对温和的扰动都可以把 ES 细胞推动向下，转换成某种分化后的细胞类型。我们可以想象一下，这就像是在高台阶上有一个机灵鬼玩具（一种螺旋弹簧玩具，如果把它放在楼梯上，它会在重力的作用下由惯性沿着阶梯不断伸展再复原，呈现“拾级而下”的有趣状态）。仅仅有一点力量把它推下第一级台阶就会把它送上一段很长的旅程。或许更好的比喻可能是，机灵鬼末端上有一点小小的重量正在阻止它从台阶顶端下落。如果除去这一点重量，机灵鬼就会开始它的旅程。

有一组蛋白质在维持 ES 细胞的多能性方面具有绝对重要的作用。这些被称为主要调节子（master regulators)，它们就像是机灵鬼末端的那一点重量。在 ES 细胞中，主要调节子的表达非常高，但是在分化的细胞当中则非常低。

这些蛋白质的重要性于2006 年被明确证实。日本的研究人员在分化后的细胞中高表达了 4 个主要调节子的组合。令人惊讶的是，这些分子的变化导致了惊人的后果，它们创造出了几乎跟 ES 细胞具有相同功能的细胞。这就像是把一个已经落到台阶底部的机灵鬼完全移回到台阶顶端。通过这种途径产生的细胞，具有被转换成在体内任何细胞类型的能力（这些细胞被称为诱导性多能干细胞，iPS 细胞)。该出色的工作，以及其后续研究导致了科学界的无比兴奋，因为这意味着我们将有可能采用替换细胞的方式来治疗多种疾病。其范围从失明到 1 型糖尿病，从帕金森氏病到心脏衰竭。

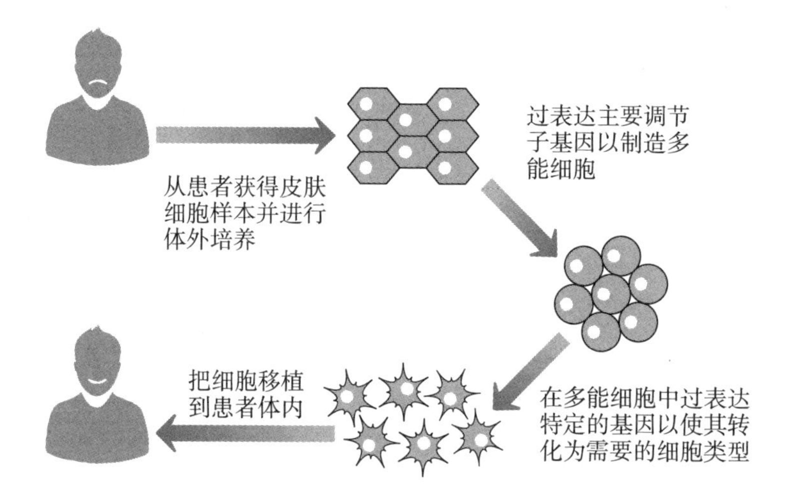

图 12. 1　使用患者自身来源细胞来为该患者进行定制细胞治疗的理论示意图。

在这项技术被发明前，想要制造适于治疗人类疾病的细胞是极度困难的。这是因为从一个人来源的细胞通常不能被植入另一个人体内。免疫细胞会识别出捐献者的细胞，并将其当作入侵者把它们消灭掉，如同消灭掉入侵的细菌一样。但是，如图 12. 1 所示，我们现在有可能得到与患者完美匹配的细胞了。

这项2006年完成的工作带来了巨大的价值数十亿美元的产业价值，而且同时，也产生了有史以来最快的诺贝尔医学和生理学奖得主之一，其获奖时间仅仅在文章发表后6年。

在正常的ES细胞中，这些主要调节子中的一些以高密度结合在超级增强子上。这些超级增强子本身就调节了一些保持细胞多能性的关键基因。调节子复合物处于非常高的水平。敲低一个主要调节子，或者调节子复合物的表达，对这些关键基因表达的影响都差不多。表达水平下降，导致ES细胞开始向特定的细胞类型进行分化。

因为ES细胞多能性状态的保持完全依赖于主调节子的高水平表达，所以并不奇怪，主调节子自己也受超级增强子的调节。这就产生了一个如图12.2所示的正反馈调节弧。

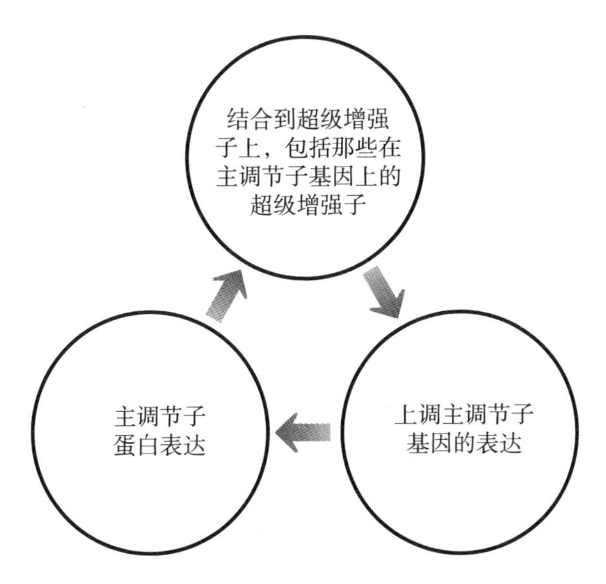

图12.2　导致主调节子基因维持高水平表达的正反馈弧。

正反馈弧在生物体内一般相对罕见，主要是因为如果什么地方出错了的话，就很难再进行把控。幸运的是，这里的超级增强子非常敏感，一点小小的扰动都会影响它们与主调节子和其他因子的结合。这意味着，在这些因子的平衡上，即使一个极小的改变都可能会干扰到这个正反馈弧，从而导致这些细胞进行分化，而失去多能性。毕竟，要想使机灵鬼下楼梯通常不需要太大的推力。

在肿瘤细胞中也发现有超级增强子的踪迹，它们通常与促进细胞增殖和癌症进展的关键基因有关系。其中的一个受该超级增强子调节的基因，我们在之前章节遇到过，它能够导致伯基特淋巴瘤。在一些正常分化的细胞中也有些超级增强子，它们则结合在那些决定细胞种类的细胞特异性蛋白质上。

垃圾DNA 跨越鸿沟

到目前为止，我们描述的所有与增强子有关的情形，都是增强子与靶点基因的距离相对较近，通常在50000个碱基对之内。所以，相对容易想象其作用的方式，一般是通过长链非编码RNA和调节子复合体把能够将DNA复制成信使RNA的酶募集过来并进行激活。但是，还有很多情况下，增强子和受调节的蛋白编码基因之间在染色体上相隔非常遥远，远到有几百万个碱基对的距离。这可不像在早餐时把盐递给桌子对面的人那么简单，而更像是试图把它传给足球场另一端的人一样。很难直观地想象基因和增强子之间这种长距离相互作用是如何发生的。不管是长链非编码RNA，还是调节子复合物都不可能大到跨越如此巨大的鸿沟。

为了搞清楚这个过程，我们不得不采用比平时更复杂的方式来想象一下基因组。绝大部分时间里，我们把DNA描述成梯子或者铁轨，显然这有助于我们直观理解这两条分子以及它们通过碱基配对相互结合的方式。但这种比喻的缺点就是，这会导致我们仅进行线性思维。而且，我们还有可能因为从潜意识里将DNA跟这些熟悉的事物进行类比，从而把它当作是一种相当僵硬的分子。

但是，我们现在已经认识到DNA并不是一条僵硬的分子，因为我们知道，它可以被出人意料地折叠和挤压以使其能够在细胞核内容身。因此，让我们多了解一点吧。如果我们首先把DNA的双链性质确定（以免使情况复杂化）的话，我们可以把基因组的部分想象成一根很长的面条，也许是有史以来最长的一条面条。面条上面有一些被食品染料标记的地方，表示增强子和蛋白编码基因。如图12.3，我们可以看到两种情况。当面条没有被煮过的时候，它很僵硬而且增强子和基因相距甚远。如果被煮过后，面条就变得具有柔性。它可以在各种方向折叠和弯曲，而这，能够把被染过色的增强子和基因凑在一起。

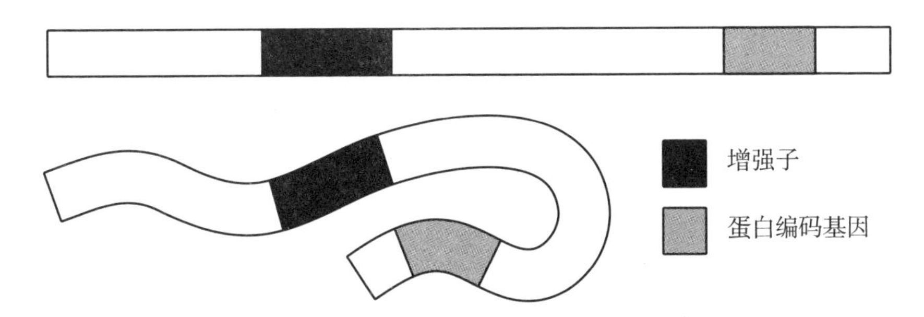

图 12.3　本简图显示了柔性的 DNA 分子如何让相距甚远的两个区域，比如一个增强子和一个蛋白编码基因，彼此相互接近的。

在不同的细胞中，我们染色体中的一些部分被几乎永久性地抑制和关停，以关闭那些在该组织类型中永不需要被表达的基因。例如，我们的皮肤细胞就不需要表达在血液中用来携带氧气的蛋白质。皮肤细胞中这些基因组的区域完全无法访问，它紧实得就像一个过度缠绕的弹簧一样。但也有很多区域不在这个超浓缩状态中，其中的基因就可以被访问并有可能被开启。这些区域中的 DNA 就像煮熟的面条，就像那根世界上最长的煮熟的面条，自己占据了整口锅。并且在沸腾的水中弯曲折叠着，形成了各种转折和弧度。

由此，一个蛋白编码基因和它的远程增强子可能彼此靠得非常近。长链非编码 RNA 和调节子复合体随即将两个区域相互连接以保证该基因的表达能够被上调。另一个复合体亦参与了调节子复合体的这项工作（这个额外的复合体被称为粘连蛋白）。这个额外的复合体在细胞分裂时分离双倍染色体中也是必需的，所以它非常善于处理大片段 DNA 的移动问题。编码该额外复合体中成员的一些基因如果出现了突变，就会导致两种发育类的疾病：罗伯茨综合征（Roberts Syndrome）、德朗热综合征（Cornelia de Lange Syndrome）。受累患儿的临床表现并不完全一致，可能根据突变基因的不同和基因突变方式的不同而各异。基本上，这些儿童出生时相对较小而且保持缓慢的生长，他们会有学习障碍和常见的肢体异常。

该机制的范围非常广泛，且不仅限于增强子上。它也出现在把其他调节元件拉近基因的过程中。在一项对三种人类细胞的研究中，分析了人类基因组中大概 1% 的部分后，研究者们在每种细胞系中都鉴定出了超过 1000 个这些远距相互作用。这些相互作用很复杂，最常见的是发生在相距 120000 个碱基对的距离之间。通常情况下，调节区域弯向一个并不是离它最近的基因。事实上，在超过 90% 的这些弯曲中，最近的基因往往都被忽视了。想象一下，这就像是你需要借一点糖，结果你跑了半英里的路找到某人而不是去敲你邻居家的门。

如果我们继续邻居这个主题，关系就愈加混杂了。某些基因与多达 20 个不同的调节区域具有相互作用。一些调节区域则可以跟十个不同的基因有关系。这些可能不会全部发生在同一细胞和同一时间里。但它们显示出的是，在基因和调节区域之间并不是一个简单的 A 和 B 的关系。取而代之的是一个复杂的网络的相互作用，这提供给了细胞或生物以极其灵活的方式调节其基因表达的可能。虽然关于该网络及其运作方式还有很多谜团未被揭开，但我们已经知道垃圾 DNA 是我们基因组引擎的点火开关，正是能够形成长链非编码 RNA 和增强子的垃圾 DNA 将威龙的引擎换到了一台山德鲁上，使其能够在生命的高速路上飞驰。

垃圾DNA 从家庭作坊到工厂生产

值得注意的是，尽管独立的调节性区域和基因之间毫无疑问地通过卷曲来实现，但在细胞中还有一种更不可思议的长距离作用方式存在。为了更清楚地理解，我们也许要先补习一点社会历史知识。在 19 世纪早期的英国，大部分的纺织工作都由家庭手工业来进行。从本质上讲，就是每个人在他们的家里面进行小规模的生产工作。如果你想标记某个区域中进行纺织生产的地点，你会在地图上标记很多个小点，其中每个点代表一个家庭作坊。时间飞速度过了 50 年，进入工业革命后，相同的工作将展现出完全不同的结果。取代相当均匀的点状分布的是，你会发现地图上只有几个大的斑点展现着一些大工厂的位置。

即使我们只考虑蛋白编码基因，我们也知道在某个特定的人类细胞中通常会有成千上万个基因处于开启状态。这些基因遍布 46 条染色体，所以我们可能会以为如果把这些基因标记出来的话，会在细胞核上呈现出成千上万个小点。但是，如图 12.4 所示，其实那里只有 300 ~ 500 个大点。我们细胞里面的基因表达并不是家庭作坊。相反，它在细胞核里面的定位情况显示其更像是大工厂。

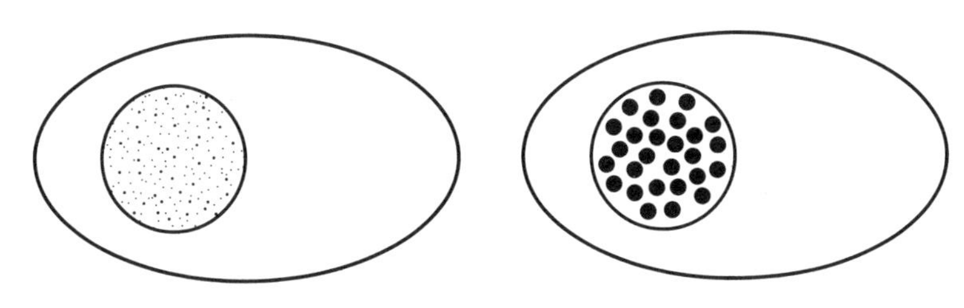

图 12.4　这些点表示了细胞核里面的蛋白编码基因。如果基因在细胞核里面的定位仅仅取决于在染色体上的位置的话，我们就会看到如左图所示的那种弥散的小点。但是，事实上，基因簇集在一个三维空间中，产生了如右图所示的斑点状图案。

每个工厂都包含有 4 ~ 30 个能够根据 DNA 模板制造信使 RNA 分子的酶，还有大量的其他必需分子。这些酶待在一个位置上，相关的基因通过弯折至此而被复制。为了使基因能够到达工厂，DNA 必须进行弯曲以达到细胞核正确的位置上。但真正巧妙的一点是，在同一个工厂里的同一个时间内，可以同时将不止一个的基因复制成信使 RNA。出现在同一个工厂的基因组合并不是随机产生的。这些基因编码的往往是那些在细胞内具有功能相关性的蛋白质。这相当于在一个工厂里面装配有多个平行的生产线。一旦所有的生产线完成了各自的单独任务，工厂就可以组装出最终产品。一个工厂生产船只，另一个工厂则制造食品搅拌机。在我们的细胞里，这些工厂保证了基因以协调的方式进行表达。这意味着会有大量的弯折会从染色体上出现，同时定位到细胞核的同一区域上。

关于一个该工厂的例子就是那些编码用以形成复杂的（能在血中运载氧气的）血红蛋白分子的那些蛋白质的基因。而另一个工厂用来产生能够引起强烈免疫反应的蛋白质。对于一个有效的免疫反应来说，一个重要的部分就是制造一种被称为抗体的蛋白质。抗体在血中和其他体液中循环，与任何它们发现的外源物质进行结合。科学家们激活能够制造抗体的细胞，从而研究相应的基因如何进行弯折。他们研究的这些基因是制造抗体分子所必需的。他们发现这些关键基因移动到了同一个工厂里。请注意，这些基因中的一些通常在物理距离上相互远隔，比如会定位在不同的染色体上。

尽管进行组合基因表达效果卓著，但这也可能带来风险。伯基特淋巴瘤是一种我们在前面提过的恶性肿瘤。在该病中异常的细胞类型就是那些产生抗体的细胞。该病中，一个来自某条染色体的强力启动子异常定位到了另一条染色体上的一个基因旁。之前我们一直不知道为什么这些区域容易进行接合，因为它们位于不同染色体上，具有很远的物理距离。现在我们知道了，这些通过“互换”产生危险的异常混合染色体的区域就是前面提到的要移动到同一个工厂的部分。这可能就是两个不同染色体如何相互接近到足以交换物质的原因，也许是因为它们两个同时出现了破裂并且在工厂中被错误修复了的缘故。

尽管看起来，进化选择了这种危险的方式，但我们需要再一次记得，自然选择是一种妥协，而不是完美。相对于由制造抗体用来抵抗感染以使我们活得更长久，潜在的癌症发病率的微量升高的缺点几乎可以忽略。

13　无人之地

当我们想到第一次世界大战的时候，可能首先在脑海中浮现的就是战壕中的士兵。对战双方在地上挖出足够隐蔽身体的沟渠，在里面躲藏数月，而后进行殊死搏斗。由于双方战壕的存在而导致在两军之间有一片不受任何一方控制的区域。这些区域就是所谓的“无人之地”，其宽度从几百米到一公里不等。到了晚上，士兵们就会爬出战壕进行侦察、修补铁丝网和搜寻受伤或者牺牲的战友。

人类基因组里面包含有很多无人之地的区域，以使不同的元件相互分离。如同第一次世界大战的那些战区，这些基因组的屏障大小各异，且极富流动性，取决于军队在哪里进行集结。如同那几年欧洲的整日厮杀的无人之地一般，那里人气非常之旺。人类基因组的无人之地以极高的热情在结合蛋白质、囤积表观遗传修饰和调节不同基因元件间的相互作用。

这对我们的细胞非常重要，因为我们大部分的基因分布得很散（还是有些基因例外，它们根据其表达特征聚集成簇。主要的例子包括控制肢体特征的 HOX 基因和编码抗体的 Ig 基因）。这些基因以任意的方式散落在 23 对染色体中。正如我们之前看到的，制造血红蛋白所需蛋白质的基因要通过染色体三维结构的改变而凑在一起。这样，就能通过一个简洁且效果不错的方式补偿它们没有被安排在彼此旁边的缺憾。如果看一下我们大多数基因的分布状态就会发现，它们就像是一场没有组织好的义卖或者促销活动里的商品一样。

这就意味着在我们的细胞中，在编码胎儿肝脏所需的一个蛋白质的基因旁边是编码成人皮肤所需的一个蛋白质的基因。这种情况大量存在，所以也造成了潜在的困难。这意味着我们的细胞需要在不同的元件之间设置障碍，以保持不同的基因表达模式。这种控制需要与特定的细胞类型和特定的发育阶段相关。我们肯定不希望在眼睛里表达牙齿的基因，或者在膀胱里表达心脏的基因。

我们知道表观遗传修饰能够影响基因的表达。以大脑为例，在神经细胞中有一些永不表达的基因。例如，角蛋白被用在头发和指甲上，但不会被使用在我们的大脑灰质里。在脑细胞中，角蛋白基因被关闭了，而且它是通过特定的表观遗传修饰保持了失活状态。但是，正如我们已知的，表观遗传修饰并不会识别 DNA 序列。那么，是什么阻止了抑制性表观遗传学修饰从角蛋白基因上延伸，并且关闭掉其他基因的呢？

这是个很大的问题，因为表观遗传修饰往往能够自我保持。让我们看看与抑制基因表达相关的修饰的情况吧。这些修饰吸引了能够强化初步改变的其他蛋白质，使得基因表达更加难以激活。这反过来又会吸引那些继续添加抑制性表观遗传修饰的蛋白质，以防止失活效应的失去。但是，我们可以设想，抑制的边界是模糊的，因为表观遗传学机器并不能识别特定的 DNA 序列。因此，在抑制区域的周边，表观遗传修饰可以蔓延出去。

阻止蔓延

我们的细胞已经进化出非常特别的方式来防止这一点。正如消防员会砍倒树木或炸毁建筑物以创造一个跟地狱分隔的空间，我们的基因组会移除掉表观遗传机器的燃料。垃圾 DNA 通过失去它的组蛋白的方式在基因组的抑制和活跃区域之间充当绝缘子。没有组蛋白就意味着没有表观遗传学组蛋白修饰。没有修饰就意味着没有表观遗传活性的蔓延。这会阻止抑制性修饰染指到活性基因上，反之亦然。如图 13.1 所示。

由于不同细胞需要隔离不同的区域（毕竟，我们的那些制造毛发的细胞还是需要表达角蛋白的），我们可以推测仅仅依靠 DNA 序列是不足以制造绝缘子的。相反，它们是由一个细胞在某一时刻表达的蛋白质组合跟基因组之间复杂的、条件性的相互作用而产生的。

这些蛋白质中有一种最重要且普遍表达的，我们称之为 11 - 指（11 - FINGERS）（其正规的名字是 CTCF）。它是一个巨大、高度保守的具有特征性结构的蛋白质。它折叠出的三维结构使其具有 11 个突出蛋白质的手指样结构。这 11 个手指中的每一个都能识别一个确定的 DNA 序列，但识别的序列在手指间各不相同。

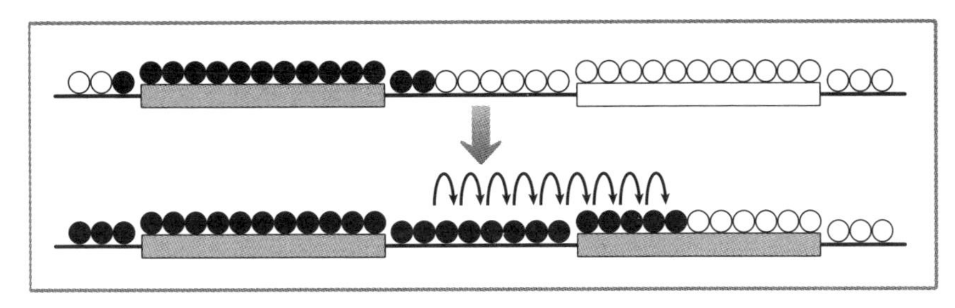

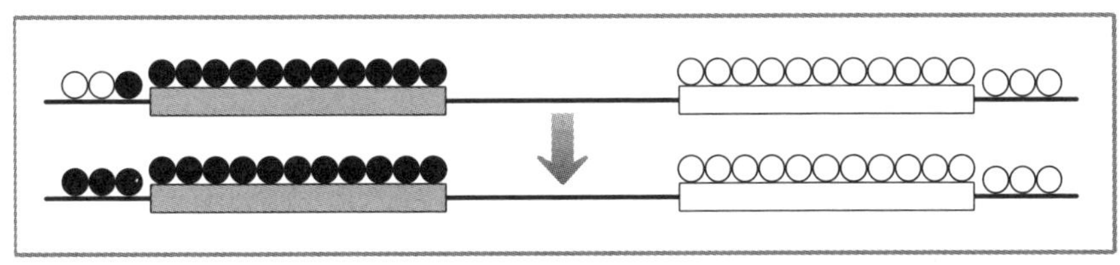

● 携带有抑制性表观遗传学修饰的组蛋白　　■ 被抑制的基因
○ 没有抑制性表观遗传学修饰的组蛋白　　□ 被表达的基因

图 13.1　在上半部分，抑制性修饰从一个基因蔓延到另一个基因上。在下半部分，两个基因间绝缘区组蛋白的缺乏防止了抑制性表观遗传学修饰的蔓延，从而阻止了右边基因被异常沉默。

现在试想一下有一位有 11 根手指的钢琴家，手上戴着手套，而每个指头上的颜色是 4 种颜色之一。还有一架钢琴，其中每个键也是这 4 种颜色之一，按键是随机分配结合起来的。规则是，钢琴家可以进行任意演奏，只是同时敲击的琴键数目必须在 2 到 11 个之间，而且手指和琴键的颜色必须一致。我们可以看到，这样就已经有了相当多的可能的组合。现在，我们拓展一下想象，这架钢琴如果有几千个琴键呢？

11 - 指蛋白能够以类似的方法结合很多不同的基因组序列。它能够在人类细胞中与数万种个位点进行结合。除了将自己与 DNA 结合，11 - 指还能够结合其他蛋白质。我们可以再次利用那位有 11 根手指的钢琴家想象一下。试想在手套背面还有可以黏附绒毛球的魔术贴。手套上有颜色的手指击打着钢琴键，手套的背面则粘着绒毛球。

这就是 11 - 指蛋白的样子。手指样的突起与 DNA 结合，蛋白质上其他的表面则结合着其他蛋白质。精确结合的双方取决于细胞中额外表达的蛋白质。这些蛋白质之一能够改变 DNA 的折叠方式，而这是一种重要的控制基因表达的方式。另一种蛋白质的能力是添加特定的表观遗传修饰。在一些区域里，我们在第 4 章提到过的基因组闯入者成为了绝缘子，防止激活或抑制表观遗传修饰从一个区域蔓延到另一个区域。

一些 tRNA 基因能够作为绝缘子。它们能够阻止因一个基因表达而导致的临近基因的异常表达。这是拥有很多 tRNA 基因的一个额外的好处，也是进化以经济的方式使用绝大多数原料的方式。

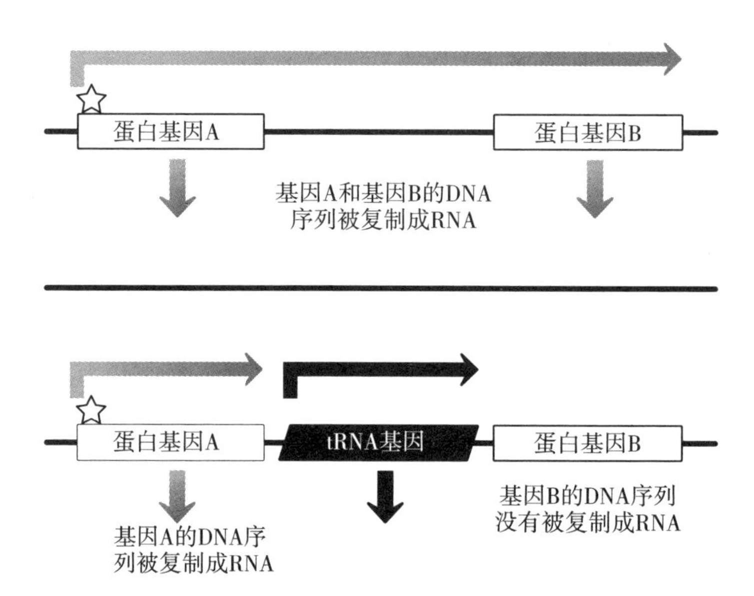

图 13.2　从蛋白编码基因中将 DNA 复制成信使 RNA 的酶从基因 A 的开始处进行复制。如果没有东西阻止它，这个酶会继续复制工作直到把蛋白编码基因 B 也复制成信使 RNA，而这可能导致不正确的结果。另一种酶能够把 tRNA 基因从 DNA 复制成有功能的 tRNA 分子。这阻止了从基因 A 开始制造信使 RNA 的酶的工作进程，从而防止了基因 B 的错误使用。

这项工作的方式由图 13.2 展示。一个经典的蛋白编码基因是由能够促进其表达的表观遗传修饰所覆盖的。结合到这个基因并且把它复制成 RNA（最终会被处理成为成熟的信使 RNA）的酶就有点像是一列火车：一旦开始复制就不会停止。如果在旁边有另一个蛋白编码基因的话，这个酶会继续前进并且把它也复制了。如果在两者之间有两个或者更多的 tRNA 基因，就不会这样了。tRNA 基因几乎永远处于开启状态，因为它们参与所有蛋白的制造。有一种酶能够从 DNA 模板上复制 tRNA 基因并形成 tRNA 分子。但是这个酶不同于那些从经典的蛋白编码基因上复制信使 RNA 的具有类似功能的酶。制造 tRNA 分子的酶的作用就像一个人高马大的保镖，阻止其他的酶从门口通过去往另一个基因。因复制 tRNA 基因的酶不能结合经典的蛋白编码基因，这使得该区域整体的基因表达都受到了严格的控制。

因为学术界在生物学上一直强调 DNA 测序技术的发展带来的好处，所以，我们很容易认为大多数的概念上的突破性成果应该会源于高端的分子生物学方法。但现实的情况是，我们在基本的人类生物学和逻辑思维上都还有很长的路要走。

垃圾DNA 为什么 XX 跟 XXX 不同

在第 7 章，我们见到过雌性哺乳动物通常会将它们细胞里面的一条 X 染色体失活，以保证它们跟雄性细胞具有相同的 X 染色体基因表达水平。我们的细胞是会数数的，如果一个雌性细胞里面包含有三条 X 染色体，它会关闭其中的两条。反过来，如果只有一条 X 染色体的话，细胞会保持这条染色体的活性。

这让我们有了一个似乎理所当然的预测。就是不管一个细胞里面有多少条 X 染色体都没有问题，因为 X 染色体失活最终都会保证只有一条 X 染色体处于活性状态。因此，只要一个人的每个细胞里拥有至少一条 X 染色体就足以保证其完全正常和健康。

问题是事实并非如此。只有一条或者拥有三条 X 染色体的女性，都有明显可见的表现。除了该有的 Y 染色体外，拥有两条 X 染色体的男性也是一样。有一种解释是，在这些人当中 X 染色体失活并没有很好地发挥作用，但看起来并不是这样。X 染色体失活是一个非常强大的系统。当然，它不可能在所有的时候都完美地工作——生物体内没有什么能做到这一点。但是，这个系统出现的随机工作失误完全不能解释以下现象，就是为什么所有只具有一条 X 染色体的女性都表现出非常类似的临床症状。

仅有一条 X 染色体的女性身材比平均值矮小，还有发育不良的卵巢。拥有三条 X 染色体的女性比正常人要高大，而且容易出现学习障碍和儿童期的发育延迟。有两条X染色体的男性（当然还有一条Y染色体）比普通人高大，而且可能会有相对较小的睾丸，并由此引起因雄激素睾酮分泌减少导致的问题。他们也相对容易出现学习障碍。

尽管会给患者和家庭带来一定的困扰，但这些症状较我们之前见过的那些常染色体数目异常的患者（唐氏综合征、爱德华氏综合征、帕陶综合征）要轻得多。这是因为尽管X染色体个子挺大，但它上面的绝大部分基因都被适当失活了，所以无所谓到底有多少条染色体在细胞里面。但是，例外仍旧存在。

想要理解这是怎么回事，我们需要回头想想在制造卵子和精子的过程中发生了什么。在一个特定的阶段，染色体们成对排列，而后每对中的一条被各自拖向细胞相对的两极。细胞完成分裂，而它的子代细胞中包含有每对染色体中的一条。在雌性细胞里面，这很容易想象。两条X染色体配对排列，而后就跟1号到22号染色体对完全一样地被分开。但是，当雄性细胞制造精子的时候，就出问题了。雄性有一条巨大的X染色体和一条小小的Y染色体。两者相差悬殊。但即使这样，在制造精子的过程中，X染色体和Y染色体也必须找到彼此并且配对，不管它们的差距有多大。

它们能够做到这点的原因是在X和Y染色体的末端都有一个彼此相似的小区域。这使得它们能够相互识别，并在细胞分裂中联系、握手，直到它们需要移向细胞的两极。

这些区段被称为假常染色体区域。它们包含有蛋白编码基因，而且在X染色体失活中被保护起来，因此没有被沉默。在假常染色体区域里面的基因受到的待遇跟X染色体上面大部分其他的基因不同。这种基因激活和失活的特征，导致了携带错误数量X染色体的男性和女性出现的那些症状，也是细胞拥有分离不同DNA的非常基础的办法的显著生物学标记。

X染色体失活非常依赖于Xist长链非编码RNA在其被表达出来的染色体上的蔓延。但是Xist并不会蔓延到假常染色体区域上。该出现在假常染色体上的保护机制向我们展示了我们的基因组能够在关键位置上设置“三八线”。就像《星际迷航》里面的让－卢克·皮卡德（Jean－Luc Picard）在面对博格人（Borg）入侵联邦星际时说的：“边界必须划在这里！就这么远，没得商量!”垃圾绝缘子区域阻止了从Xist基因座开始蔓延的基因组瘫痪过程。

图13.3展示了这些非沉默区域是如何导致那些拥有错误数量X染色

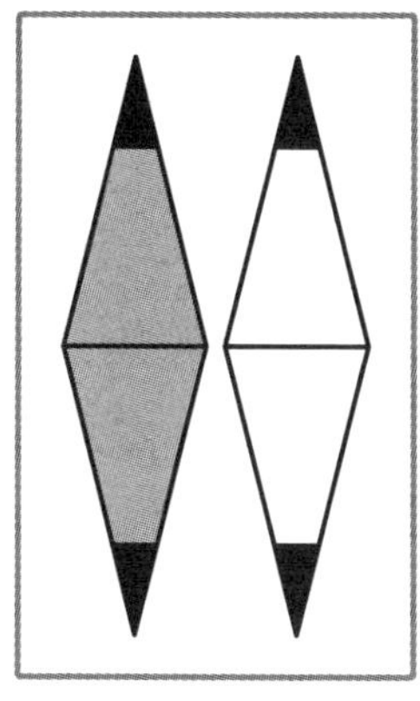

正常XX雌性
1条有活性的+1条
失活的X染色体
4个假常染色体区域

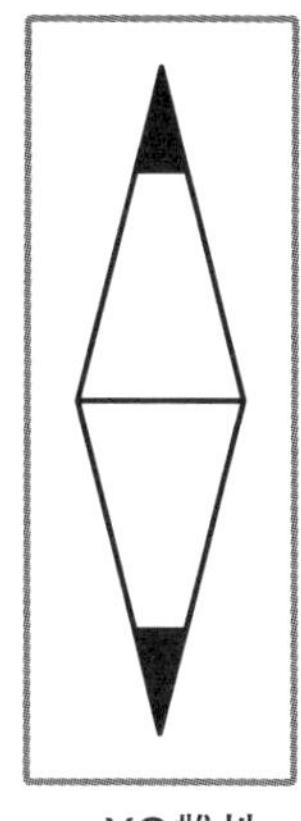

XO雌性
1条有活性的X染色体
2个假常染色体区域

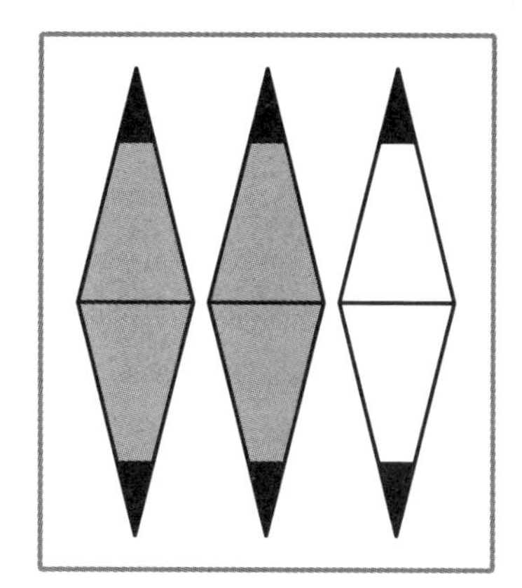

XXX雌性
1条有活性的+2条
失活的X染色体
6个假常染色体区域

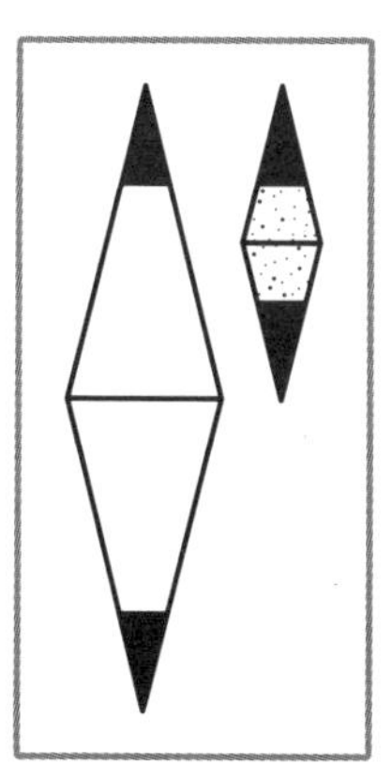

正常XY雄性
1条有活性的X染色体
+1条Y染色体
4个假常染色体区域

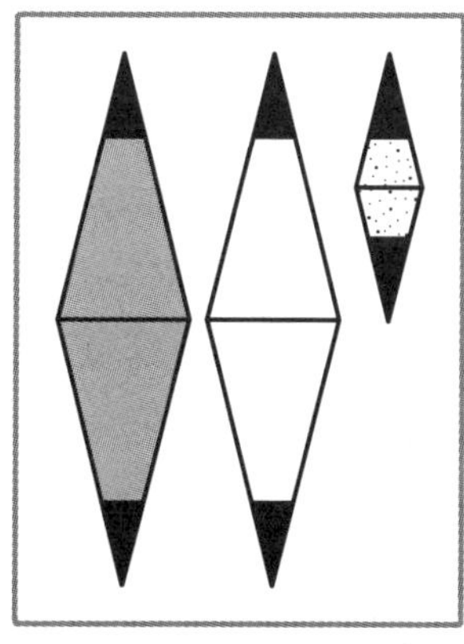

XXY雄性
1条有活性的
+1条失活的X染色体
+1条Y染色体
6个假常染色体区域

在X和Y末端的
假常染色体区域

失活的X染色体

有活性的X染色体

Y染色体

图 13.3　男性和女性细胞中不同数量 X 染色体的作用。因为 X 染色体失活，每个细胞中只有一条 X 染色体是有活性的。但是因为 X 和 Y 染色体末端的假常染色体区域逃避了 X 染色体失活，它们数量的增加或者减少就会导致随 X 染色体数量变化而出现的病理变化。

体的人们出现变化的。跟典型的XX女性相比，只有一条X染色体的女性的假常染色体上基因的表达量只有50%。有三条X染色体的女性中，这些基因的表达量则会比正常女性多50%，有两条X染色体和一条Y染色体的男性也是这样。

多一条X染色体的男性和女性都比正常人高大，而少一条X染色体的女性明显矮小并不是巧合。假常染色体区域有一个特殊的蛋白编码基因（该蛋白质被称为SHOX，或称为矮身材同源盒，short stature homeobox），它能控制其他基因的表达，而且对于骨骼，尤其是手臂和腿的长骨发育非常重要。具有多余X染色体的男性和女性会比正常人表达更多的该蛋白质，从而导致腿长和身高的增加。缺少X染色体的女性则会出现相反的效果。在人类基因组中，这是少有的我们能够鉴定出的可以在正常范围内显著影响身高的独立基因区域。除了这个区域，身高要受多个基因组位点的控制，而其中很多是垃圾DNA区域。我们现在并不明确它们的贡献到底有多少。

14　ENCODE 项目——走向垃圾 DNA 的大科学

你是否曾经远离城市的灯火阑珊，在一个无云无月的夜晚，盖张薄毯躺在地上仰望星空。这是能想象到的最美丽的画面之一，对于那些终生待在城里的人来说绝对叹为观止。天空中黑暗的背景上闪耀着的银色，多得无法计数。

如果你有机会通过望远镜来眺望，就会意识到苍穹的内容比用肉眼可以察觉到的要多得多。你会发现一些细节，比如土星环等，并且还有远远多于你能想象到的恒星的数量。跟我们有限的肉眼所见相比，在宇宙的黑暗中还有很多东西。如果我们使用可以检测超过可见光波长范围的电磁波能量的仪器，这个现象会更明显。从伽马射线到微波，更多信息不断涌现出来。这些细节和那些恒星一直都是存在的，我们只是无法仅仅依靠视力来发现它们。

2012 年，一篇颠覆性的论文面世，该论文的内容就是试图利用望远镜去探索人类基因组的边际。这是 ENCODE 课题，包含了数百名来自多个不同机构的科学家合作努力的工作。ENCODE 是《DNA 元件百科全书》（*Encyclopaedia Of DNA Elements*）的缩写。研究者使用目前可用的最灵敏的技术，在近 150 种不同的细胞类型中来探测人基因组的多种特征。他们以相同的方式来整合数据，这使得他们能够比较不同的技术结果。这是非常重要的，因为如果采用不同的数据采集和分析方法，就很难在数据集间进行比较。而这种零碎的数据就是我们曾经仰仗的内容。

当 ENCODE 的数据出版后，吸引了媒体和其他研究人员很多的注意力。新闻报道的标题包括如“突破性研究推翻基因组中的‘垃圾 DNA’理论”；“DNA 项目诠释‘生命之书’”和“全球科学家破解‘垃圾 DNA’的密码”。我们可以想象，来自其他科学家的都是祝贺，甚至感激所有的附加数据。而且有些人真的被迷住了，每天都在他们的实验室使用这些数据。但是，并非全部都是好评。批评主要来自两个阵营。首先是垃圾怀疑论者，其次是进化理论学家。

想要理解第一个阵营为什么感到不爽，我们需要重温一下这篇ENCODE文章中最简洁的语句之一。

> 这些数据提示我们基因组里80%的部分都具有生化功能，尤其是那些位于已经透彻了解的蛋白编码区域以外的部分。

换句话说，与夜空中只有2%的空间被恒星占据的理念不同，ENCODE宣称苍穹中五分之四都充满了物体。如果假设蛋白编码基因是恒星的话，这些物体中绝大部分不是恒星。相反，它们可能是小行星、行星、流星、卫星、彗星和其他你能想到的任何星际物体。

如我们之前所述，许多研究团队已经明确了一些黑暗区域的功能，包括启动子、增强子、端粒、着丝粒和长链非编码RNA。所以，大部分科学家已经适应了我们的基因组中有比利用小部分来编码蛋白质更多的东西。但是“80%的基因组都有功能”这确实是一个大胆的论断。

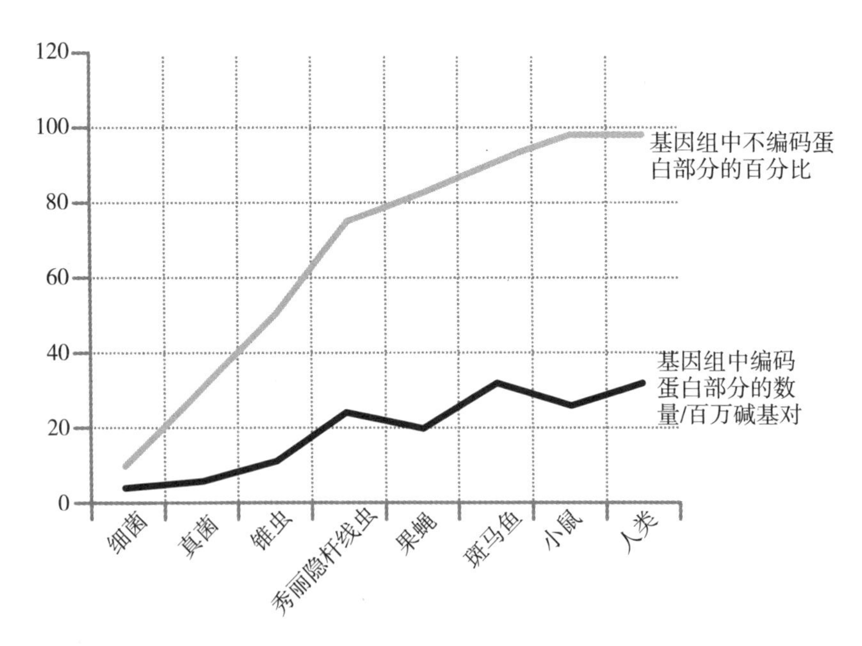

图14.1　本图显示，生物的复杂性跟基因组中垃圾DNA比重的关系大于跟同一基因组中蛋白编码部分大小的关系。

虽然令人吃惊，但这些数据早已有所预示，就隐含在过去十年里科学家试图了解为什么人类如此复杂的研究中。自从获得人类基因组测序结果并且发现我们其实并没有比其他简单生物多出很多蛋白编码基因以后，这个问题一直困扰着很多人。研究人员分析了动物界的不同成员基因组中的蛋白编码部分的大小，也计算了垃圾占整个基因组的百分比。我们在第 3 章提到过该结果，如图 14.1 所示。

如我们所见，编码蛋白部分基因物质的量跟生物复杂性的关联并没有那么密切。相反，基因组中垃圾的百分比跟生物复杂性的关系更一致。这也是为什么研究者会认为简单和复杂生物之间的差别主要来源于垃圾 DNA。这反过来又强烈暗示了，垃圾 DNA 是有功能的。

垃圾DNA 多个参数

ENCODE 结合各种数据计算出我们基因组功能水平的图表。其中包括了他们检测的 RNA 分子的信息。这些不仅包括了编码蛋白的，还有那些没编码蛋白的，即垃圾 RNA。它们的尺寸不等，从数千个碱基到只有百分之一大小。ENCODE 还把携带有通常跟功能区相关的特定表观遗传修饰组合的基因组区域定义为功能区域。其他方法包括对我们前面遇见过的环形折叠区域进行分析。另一种技术是，通过与功能相关的特定物理特性来鉴定基因组（这些区域通常能够允许具有 DNA 分子剪切活性的酶进行访问，其标志是具有一个开放性结构以使其可能被复制成 RNA）。

这些特征在不同的人类细胞类型中千差万别，更强调了细胞利用相同基因组信息的方式具有巨大可塑性的观点。例如，对环形折叠区域的研究发现，任何一种不同区域间特异性的相互作用在不同细胞类型中的检出率只有三分之一。这提示了我们基因物质的复杂三维折叠结构是繁复的且具有特异性。

当研究者关注到调节性区域的典型特征的时候，他们认为这些调节性 DNA 区域的活化也有细胞种类依赖性，反过来，这些垃圾 DNA 又决定了细胞的类型。该结论源于科学家们对 125 种不同类型细胞中近 300 万个这种位点的分析结果。这并不是意味着每种细胞类型里面都有 300 万个位点。事实上是，将每种细胞类型中的该类位点加起来，总计 300 万个。而且再一次，这提示了，每种细胞可以通过各自的需求，以不同的方式来使用基因组的调节潜能。不同细胞类型中这类位点的分布如图 14.2 所示。

在一种细胞中发现的功能位点　　在两种或者更多种细胞中发现的功能位点　　在所有细胞类型中都能发现的功能位点

图 14.2　对 ENCODE 数据进行分析的研究者评估了多种人类细胞系中的结果，他们发现了超过 300 万个具有调节性区域特征的位点。示意图中圆圈的面积代表了这些位点的分布。其中大部分发现于两个或者更多个细胞类型中，尽管在单个细胞类型中也有不少。但是，所有细胞系中都含有的位点只占非常少的一小部分。

绝大部分基因启动子跟这些区域相关，而且每个区域也通常与不止一个启动子有联系。这显示我们的细胞不是线性地进行基因表达调控的，它们使用的是交互节点的复杂网络模式。

一些最惊人的数据提示，在某些细胞的某个时段，基因组中有超过 75% 的部分被复制成了 RNA。这确实振聋发聩。从没人敢于想象，我们细胞中的垃圾 DNA 里面有接近四分之三会真的被用于制造 RNA。但他们将蛋白编码信使 RNA 和长链非编码 RNA 进行比较后，研究者发现了其表达模式上的巨大差别。在他们研究的 15 种细胞系中，蛋白编码信使 RNA 看起来更像是在所有的细胞系中都有所表达，而长链非编码 RNA 则不是，如图 14.3 所示。他们由此研究得到的结论就是长链非编码 RNA 在调节细胞命运中具有绝对的重要性。

把全部的数据整合起来，ENCODE 联盟描绘了一幅非常活跃的人类基因组的图像，里面布满了非常复杂的串扰和交互作用。本质上，垃圾 DNA 里面挤满了信息和指令。所以，我们应该再一次回忆一下本书介绍里面的一个比喻：“如果在温哥华和珀斯的暴风雨中表演《哈姆雷特》，就应该重

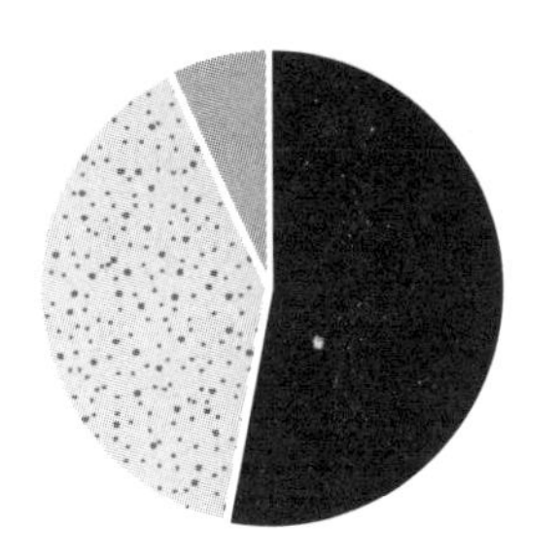

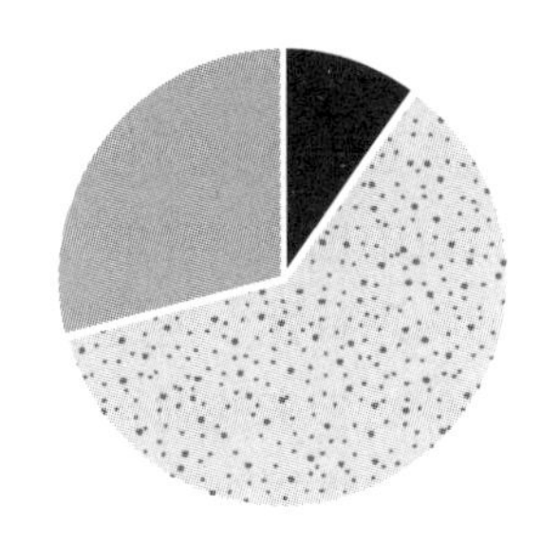

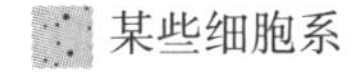

图 14.3 对 15 种不同细胞系中蛋白编码基因和非编码基因表达的分析。蛋白编码基因看起来更像是在所有的细胞系中都有所表达，而产生非编码 RNA 分子的区域则不是。

读《麦克白》这一行的第四音节。除非有个业余演员在蒙巴萨表演《理查三世》而且基多在下雨。”

这一切听起来非常令人兴奋，所以为什么还有对这些数据的巨大质疑呢？部分原因是，ENCODE 的文章对我们的基因组做出了如此巨大的论断，尤其是人类基因组中 80% 都具有功能的那句话。问题是，一些论断是基于对功能的间接测定的。尤其在从表观遗传修饰，或者其他 DNA 物理特性和相关蛋白质进行功能推断的研究中更是如此。

可能性与实际

怀疑论者认为，这些数据最多表明了一个区域具有潜在的功能，而且是否真的有用还很难说。打个比方可能会有所帮助。想象一下，有一所巨大的豪宅，但因为业主陷入困境而导致被电业局断了电。你可以想象一下落在一个滥赌鬼手中的唐顿庄园。那里可能有 200 间客房，而每个房间有 5 个开关。每个开关可能会点亮一个灯泡，但其中一些也可能根本没有连接电线（贵族们都不会自己做电工），或者也许其控制的灯泡是坏的。事实是，仅仅通过开关都在墙壁上并且可以在打开和关闭的位置之间切换这些结果，并不能真正告诉我们它们是否真的能够调节房间里面的亮度。

我们的基因组中也是一样的。可能有些区域会携带表观遗传修饰，或者有一些特殊的物理特性。但这不足以说明它们有功能。这些特性可能仅仅是周围发生的什么带来的副作用而已。

看看杰克逊·波洛克（Jackson Pollock）创造的任何一幅抽象表现主义杰作。我敢打赌他工作室的地板上一定溅满了他用于创作画作的油漆。但是，这并不意味着在地板上飞溅的油漆是他画作的一部分，或者说艺术家赋予了它们任何意义。它们只是画作的必然且不重要的副产品。同样的事情也可能出现在我们 DNA 的物理变化中。

一些研究者怀疑 ENCODE 得出的结论的另一个原因是，其使用的技术的灵敏度。研究人员使用的研究方法的灵敏度远远高于我们第一次开始探索基因组时的方法。这使得他们能够检测到非常微量的 RNA。批评者担心，这是由于技术过于敏感，导致我们从基因组中检测到的是背景噪声。如果你年纪够大的话，应该知道老式的磁性录音带，回想一下，如果你把正在播放的磁带录音机音量调到最高会发生什么。通常你会听到音乐以外的嘶嘶声。但这并不是音乐的一部分，这只是受到技术限制造成的一个必然的副产品。ENCODE 的批评者相信，类似现象也可能发生在细胞中，其噪声来自于基因组活跃区中随机 RNA 分子的低水平伴随表达。在这个模型中，细胞并没有真的激活这些 RNA，它们只是因为附近有大量的复制正在进行而导致了非常低水平的意外复制。水涨船高，但是水涨也会把水面上除了船以外的一些破木头和烂塑料瓶也一起浮起来。

当我们得到平均每个细胞中还不到一个 RNA 分子这种研究结果的时候，就会意识到该结果是有问题的。一个细胞不可能表达出介乎零个拷贝和一个拷贝之间的 RNA 分子。单独一个细胞要么不生成特定 RNA 的拷贝，要么至少生成一个。其他的情况就像是在说“差不多”怀孕一样。你要么怀孕，要么没怀，没有之间的状态。

但这并不是说我们使用的技术过于敏感了。相反，它表明了这些技术还是不够敏感。我们的方法还没有好到可以允许我们分离单个细胞来检测其中所有的 RNA 分子。相反，我们不得不分离多个细胞，分析这些细胞中所有的 RNA 分子，而后计算一下平均在每个细胞里面有多少分子。

这里的问题在于我们无法分辨一个样本里面，到底是很多细胞都表达了数量较少的特定 RNA，还是这些细胞中只有一小部分表达了很多的该 RNA。这种差别如图 14.4 所示。

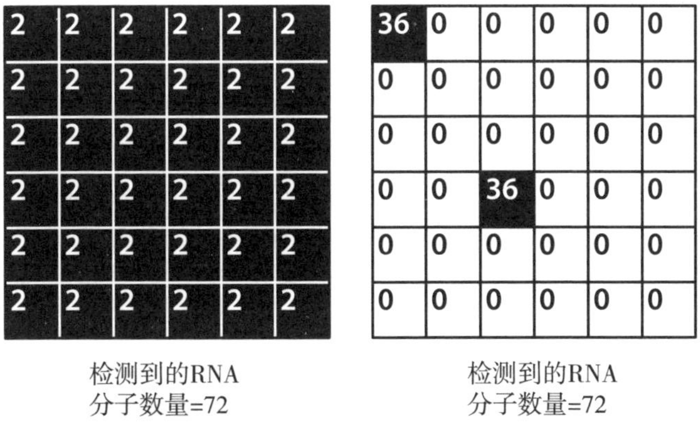

2	2	2	2	2	2
2	2	2	2	2	2
2	2	2	2	2	2
2	2	2	2	2	2
2	2	2	2	2	2
2	2	2	2	2	2

检测到的RNA
分子数量=72

36	0	0	0	0	0
0	0	0	0	0	0
0	0	0	0	0	0
0	0	36	0	0	0
0	0	0	0	0	0
0	0	0	0	0	0

检测到的RNA
分子数量=72

图 14.4　每个小方块代表一个独立的细胞。细胞里面的数字代表一个特定 RNA 分子在该细胞中的表达数量。因实验条件限制，研究者不得不分析所有的细胞。这意味着研究者只能得到整个大方块里面的分子总数，而不能区分 36 个细胞中每个都包含两个分子（左侧）与 36 个细胞中只有两个细胞而每个中含有 36 个分子（右侧）之间的差别，同样也区别不了其他的总数为 72 个分子的组合方式。

另一个问题是为了分析 RNA 分子，我们不得不将细胞杀死。结果就是，如果把 RNA 表达水平当作一部电影的话，我们只能看到这部电影的一个镜头。而事实上我们是想将这部电影看完，以了解 RNA 的表达特征到底是怎样的。这里的问题可以通过图 14.5 展示。

当然，我们最好能够通过直接实验来检验 ENCODE 得到的结果。但这还是有问题，就是这些结果太多了。我们到底选择哪个备选区域或者 RNA 分子来进行研究？更复杂的是，很多 ENCODE 论文中鉴定出的特征是巨大的复杂的相互作用网络的一部分。每个组分也许在整个版图只起有限的作用。毕竟，如果你将一张渔网的一个结点剪开，你无法破坏整个渔网的功能。那个被你剪开的洞可能会放走几条鱼，但这点损失对于全部收获来讲

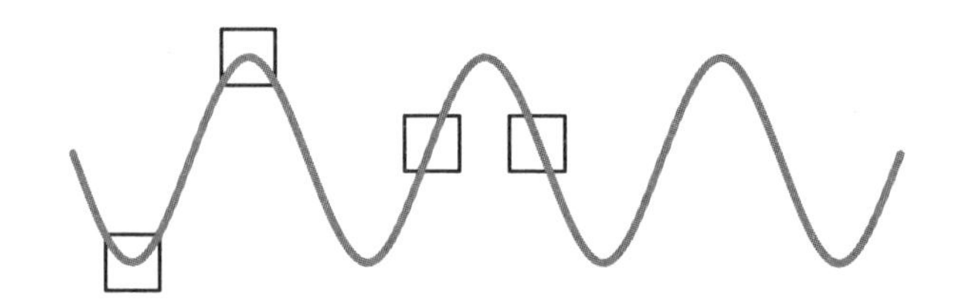

图 14.5　细胞里一个特定 RNA 的表达也许是有周期特征的。方块显示的是一个研究者获得细胞样本来分析 RNA 分子表达的时间点。来自不同组织或者不同细胞群间的结果之间可能大相径庭，但是这也可能仅仅反映了一个依赖于时间的波动，而不是真正的生物学上的差异。

不会有很大的影响。但这并不意味着所有的这些结点都不重要。其实它们都非常重要，因为它们是并肩战斗的。

进化的战场

ENCODE 论文的作者以及评论者，都是利用数据来得出关于人类基因组进化的结论。造成这种情况的部分原因在于一个明显的矛盾。如果人类基因组的 80% 具有功能，那么应该可以预测，人类基因组与至少其他哺乳动物的基因组之间应该有一定程度的相似性才对。可问题是，人类基因组中只有 5% 在哺乳动物类中是保守的，而保守区又主要是蛋白编码部分。为了解决这个明显的矛盾，作者推测，调节区域最近出现了进化，并且主要集中在灵长类动物中。通过不同人群 DNA 序列变异的大规模研究中得到的数据，他们的结论是，在人类中调节区域的多样性相对较低，而在完全没有功能的区域中则要高得多。评论之一使用甚至如下探讨得更深。蛋白编码序列在进化中是高度保守的，因为特定的蛋白质通常会出现在一个以上的组织或细胞类型中。如果蛋白质序列发生改变，改变后的蛋白质可能在某些组织发挥更好的功能。但是，同样的变化可能会对其他依赖于该蛋白质的组织出现致命的影响。这作为一个进化压力从而维持了蛋白质序列的保守性。

但调节性的 RNA，它们并不编码蛋白质，所以具有更强的组织特异性。因此，它们受到的进化压力要更低，因为一种组织往往只依赖于一种调节性 RNA，而且很有可能仅仅在生命的一段时期或者在响应某些环境改变的时候才起作用。这就在相当程度上减轻了进化对调节性 RNA 的压迫，并且允许我们在这些区域上跟我们的哺乳动物表亲有所不同。但在人类群体中，进化压力一直在保持着这些调节性 RNA 序列的优化。

当谈到分歧时，生物学家往往是一个相当内敛的社会群体。尽管偶尔在一次会议上会出现咄咄逼人的提问和答辩，但一般的公开声明都很谨慎。在发表的论文中更是如此，其谨慎程度还要高于会议发言。当然，我们都知道如何在字里行间里找寻作者的真正意思，如图 14.6，但通常情况下，发表的论文都经过了精心措辞。这就是为什么对相对的旁观者来说，ENCODE 的辩论特别有趣的原因。

图 14.6 科学家们通常说得很礼貌（左手边的句子），但实际上有时候心口不一（右手边的想法）。

最直截了当的回应主要来自进化生物学家。这毫不奇怪。一般说来，进化学是一门情绪比较容易激动的生物学科。通常情况下，它的子弹是针对神创论的，但是，它的加特林机枪也可以转向其他的科学家。表观遗传学家们的关于父母能够将获得性特征遗传给后代的工作一直被进化生物学家猛烈攻击，现在 ENCODE 帮他们分担了不少火力。

对 ENCODE 最愤怒的批评包括如下表达，“毫无逻辑”、“不负责任的轻率”和“错误地使用了错误的定义”。只是以防万一，我们始终有点怀疑他们的目的是什么，这些作者在他们的文章中利用如下的咒骂进行了总结：

> ENCODE 论文的作者之一预测其结果将导致一些教科书的重写。我们非常同意，很多着力于市场营销、大众媒体炒作和公关的教科书确实需要重写。

这条批驳的批评重点在于 ENCODE 作者对功能的定义、分析数据的方式以及得出的关于进化压力的结论。其中的第一条我们已经描述过，用的是杰克逊·波洛克和唐顿庄园的比喻。在某些方面，这些问题在很大程度上源于很难将数学从生物学中剥离。ENCODE 的作者主要是通过使用统计和数学的方法诠释数据集。怀疑论者认为，这会导致我们走上死胡同，因为它没有考虑到生物学的关系，而这些都是非常重要的。他们用了一个非常有用的比喻来解释这一点，心脏之所以非常重要，是因为它能够将血液泵向全身。这是生物学上的重要关系，但是，如果我们仅仅通过数学推导的方式来分析心脏的行为，我们会得出一些荒谬的结论。这些结论可能包括，心脏之所以存在是因为它可以增加身体的重量，并用以产生“噗通、噗通”的声音。毫无疑问，这两件事情都是心脏做的，但它们并不是其功能。它们只是心脏真正作用的偶然伴随产物。

这些作者对分析方法的批评源于他们觉得 ENCODE 团队的算法没有保持一致。这样的一个结果就是，一个大区域的作用可能会导致分析结果的错误。例如，如果一个 600 个碱基对的元件被分类为有功能的，而事实上其中有作用的部分只有 10 个碱基对的话，这会导致基因组中被定义为有作用的百分比的数据出现显著偏差。

进化方面的争论在于他们认为 ENCODE 的作者们忽视了一个标准模型，就是某个区域的大量变异往往反映的是进化选择的缺乏，而反过来这又意味着它们是相对不重要的。如果你想推翻这样一个长期坚持的原则，你需要有很强的理由才行。但批评者声称，ENCODE 的论文，虽然含有大量的数据，但却仅仅来源于人类和其他灵长类动物。显然，如果想得到一个进化的结论，其涵盖的范围过于狭窄了。

双方都进行了有趣的科学争论，但我们也不能完全相信 ENCODE 是出于纯粹的科学目的而付出精力和热情的。我们不能忽视其他的，非常人文的因素。ENCODE 是大科学的一个例子。这通常意味着巨大的合作和巨量的资金消耗。科研的预算不是无限的，当资金用于这些大科学计划时，就意味着用于那些更小的和更不确定的研究的经费会减少。

基金部门为了平衡这两种类型的研究费尽心思。很多情况下，大科学研究只有在能够产生刺激大量其他科学的资源的时候才会被资助。人类基因组计划就是一个典型的例子，但我们应该意识到，它也受到了很多批评。但对于 ENCODE 来说，争议并不存在于其获得的原始数据，而是在于如何解读这些数据。这使得它与批评者眼中那种纯粹的基础设施投资不同。

ENCODE 的总投资额加起来大概达到了 2.5 亿美元。如果用于资助类似关注于探索的独立项目的话，估计能够资助至少 600 项。选择如何分配这些基金是一种平衡行为，必须同时顾及到分散和集中。

一家名为 Gartner 的公司创建了一个图形，用以显示新技术是如何被感知的。这就是所谓的“炒作周期”（Hype Cycle）。一开始，大家都非常兴奋——“期望膨胀的高峰”。当新的技术并没有改变你生活的一切后，就有一个崩溃会导致“失望的低谷”。最终，每个人都平静下来，理性地认知稳定增长，最后达到一个平稳状态。

因为对立群体的强烈两极分化，在 ENCODE 这类事件中，这个周期呈现非常压缩的状态。期望膨胀的那些科学家跟低谷的那些科学家在完全相同的时间里同时活跃着。其他人则几乎每一个都非常务实，并在需要的时候使用 ENCODE 的数据。它通常可以在一个独立科学家发现某些有趣的事情的时候提供帮助。

15 无头的皇后、奇怪的猫和肥胖的小鼠

ENCODE 项目在人类基因组中鉴定出了大量的潜在功能元件。鉴于此庞大的数目，很难决定从哪一个入手进行试验鉴定。但这项任务可能并不像它看起来那么困难，这是因为，自然，会一如既往地指明道路。近年来，科学家已经开始鉴定出那些由基因组调节区域的微小变化而引起的人类疾病。以前，这些可能被忽略为垃圾 DNA 的无害随机突变。但我们现在知道，在某些情况下，基因组中一个明显不相关区域上的仅仅一个碱基对的变化都可能对个体产生一定的影响。在极少数情况下，其效果是如此显著，导致生命本身都变为了不可能。

我们先从不那么惊人的例子开始，但这个例子要把我们带回到大约 500 年前，英格兰亨利八世统治时期。当时的大部分英国学生都学过一段有用的节律，来帮助自己记忆这位臭名昭著的国王的六个妻子的下场：

> 离婚、砍头、死掉，
> 离婚、砍头、活着。

第一位被砍头的妻子叫做安妮·博林（Anne Boleyn），未来的伊丽莎白女王一世的生母，都铎王朝的医生们对其进行了诽谤，使安妮·博林的外貌被形容得看起来像 16—17 世纪的女巫一般。她被描绘成龅牙，下巴上有颗大痣且右手有六根手指。关于这个额外的手指的传说已经在民间广为流传，但没有任何一点证据能证明这是真的。

也许，这个故事能够被接受的原因之一是因为它并不是完全荒谬的。如果史书声称前皇后有三条腿的话，可能就没人信了。确实有天生多一根手指的人，但通常，他们每只手上都有一根额外的手指，而不是只有一只手上有。

有一个蛋白编码基因对于手和脚的正常发育至关重要（这个蛋白被称为音速刺猬，即SHH。研究者通过这种方式给予该基因漫画性的名称。但现在已经不建议这么叫了，因为当一位遗传咨询师向具有严重遗传疾病的患儿的父母介绍情况时，这个名称显然不那么合适）。这个蛋白质是一种形态发生因子（morphogen），意思是管理着组织的发育模式。该蛋白质的作用与其浓度紧密相关，在发育的胚胎里有一个梯度效应，就是那里一个区域的浓度很高，而周围组织中的浓度则逐渐减低并消逝。

垃圾DNA 连指手套和小猫

一个由该形态发生因子控制的特征就是手指的数量。如果蛋白质表达水平出现错误，婴儿出生时就会发生多指。十多年前研究人员发现，某些情况下，这个额外的手指是由一个微小的基因变化引起的。这不是在形态发生因子的基因里面，而是在离它有大约100万个碱基对那么远的垃圾DNA区域中。他们研究了一个荷兰的大家庭，其中多指显然具有遗传特征。所有受到影响的96个人都在垃圾中有一个碱基出现了改变。取代了正常的C（胞嘧啶）碱基，这些患者有一个G（鸟嘌呤）碱基。无症状的亲戚在这个位置上则是C（胞嘧啶）碱基。这种单碱基变化也在其他出现多指人员的家庭中有发现。他们在基因组中的突变位置跟荷兰家庭出现的区域相同，但距前者的突变位置大概有200～300个碱基对的距离。

带有这些单碱基突变的垃圾区域是形态发生因子基因的一个增强子（这个增强子区域被称为ZRS，定位于7号染色体的长臂上）。为了创造正确的身体特征，形态发生因子的时间和空间的表达被一整套调节因子严密地控制着。在有突变并出现多指的患者中，该增强子的活性只有一点点的异常升高。这个微小变化导致的显著影响显示了该控制是多么的重要和精密。

这里有另一个有帮助的小测试。买手套遇到麻烦的荷兰人和一位20世纪美国文学界的伟大人物之间有什么联系？没有？放弃？那么，在20世纪30年代，一艘船的船长赠给了欧内斯特·海明威（Ernest Hemingway）一只猫。这只猫与通常的猫不同，它前爪上有6个脚趾而非正常的5个。现在，在海明威的家里有大约40只这只猫的后代，其中约半数猫的前爪都有

6 个脚趾。很容易就能在互联网上找到这些猫的照片，它们在可爱的同时又有点吓人。

与在多一个手指的人类中发现的增强子区域出现的改变一样，海明威的猫的相同基因区域也出现了改变。通过把该增强子插入另一动物的基因组中，我们就可以确认这种改变能够导致形态发生因子表达的变化。受试的动物过表达了形态发生因子并在每只前爪上都长出了一个多余的脚趾。出人意料的是，该作用出现在将猫的 DNA 插入小鼠的胚胎中以后。一个真正的猫鼠游戏。

在英国，我们也会发现前爪多了 1 个脚趾的猫，这些猫的相同的增强子上也发现了改变，但并不是完全相同的变化。该变化位置距离海明威的猫的变化位点有两个碱基的距离，位于一个进化中非常保守的三碱基对元件上。在人和猫中，与前肢多指相关的增强子区域大约有 800 个碱基对长，而且其中绝大部分从人到鱼都高度保守。这提示对肢体发育的控制是一个非常久远的系统。

垃圾DNA 形态发生因子和面部发育

控制手指发育的形态发生因子对其他的发育过程同样重要，包括大脑前部和面部的形成过程。如果该过程出了错，其影响可以非常轻微：比如仅仅是唇裂。但是，在其他极端情况中，形态发生因子的表达被严重干扰，就会产生灾难性的后果。大脑和面部可能会完全异常，包括没有正确的大脑结构的形成。在最严重的病例中，患病的婴儿出生时只在额头正中有一只畸形的眼睛并且大脑发育严重受损。这些婴儿根本不能存活。

这一疾病被称为全前脑畸形（holoprosencephaly）。罹患此病的不同家庭会源于不同蛋白编码基因出现的突变。很多这些基因与前面提到过的形态发生因子的表达有关。在一些病例中，编码形态发生因子蛋白的基因自身出现了突变。导致该功能蛋白仅能由一条染色体生成，而不是正常的两条，从而使发育中的胚胎仅能产生正常形态发生因子数量一半的量。受累个体出现的异常显示在发育的关键期，形态发生因子的表达水平达到正确的阈值是极其重要的。

并不是所有导致全前脑畸形的突变都已经被鉴定出来了。研究者对大约500名患者的DNA进行了研究。他们意外地在一名重病幼儿中发现了一个在垃圾DNA区域出现的改变。这是一个单碱基改变，从C（胞嘧啶）变成了T（胸腺嘧啶），在一个距离形态发生因子基因大约450000个碱基对远的区域里。

这个从C到T的改变出现在一个相当保守的十碱基对元件里，这个元件从35亿年前我们的祖先跟蛙类分道扬镳的时候就一直保守下来。因此我们可以猜测，这段看起来像垃圾一样的区域一直被进化所保留并确有功能。在这个特定的增强子上，C与一个转录因子蛋白质进行了结合（该转录因子被称为Six3）。这里有转录因子结合不太寻常，因为它们通常识别启动子上面的特异性DNA序列，并与之结合。转录因子结合到启动子后，最终会开启一个基因。这个增强子上面的关键转录因子能够与正确位置上C的十碱基对元件结合，而不是含T的。

在450名无血缘关系的正常对照组中，并没有发现该增强子上有从C到T的改变。这看起来可能提示了这个改变就是导致这名患者出现问题的原因，但请记得，重要的是，还有大约相同数目的患者没有出现这种改变。这名婴儿的母亲没有患病，如预期的一样，她的染色体上含有的是正常的C。但是出乎预料的是，患儿的父亲在那个增强子上面有跟孩子一样的基因序列。一条染色体上面是正常的C，而另一条上面是T。但这位父亲完全没有任何全前脑畸形的症状。

尽管这看起来像是否认这种C到T改变的作用的强有力的证据，但事情并没有那么简单直接。在全前脑畸形中，即使该病是由形态生成因子基因本身突变导致的，一个家庭中有不同的表现是非常常见的。携带这种突变的家庭成员中最多有30%没有症状，而其他的人则具有大相径庭的表现。第一种情况被称为外显率多样性（variable penetrance），而第二种则是表型多样性（variable expressivity）。

不幸的是，这些都是生物学家发现的一种现象，给它取一个华丽的专业名称后就将其束之高阁的经典案例。这些词是用来描述现象的，但我们忘记了，我们真正不了解的是这为什么会发生。一个仍然知之甚少的领域是迷人的。在某些人中，基因组里面可能会有其他一些微妙的序列变异，用以弥补DNA变化的影响。这可能包括其他增强子的作用变得更加强烈，从而促进了形态发生因子的表达。也有可能在某些人中会出现表观遗传学的补偿，从而将该关键基因的表达方向进行纠正。也可能是两者都有，或者还有其他我们尚未确定的因素。

但是，由于我们发现有这种不确定性——就是具有相同基因改变的父母和孩子却有不同的症状——所以，得到额外的证据以支持该碱基变异具有影响的假说就变得很重要了。鉴定出该C到T改变的研究者确实也这么做了，他们在小鼠模型上检测了该变化的影响。他们显示当C存在的时候，这段垃圾DNA的作用就是形态生成因子表达的增强子。但是当C被T所取代后，该片段就不再具有增强子的作用，而形态生成因子在大脑中的表达水平也再没能达标。

垃圾DNA 形态发生因子和胰腺

与多指发育或者全前脑畸形多种表现相关的形态生成因子并不是唯一的由DNA调节区域上一个改变而导致的人类疾病。有一种疾病叫做胰腺发育不全（pancreatic agenesis）。患有这种疾病的婴儿出生后往往会出现严重的糖尿病。这是因为胰腺是制造胰岛素的器官，而胰岛素是调节我们血糖水平的激素。

大部分患有胰腺发育不全的家庭都在一个特定的转录因子上出现了突变（该转录因子被称为GATA6），但有少量的受累家庭则源于另一个转录因子的突变（该转录因子被称为PTF1A）。然而，有很多患病孩子的家庭中没有其他人受累，这似乎解释不通。正常情况下，我们可能会认为这些情况是随机出现的，也许是由于环境中某些未知因素的作用导致发育出现问题的结果。但分析后发现，大多数这些散发病例发生在患病孩子父母是亲属的情况下。当近亲婚姻与疾病发生率增高相关时，我们通常会发现遗传变化。这种变化会让一条染色体的两个拷贝携带同样的改变，这些疾病常见于近亲夫妇的原因如图15.1所示。

研究人员收集了散在分布的胰腺发育不全患者的DNA并分析了所有的蛋白编码区域。但是，他们无法在序列中找到任何可以解释疾病的变化。于是，他们把注意力转向了调控区域。但是，如我们之前提过的，人类基因组里面有着恐怖数量的可能的调控区域。为了缩小搜索范围，研究者先检测了体外培养的干细胞分化成为胰腺细胞的时候发生了什么。他们寻找着携带有跟增强子功能相关的表观遗传修饰的调节区域，以及那些能跟胰

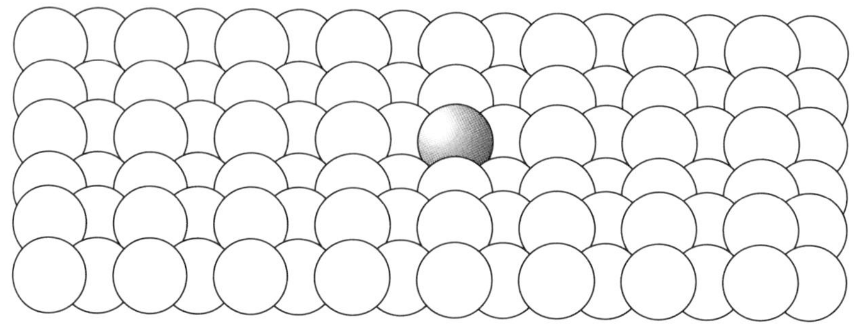

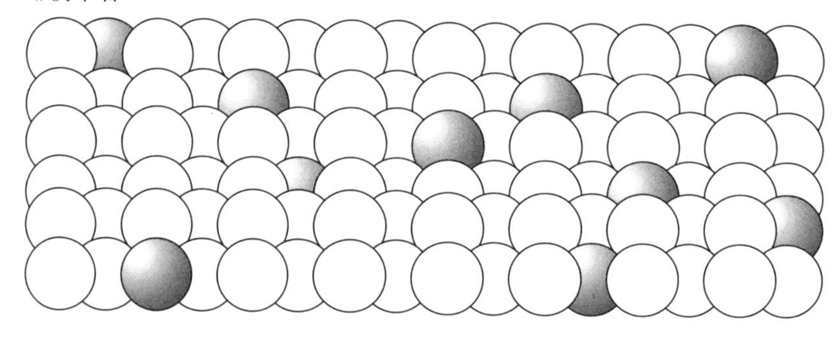

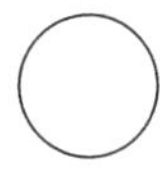

图 15.1　本图上半部分显示在总人口中，一个携带某种罕见基因突变的人遇见另一个携带相同突变的人的可能性相对较小。然而，在他们自己的家庭中，很可能别人也会携带相同的遗传变异，该情况如图的下半部。这就是为什么罕见的隐性遗传病（父母均为携带基因突变的无症状携带者）在父母有血缘关系的时候更容易表现出来，例如表亲。

腺细胞发育相关重要转录因子结合的调节区域。

缩小后的清单里面的备选区域仅仅 6000 个左右，这个数量还是很适于进行深度分析的。有 4 个患者都有一个 A（腺嘌呤）到 G（鸟嘌呤）的变化，该变化位于 10 号染色体上一个大约 400 个碱基对长的推定的增强子上。这个区域距离编码一个重要转录因子的基因有 25000 个碱基对远，而该转录因子的突变则能够导致胰腺发育不全的发生。10 个非亲属关系的患者中，有 7 个具有相同的变化，即 10 号染色体上的该增强子在本应是 A 碱基的位置上出现了 G。有两名患者出现了相似的突变，而剩余的那个患者的增强子则完全缺失了。研究者分析了大约 400 名非患病者。其中没有一个携带这种 A 到 G 的变化。

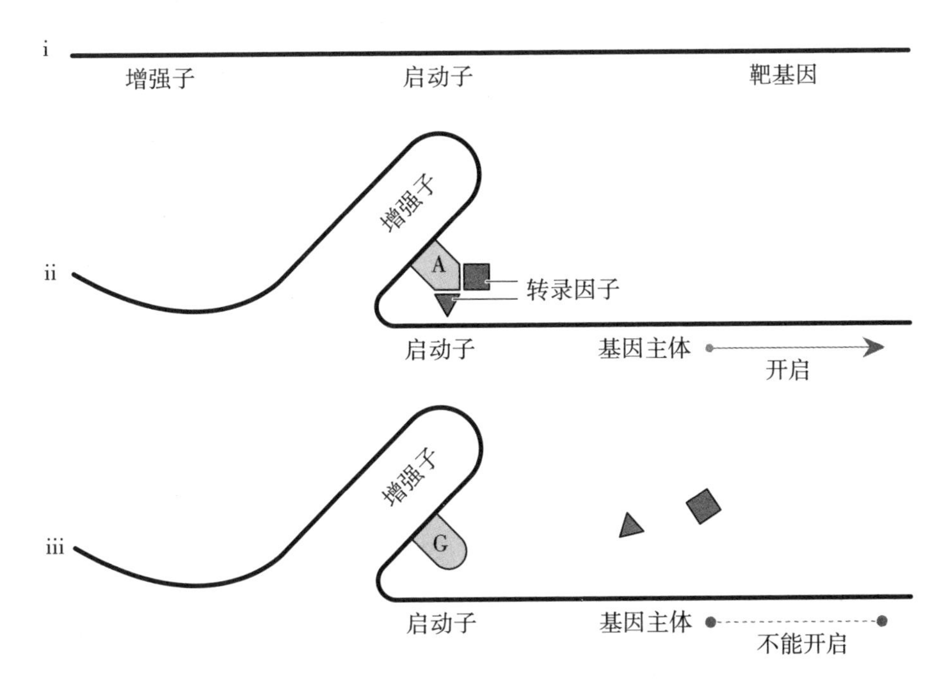

图 15.2　图 i 显示增强子、启动子和基因主体的位置关系。图 ii 中，DNA 进行了折叠，使增强子靠近启动子。当该增强子在特定位置上的碱基是 A（腺嘌呤）时，它能够结合一种叫做转录因子的特殊蛋白质。它们能够激活启动子并开启基因。在图 iii 中，该增强子上的 A（腺嘌呤）碱基被 G（鸟嘌呤）碱基所取代，从而导致转录因子不能结合。这反过来意味着它们不能激活启动子，而且该基因不能被开启。

研究者的实验显示了他们鉴定出的区域在胰腺细胞发育中能够具有增强子的作用，而当 A 变成 G 以后就会失去其增强子的活性。在进一步的实验中，他们探索了该增强子如何调节其靶基因的表达。如图 15.2 所示，增强子卷曲成环形突出以使自己靠近靶基因。该增强子通常情况下，能够与可以帮助开启靶基因的转录因子相结合。但是，转录因子只结合特定的 DNA 序列。当 A 变成了 G 以后，该转录因子就不再与之结合，从而导致它们不能正常开启靶基因。

这有点像钓鱼。在鱼钩上放条蚯蚓，然后在湖边垂钓，静待鱼儿上钩。要是在鱼钩上放点胡萝卜的话，你就别想有所收获了。鱼钩、鱼线、坠子和鱼，其他的一切都相同。但只要改变一个关键部分（鱼饵），就能彻底颠覆结果。

围绕一个主题的变奏

因为垃圾 DNA 所在的区域往往是调节区域，所以人们很容易认为出现在这里的变化肯定会导致细胞和人体上出现灾难性的后果。但是，导致这种想法的原因是，观察到异常情况比观察到正常情况更加容易和直观。尤其在我们评估患病和健康个体之间的差异时，这种情况更显著。上述案例中，调节区域里面单独一个碱基的变化就导致了恐怖的后果。但是，这种类型的变化其实有很多没那么严重的后果，而且这些也仅仅是人类多样性的一个正常部分。

例如色素沉积，色素沉积是多因素决定的，就是说受到很多基因活性的共同影响。最终的产出结果就是眼睛、头发和皮肤的颜色。通过经验我们都知道，人类这些表面的特征绝对算得上千差万别。除了有多个基因与色素沉积水平有关外，这些基因还有不同的变异体，用以创建额外的潜在的变异。

这些主要的变异之一就是一个单碱基的不同，这个位置上出现的碱基要么是 C（胞嘧啶），要么是 T（胸腺嘧啶）。如果该位置出现的是 T，就与高水平的深色素相关，而出现的是 C 的话就与低水平色素相关。（该变异碱基对称为 rs12913932）。但该变异并不是出现在蛋白编码基因上。它之所以能够影响色素沉积的原因是它是一个增强子区域，与靶基因距离 21000 个碱基对。该靶基因编码了一个对色素制造非常重要的蛋白质。我们知道这些是因为将该基因突变后，会导致白化病，就是受累个体不能生成色素（该基因称为 OCA2）。

实验已经证实该增强子能够卷曲成环突向靶点。控制靶点表达水平的转录因子根据该增强子上是 C 还是 T 碱基而产生更高或更低的效率。这与胰腺发育不全的情况非常相似，其机制也跟图 15.2 基本相同。

似乎，垃圾DNA上的单基因变化和蛋白编码基因表达之间有很多类似的联系。真正理解人类多样性和人类的健康与疾病其实很难。我们知道，很多疾病中，遗传在一个人是否会发病中有作用。在这些疾病中，一个人的遗传背景影响了患病的可能性，但这并不能解释清楚。环境也发挥了作用，而且，有时候，就是运气不好的问题。

我们可以通过了解一个家庭中某个疾病发病的频率来鉴定该病是否与遗传相关。双胞胎在这种分析中特别有用。让我们来看看亨廷顿氏病（Huntington’s disease），这种毁灭性的神经系统疾病是由一个基因上的一个突变引起的。如果双胞胎中有一人患病，他的同卵双胞胎通常也会患病（除非他夭折于不相关的原因，如交通事故等）。亨廷顿氏病100%是由遗传导致的。

但是如果我们看看精神分裂症，我们会发现，如果双胞胎中的一个患病，其同卵双胞胎也受到影响的概率只有50%。这是通过对大量双胞胎的研究得出的计算结果。这告诉我们，在精神分裂症的发病中，遗传因素只贡献了约一半的份额，还有其他不来自于基因组的危险因素存在。

研究者能够将此研究扩展到其他家庭成员中，因为我们知道家庭成员是如何分享遗传信息的。例如，非同卵的兄弟姐妹分享50%的遗传信息，如同父母和孩子一样。第一代表亲仅仅分享12.5%的基因组。使用这些信息来计算遗传在多种疾病（从类风湿性关节炎到糖尿病，从多发性硬化到阿尔茨海默病）中起到的作用是有可能的。在这些疾病，而且不止这些疾病中，遗传和环境共同发挥着作用。

如果可以找到足够数量的家庭，我们就可以分析他们的基因组以鉴定出与疾病相关的区域。但是，我们必须知道，我们将要面对的挑战与纯粹的遗传性疾病（如亨廷顿氏病）这类单纯的疾病截然不同。在亨廷顿氏病中，遗传通过一个蛋白编码基因上的一个突变而贡献了100%的作用。但是，在例如精神分裂症等疾病中，只占50%份额的遗传因素也不仅仅来源于某一个基因，而这在其他绝大部分由遗传和环境共同作用的疾病中亦然。在精神分裂症中，可能是由5个基因有作用而每个占10%，或者有二十个占2.5%份额的基因参与。或者是其他任何你能想到的组合。这使得鉴定相关遗传因素，及证明某个序列的改变确实影响到了被研究疾病的发生变得更加困难。

尽管存在这些困难，超过80种疾病和症状通过使用这些方法得到了鉴定，结果发现了数以千计的候选区域和变异。值得注意的是，这些被鉴定出的区域中近90%在垃圾DNA中。约一半是在基因之间的区域中，而另一半则在基因内部的垃圾区域里。

池鱼之殃

在我们检测到与疾病相关的一个DNA的变异后，需要非常小心。有时候，我们可能只是观察到了被殃及的池鱼而已。真正导致疾病的基因变化可能是附近一个完全不同的变异，而我们的候选者则可能只是在一旁凑凑热闹而已。

池鱼之殃的一个例子是肝硬化。评估暴露于香烟烟雾程度的一种方法是测量一个人呼吸中的一氧化碳水平。十年前，如果我们在有肝病的非吸烟者中检测这种气体的水平，我们可能会在这些人的气道中发现比正常人浓度显著增高的这种气体。一种解释（虽然不是唯一的）是被动吸烟将增加肝硬化的风险。事实上，一氧化碳含量只是受到了株连。它们可能只是反映了患者会花很多时间流连在客栈和酒吧，因为过量饮酒是导致这种疾病的主要危险因素。在许多城市出台酒馆和酒吧的禁烟令前，这些地方一般都是处于烟雾缭绕的环境中。

即使我们在分析遗传变异对人类疾病作用的时候排除了那些受牵连的“池鱼”，在对发现的结果进行假设检验时也必须万分小心。否则，我们就可能被严重误导。

我们在本章前面遇到过的，在人类色素沉积中起作用的变异实际上位于内含子中，也就是位于生成色素的那个基因的蛋白编码部分之间的垃圾DNA序列中。该基因非常大，而变异的碱基对就位于氨基酸编码区域之间第86个垃圾DNA片段里面。但该基因本身在控制色素水平方面没有任何作用。所以，我们有明确的先例提示，一个基因里面垃圾区域中的变异可能对于影响另一个基因具有重要作用。

肥胖，是鉴定遗传多样性与表型多样性之间联系的热门领域。人类基因组里面大概有80个不同的区域跟肥胖，或者其他如体重指数等的类似参数有关。

多项研究表明，与肥胖具有最紧密联系的变异是位于16号染色体上一个候选蛋白编码基因上一个单碱基对的改变（该基因被称为 FTO 或者“脂肪和肥胖相关”）。两个拷贝的该基因上都是 A 碱基的人比该位点上都是 T 碱基的人平均重 3 公斤。该改变位于这个候选基因前两个氨基酸编码片段之间的垃圾区域里。该联系在多个实验中被证实，这增强了我们的信心，让我们相信正在进行的工作是有意义的。

在小鼠身上进行的实验证实了该基因在控制体重方面确实具有重要作用，而这又坚定了我们的信心。过表达该基因的转基因小鼠会明显超重，而给它们喂饲高脂饮食后就会导致其 2 型糖尿病的发生。如果在小鼠中敲除该基因，跟正常小鼠相比，它们就会具有较少的脂肪组织和更纤细的身材。即使让该基因敲除小鼠充分进食，它们也会燃烧更多的卡路里，即便在没有运动的情况下。

这让大家异常兴奋。因为这意味着如果科学家们能够找到一种办法来抑制人体中该基因的活性，他们可能就会发明一种抗肥胖药物。但还有一个问题需要解决，我们还不能完全确认这个候选基因在细胞中的功能，这会给创制新药带来困难。但是，至少我们有了一个起点。来自人类和小鼠的数据都显示，该基因编码了一个在肥胖和代谢中都具有重要作用的蛋白质。这也产生了一个合理的假设，就是与肥胖相关的碱基对变异影响了基因本身的表达。

塞缪尔·L.杰克逊（Samuel L. Jackson）在电影《特工狂花》中扮演的米奇·赫尼西（Mitch Henessey）说的那句不朽名言，“假设——就是让人信以为真的屁话。”当然，事后诸葛亮是件很容易的事，所以也没有必要对正在探索蛋白质作用的科学家们过分苛求。这似乎只是大自然不愿意轻易被我们揭去面纱的一种方式。

下面是为什么那个单碱基对变异会导致人类生理学表现出现差异的真正原因。在距离之前描述的那个关键单碱基对改变大概 500000 个碱基对远的地方，有另外一个蛋白编码基因（该基因被称为 IRX3，或者易洛魁族同源框蛋白 3）。原来的那个基因中的垃圾区域与第二个基因的启动子有相互作用，从而改变其表达模式。本质上，这个垃圾区域的作用是增强子。该效应可见于人类、小鼠和鱼类，提示这是一个古老而重要的交互作用。

研究者检测了超过 150 个人类大脑中第二个基因的表达水平。在该垃圾/增强子区域上的碱基对变异与第二个基因的表达水平具有显著的相关性。但是，在碱基对变异跟第一个候选者表达水平之间并没有发现任何相关性，尽管该变异是位于这个基因内部的。

当研究者将小鼠中的第二个基因敲除后，与正常动物相比，这些小鼠非常苗条，具有很低的脂肪含量及升高的基础代谢率。事实上，这是人们第一次意识到第二个基因才是那个与代谢相关的基因。

我们所举的这个例子跟前面遇到的人类色素和胰腺发育不全的例子非常类似。事实上，在第一个肥胖相关基因中的垃圾区域里有很多不同的碱基对突变。这提示，所有的这些突变可能都具有相同的作用，就是说，它们改变了增强子的活性，从而改变了五十万个碱基对以外的目的基因的表达水平。

当然，小鼠来源的数据提示第一个基因，就是在它的垃圾 DNA 上包含有突变的那个基因，可能在肥胖和代谢中具有一定作用。当然，我们可以从实验的角度提问，了解该单碱基对突变如何发挥其作用及意义，这在新药研发领域具有积极意义。

开发新药面临的许多问题之一就是，通常情况下，药物会对一些患者有效，而对其他某些患者无效。这导致了很多额外的问题出现。这意味着制药公司不得不进行大规模的临床试验以确认其药物是否有效，因为他们不得不在所有的可能性下测试药物。这也就意味着在临床实践中使用该药物也很费钱，因为医生会将该药物提供给所有有相关症状的患者，但只在部分患者中起效。

近年来，制药公司一直都在试图创造一些所谓的“个体化药物治疗”。这意味着，他们尝试在提前就知道哪些患者需要治疗的前提下进行药物的开发工作，而这通常是基于对他们的遗传背景的了解。这可能是非常有效的。这意味药品开发成本的减少和证书获得的加快，而且只会提供给确认可以受益的患者。这对提供医疗保险的机构很有利，因为他们不必再花很多冤枉钱在那些对药物无效的人身上。这对患者也是好消息。因为所有的药物都可能有副作用，如果我们已知可能得到的疗效有限的话，我们大可不必去冒承担副作用的风险。目前能够真正受益于此方法的药物主要是治疗乳腺癌、一种血癌和肺癌（最近才成功）的药物。

开发“个体化药物治疗”的关键步骤就是确定可信的生物标记物。这些生物标记物会告诉我们你的药物会对你患者中的哪一位有效。理论上，我们希望具有相关生物标记物的人群会 100% 对该药有反应。但是，如果你有了一种疾病的生物标记物，而你却把它跟错误的靶点联系起来，这样就会出问题。你会制造一种药物，而后你认为它会对患者有效，而事实上却没有。这是可能发生的，因为在关联的环路中可能会有断口，如图 15. 3 所示。

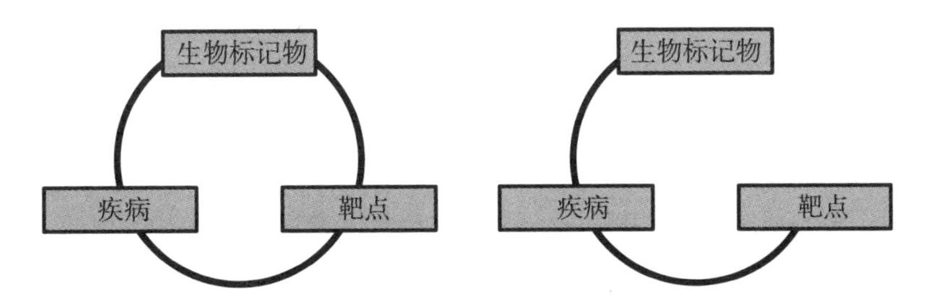

图 15. 3　左图显示了一个完美的生物标记物、疾病和靶点间的关联模式。右图表示，在靶点和特定生物标记物的出现或者缺失之间没有关联。在这种情况下，该生物标记物对于预测靶向此靶点的药物对于患者是否有效就不具有意义。

毫不夸张地说，抗肥胖药物的潜在市场是非常巨大的。而且目前已经有制药公司开始以我们前面提过的第一个基因为靶点进行药物研发了。只是他们似乎遇到了问题，如果找不到挽救的方法就可能要面临终止的命运。所以，在没有有效的抗肥胖药物这段期间里，控制体重和锻炼身体仍然是我们最好的选择。

16　非翻译区中的迷失

故意伤害儿童是非常严重的犯罪。在很多国家，急救部的工作人员会对不明原因的婴儿和幼儿骨折进行留意和跟踪。经常出现这样的病例会导致儿童被进行监管，很少或不允许其父母对儿童探访，甚至起诉并监禁父母双方或一方。

保护儿童当然是必要的。但如果出现父母是无辜的，仅出于医疗方的误判的话，这种做法对孩子们是何等的梦魇。尽管这种司法错判的比例非常小，但对家庭的影响却绝对是灾难性的。自由的丧失、婚姻的破裂、社会的歧视，以及最令人心碎的亲子接触的失去。

一种遗传性疾病能够导致对这种儿童受伤行为的误判。这种疾病被称为成骨不全症（osteogenesis imperfecta），我们通常将其称为脆骨病。患有脆骨病的人非常容易骨折，有时候轻微的甚至都不会导致正常孩子挫伤的创伤都会导致骨折。同一块骨头可能会反复骨折，而且可能愈合不完全，所以随着时间的发展，患病者就越来越行动不便。

我们也许会认为这种疾病很容易被鉴别出来，所以，觉得会对他们的父母进行误判是很奇怪的事。但是，事实没有那么简单。首先，脆骨病的发病率在儿童中只有十万分之六到七。一名医生可能从来没有见过这种病，尤其是在他们刚工作不久的阶段。但不幸的是，他们可能之前会遇到不少儿童虐待的案例，从而会更容易对脆骨病做出误判。

做出诊断也是很困难的，因为根据严重程度和发病的细节，脆骨病至少有 8 种不同的表现形式。在最极端的情况下，婴儿在出生之前就已经出现了骨折。不同的脆骨病的表现形式源于不同基因上出现的突变。最常见的一个是胶原纤维的缺失，这是一种保证骨骼具有一定弹性的非常重要的蛋白质。尽管我们通常认为骨骼非常坚硬，但对骨骼来说，具有一定的弹性也非常重要，这样它们在受到外力的时候就会弯曲而不是折断。这也是我们为什么要告诫孩子们不要去爬已经枯死了的树，因为那些没有弹性而已经干透了的树枝非常容易折断，而活着的树上的那些绿色的可以弯曲的枝干就没那么容易折断。

在绝大部分的脆骨病病例中，只有一个基因的一个拷贝出现了突变，另一个拷贝（因为我们从父母那里各继承了一个拷贝）是正常的。但有一个正常的拷贝并不足以弥补“坏”基因所带来的影响。通常情况下，我们会发现患病儿童的父母中的一方也是患者。这个患病的父亲或者母亲就是将疾病遗传给孩子的人。但是，如果突变是新发生的，是在制造精子或者卵子的过程中发生的，患病儿童的父母就不会出现任何症状。而这又常见于非常严重的脆骨病患者中。这就使得急救室中的医生很难去识别出他们面对的疾病实际上是由一个突变导致的。

但是，如果医生怀疑一个婴儿可能是脆骨病患者的话，他可以申请一个基因检查以确定他的诊断。这种基因诊断包括对已知的所有与脆骨病发病相关的基因的序列分析。科学家们会首先通过申请里面的对症状的详细描述来判断患者罹患的是哪种类型的脆骨病。而后，他们会先对最可能的基因进行测序，寻找那些导致了强壮骨骼所需蛋白质改变的突变。

这样通常会奏效。但是，不可避免地，我们发现有部分患者具有脆骨病的所有症状，但已知的参与此病的蛋白质的氨基酸序列没有出现任何的突变。这正是科学家所面临和试图了解的发生在少数韩国家庭的一种特殊类型的脆骨病（5 型成骨不全症）。在这个类型的病例中，有特征性的骨折模式，而且还有很奇怪的后续效应。当骨骼受伤后，无论是骨折本身或用于修复的医疗干预，都导致患者的身体出现一种不同寻常的反应。就是在损伤的部位周围沉积了过多的钙，以使在 X 射线下形成了可见而明显的浑浊的效果。

同时，其他的研究者正在分析一名来自于一个德国家庭的孩子，他患有同样的高度异常的脆骨病。值得注意的是，不管是韩国还是德国的病例，都是由一个相同的突变而导致的。患儿从父母那里继承来的 30 亿个碱基对中，仅仅有一个碱基对出现了改变。而这个碱基对并不在基因的氨基酸编码区域中，它处于垃圾 DNA 中。

垃圾DNA 起始和结束

这个位于垃圾区域的突变我们之前已经遇到过。在第2章，我们知道了蛋白编码基因是如何由模块进行组装的。这些模块首先全部被复制到信使RNA中，各种模块被组合在一起。没有编码蛋白的区域在剪接的过程中被移除。

但是，有两个区域的垃圾DNA通常在成熟的mRNA中被保留。如图2.5所示，而且在图16.1中重新展示了一遍。因为这些位于信使RNA的起始和结束位置的区域会被保留，而且又不会被翻译成蛋白质，所以它们被称为非翻译区（它们通常被简写为UTRs，即非翻译区的英文缩写。在信使RNA起始端的被称为5’UTR，在结束端的则被称为3’UTR）。尽管它们并没有对正常蛋白质的氨基酸排序做出贡献，但研究者已经鉴定出这些非翻译区与蛋白质表达和人类的健康与疾病有关。

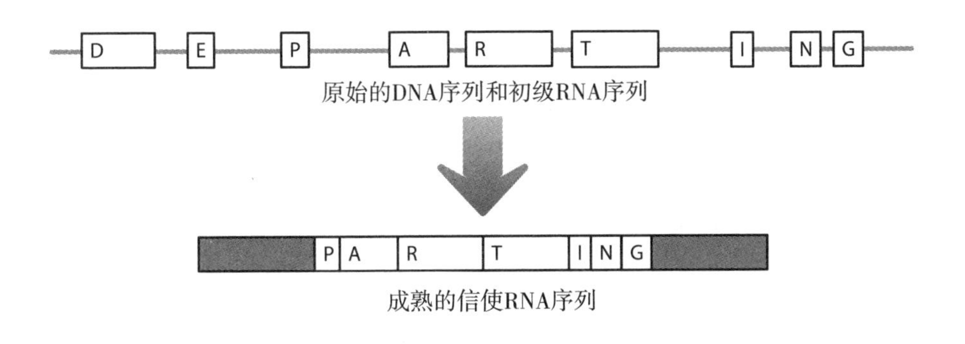

图16.1　即使信使RNA的氨基酸编码区域被剪接完成后，该分子中仍有一些垃圾RNA被保留下来，位于起始端和结束端。

韩国的研究者们分析了19名患者的DNA序列。其中13名来自于3个受累家庭，另外6名是孤立病例。这19名患者在一个特定基因（该基因被称为IFITM5）的蛋白编码区域起始端的非翻译区中都具有一个C（胞嘧啶）碱基到 T（胸腺嘧啶）碱基的变化。而在其他未受累的家庭成员中或者 200 名同种族的无血缘关系的人群中没有发现该 C 碱基到 T 碱基的改变出现。

几乎在同时，5000 英里（8000 公里）外的德国科学家在一名患有相同类型脆骨病的少女和另一名无血缘关系的患者中也发现了相同的突变。这两个病例中的突变是新获得的，它并不是由父母遗传而来，而是在制造精子或者卵子的过程中出现的。科学家们分析了 5000 名正常人的基因组相同区域，都没有出现该突变。

当我们看图 16.1 中信使 RNA 的示意图时，可能会有一点混淆。示意图中，蛋白编码区域和非翻译区用不同的颜色被区分开了，所以我们很容易分清彼此。但是，细胞里面并非如此，事实上，它们在序列水平上看是完全一样的，因为它们都是由 RNA 碱基构成的。

对于较低英语水平的人来说，下面这句话也很容易理解：

Iwanderedlonelyasacloud

尽管所有的字母都连在了一起，我们还是能够识别出每个单独的单词，并且理解成如下这句话：我如一朵孤独的云般四处飘荡（I wandered lonely as a cloud）。细胞中也是这样，它能够识别出信使 RNA 中非翻译区和氨基酸编码区域里面序列的区别。

将信使 RNA 翻译成蛋白质是由核糖体负责的，我们在第 11 章介绍过该过程。从信使 RNA 分子的起始端开始，信使 RNA 被“喂”到核糖体里面。但是，什么事情都不会发生，直到核糖体读到一个特殊的三碱基序列，AUG（如在第 2 章提过的，DNA 中的 T 碱基在 RNA 中通常被一个稍有不同的被称为 U 的碱基取代）。这个信号通知核糖体可以开始将氨基酸拼接在一起并制造蛋白质了。

使用我们上面用过的例子，就像是我们会读到下面这句话一样：

dbfuwjrueahuwstqhwIwanderedlonelyasacloud

大写的字母 I 就是那个通知我们开始阅读正确单词的信号，其作用跟翻译过程中 AUG 提供的信号一样。

在韩国和德国脆骨病患者的基因中，非翻译区里正常 DNA 序列上的 ACG 变成了 ATG（在 RNA 中就是 AUG）。其后果就是核糖体过早地开始了制造蛋白链的过程。如图 16.2 所示。

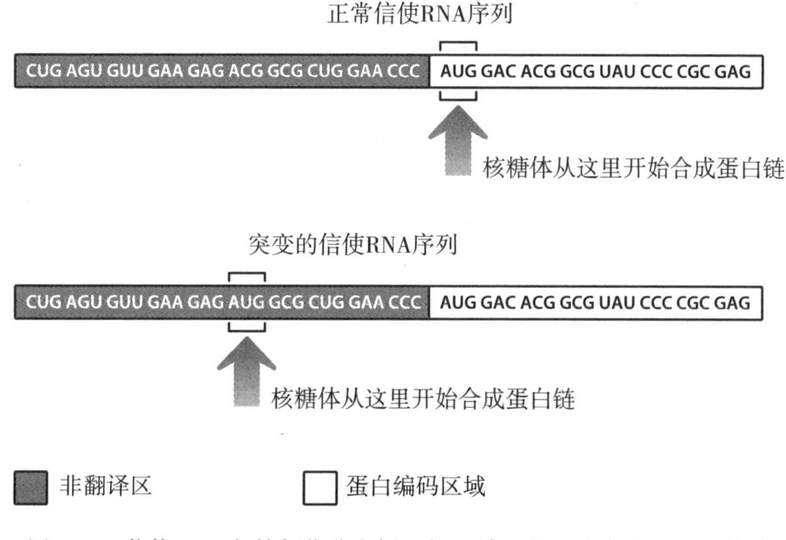

图 16.2　信使 RNA 起始部位非翻译垃圾区域上的一个突变误导了核糖体。核糖体过早地开始将氨基酸组装在一起，产生了一个在起始端具有多余序列的蛋白质。

这导致了一种奇怪的现象，就是垃圾 RNA 变成了蛋白编码 RNA。这使得正常蛋白质的起始端上增加了 5 个额外的氨基酸，如图 16.3 所示。与该类型脆骨病相关的这个蛋白质同时具有胞外和胞内的部分。垃圾 DNA 改变增加的 5 个氨基酸出现在其胞外的部分上。

目前并不清楚为什么这 5 个氨基酸能够致病。之前在啮齿类动物上的实验显示，这种蛋白质过多或者过少都会导致骨骼的缺陷，所以很显然具有准确数量的这种蛋白质是很重要的。这额外的 5 个氨基酸在该蛋白质上的位置，可能恰好处于向骨细胞传递信号的蛋白质或者分子会结合的位置上。具有这 5 个额外的氨基酸可能会导致该突变蛋白质无法正确地进行反应，如同将房间里的烟雾探测器用口香糖挡住一样。

脆骨病并不是人类中唯一一种由起始端非翻译区突变导致的疾病。在一种恶性程度极高的皮肤癌症——黑色素瘤中，大约有 10% 的案例具有很

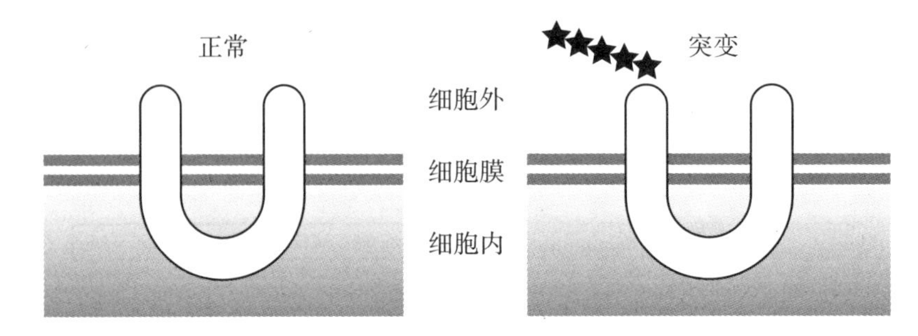

图 16.3　右边的 U 形蛋白质在起始端具有 5 个额外的氨基酸，用星形表示。这些额外的氨基酸可能会影响该蛋白质与其他蛋白质间的相互作用。

强的遗传性。在部分由遗传导致的该病病例中，已经鉴定出一种突变，其作用机制跟脆骨病的发病机制非常相似。本质上，就是在一个基因起始端非翻译区里面的单个碱基改变导致信使 RNA 中出现了一个异常的 AUG。这再次致使核糖体过早地开始了氨基酸组合的工作。使得产生的蛋白质在起始端具有了多余的氨基酸，于是该蛋白质就具有了异常的活性，升高了癌症发生的概率。

通常，我们在过于少量样本得到结论的时候需要非常谨慎。不是所有位于非翻译区的突变都会产生新的氨基酸序列。有另外一种皮肤癌，恶性程度比黑色素瘤要小得多。它被称为基底细胞癌，也具有很强的遗传倾向。在患该病的一名父亲和女儿中，研究者发现他们都具有一个罕见的突变。

在一个特定基因的起始端非翻译区中通常包含有重复 7 次的 CGG 序列首尾相连。受累父亲和孩子则多含有一个拷贝的 CGG。拥有 8 个重复序列的人比有 7 个的更容易患基底细胞癌。该突变并没有改变由此基因编码的蛋白质的氨基酸序列。事实上，多余的三个碱基似乎是改变了信使 RNA 被核糖体处理的方式，但具体情况尚不清楚。导致的结果就是患者的细胞表达的该蛋白质水平显著下降。

癌症是一种多因素的疾病，尽管这些位于特定基因起始端非翻译区的突变会使罹患癌症的易感性增高，但是其他因素也可能会发挥相应的作用。

垃圾DNA 起始端的突变

我们之前已经遇到过一个疾病，其中一个遗传而来的在基因起始端非翻译区的突变能够直接导致发病。这就是导致智力障碍的脆性X染色体综合征。提醒一下，该突变可是非同寻常的。一个CCG的三碱基对序列比正常情况重复了过多次。该重复元件只要不超过50个拷贝就被认为是正常范围，50~200个拷贝就属于异常，而且可能跟疾病有关。但是一旦重复元件的数量达到这个数值，它就会变得非常不稳定。为细胞分裂而拷贝DNA的组件似乎不会对数量巨大的重复元件进行计数，有时候甚至还会制造出更多的该重复元件。如果这发生在配子里面，受累的儿童可能会在他们的基因里面含有数百甚至上千的该重复元件，从而发生脆性X染色体综合征。

重复元件越长，脆性X染色体基因的表达量就越低。如我们之前见过的，这是由于其跟表观遗传系统交互的结果。在我们的基因组中，如果C后面是G，那么这个C就能够被加上一个小小的修饰。尤其在有大量CG元件重复出现的位置上更是如此。大量的CCG重复元件正提供了这种环境。患者的脆性X染色体基因区域起始端非翻译区变得被高度修饰，而这，就导致了基因的关闭。脆性X染色体综合征患者无法从这个基因上制造任何信使RNA，从而导致无任何蛋白质生成。

该蛋白质的缺乏对患者的作用是灾难性的。患者会出现智力障碍，同时还有一些自闭症的症状，包括社交障碍等。一些患者会出现多动，也有些会受到癫痫的困扰。

这当然使我们想知道该蛋白质正常的生理功能是什么。我们可以看到，临床表现是如此复杂，这显示该蛋白质可能与多种通路有关。而这就是事实。

如我们在第2章所见，脆性X染色体蛋白在大脑中令人意外地与RNA分子组成复合物。该蛋白质能够结合神经元表达的所有信使RNA中的4%。当它结合到这些信使RNA分子后，脆性X染色体蛋白就发挥了刹车的作用，阻止它们被翻译成蛋白质。它防止了核糖体根据信使RNA的信息制造出过多的蛋白质分子。

这种对基因表达的额外控制看起来对大脑尤其重要。大脑是一种极其复杂的器官，其中大部分我们感兴趣的细胞类型就是神经元。当我们谈到大脑细胞的时候，我们通常就是指的这种细胞。在人类的大脑中，有着恐怖数量的神经元，不少于850亿个。每个大脑中神经元的数量相当于地球上总人口的12倍。而且它跟人类一样，有着复杂的社会关系，有朋友、挚友、爱人、家人和敌人。神经元伸出突触与其他神经元联系而成巨大的网络，不断地相互影响着活性和反馈。这些联系的准确数量很难确定，但每个细胞大概能够跟其他神经元做出至少1000个联系，这意味着我们的大脑中包含至少850000亿个不同的连接点。这让脸书（Facebook）都相形见绌。

大脑中正确建立这些联系是项艰巨的任务。想想你进入大学第一周的时候，你很想去多交些好朋友而同时又要小心避开怪人的情形吧。在对环境和其他网络中神经元活动的复杂反应中，连接点不断地产生，而后被加强或者断开。正常情况下，很多脆性X染色体蛋白结合的靶点信使RNA参与了保持神经元的这种可塑性工作，使得它们能够正确地加强或者断开连接点。如果不表达脆性X染色体蛋白，目标信使RNA就会表达得过多。这就会干扰神经元的正常可塑性，导致患者中出现的神经问题。

最近研究者显示他们能够利用该信息来治疗脆性X染色体综合征，至少是在转基因动物身上。缺乏脆性X染色体蛋白的小鼠的空间记忆和社会交往都有问题。一只找不到周围的路又不知道如何跟周围同类交往的小鼠注定活不了多久。研究者使用了这些小鼠，并且利用转基因技术降低了通常由脆性X染色体蛋白调控的关键信使RNA之一的表达。结果是，科学家们发现这些动物出现了显著的改善。空间记忆变好了而且还能够正确地跟其他小鼠交流。跟标准的脆性X染色体小鼠模型相比，它们罹患癫痫的风险也显著降低了。

这些改善的现象与科学家对动物大脑进行的分析结果一致。正常大脑里面的神经元上有小蘑菇形状的刺突，而这是稳固和成熟连接点的标志。人类和小鼠脆性X染色体综合征患者的神经元上的该结构减少，取而代之的是面条般细长而不成熟的连接点。而经过了转基因治疗后，就会出现更多的蘑菇和更少的面条。

该研究最令人兴奋的是，它显示即使在该病已经发生后也有可能去进行有效的治疗。我们无法在人体上使用转基因治疗的方法，但这些数据提示我们可以去寻找一些具有类似作用的药物，作为对脆性 X 染色体综合征患者的潜在治疗手段。该综合征是最常见的遗传性智力障碍疾患，所以如果能发明一种有效的手段的话，对社会对患者都是不可估量的贡献。

垃圾DNA 现在看看另一端

如我们在本书开始的时候见过的，一个基因结束端上的一个三碱基序列的延长也能够导致人类遗传性疾病。最广为人知的例子就是强直性肌营养不良症，该病是由一个基因尾端非翻译区里 CTG 重复元件过多而引起的。重复元件超过 35 个就会导致疾病的发生，重复得越多，症状就越严重。

强直性肌营养不良症是一个功能获得性突变的例子。在脆性 X 染色体综合征中，重复元件扩张产生的主要影响是阻止该基因产生信使 RNA。但强直性肌营养不良症则截然不同，强直性肌营养不良症基因的突变版本处于开启状态，但是所产生的信使 RNA 分子在尾巴上带了一长串累赘。就是大量拷贝数的 CUG（请记得在 RNA 中，T 已经被 U 取代了）导致了症状的产生。如果我们回顾图 2.6 的话，我们就可以了解发生了什么。扩展的重复元件就像是一个分子海绵，吸走了所有能够与之结合的特定蛋白质。

垃圾 DNA 在强直性肌营养不良症中起到了非常显著的作用，如图 16.4 所示。垃圾非翻译区中的 CTG 元件的扩展结合了异常大量的一种关键蛋白质（该蛋白质被称为 Muscleblind 样蛋白 1，或者 MBNL1）。该蛋白质正常情况下的作用是，参与将 DNA 首次拷贝成的 RNA 中氨基酸编码区域之间的垃圾 DNA 移除的工作。因为大量的该蛋白质被强直性肌营养非翻译重复元件所结合，就无法正常地发挥作用了。后果就是，来自不同基因的大量 RNA 分子不能被进行正确的调节。

这种结合并耗竭蛋白质的方式会发生在任何该蛋白质和强直性肌营养不良基因同时表达的组织中，所以这也就解释了为什么该病会呈现出各种不同的症状。被结合后剩余的不同比例的该蛋白质还会兢兢业业地进行自己的工作，来调节其靶基因，所以该病的表现不会是全或无的方式。能够剩余多少能工作的蛋白质取决于细胞里面强直性肌营养不良信使 RNA 的表达数量和该扩展的大小。

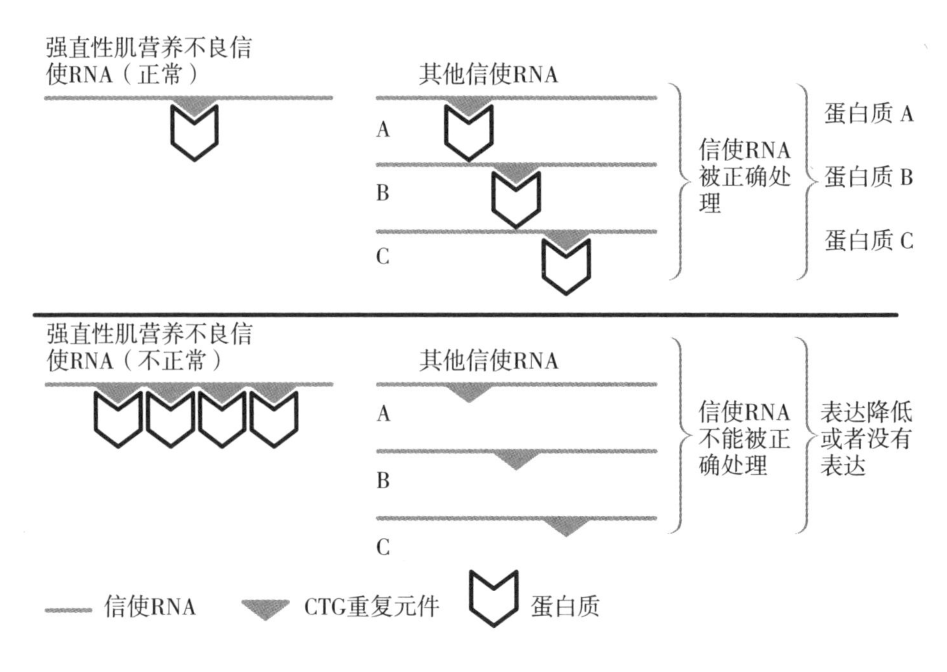

图 16.4　大量的蛋白质结合到了信使 RNA 分子里面的强直性肌营养非翻译重复元件上，以至于没有足够的蛋白质能够与本该被它们调控的信使 RNA 分子进行作用。其他的信使 RNA 不能够被正常处理，从而干扰了以这些信使 RNA 为模板的蛋白质的制造。

值得花点时间来看一下可能受这种耗竭影响的蛋白质（图 16.4 中的蛋白质 A、B 和 C）的细节。目前了解得最清楚的是胰岛素受体、一种心脏中表达的蛋白质和一种在骨骼肌中跨膜转运氯离子的蛋白质。胰岛素在保持肌肉的大小中是必需的。如果肌肉细胞不能表达足够的受体来结合胰岛素的话，它们就会退化。那个心脏中表达的蛋白质是我们所知的对于心脏保持正确节律非常重要的蛋白质之一。而将氯离子转运过骨骼肌细胞是肌肉紧张和松弛循环的重要步骤。所以，对于这些信使 RNA 处理的缺陷就会导致强直性肌营养不良症中的主要病理表现，即肌肉萎缩，由致死性心脏节律异常导致的心跳骤停和肌肉无法放松导致的强直。

强直性肌营养不良症是垃圾 DNA 在人类健康和疾病中具有作用的典型例子。尽管该突变依赖于从蛋白编码基因制造来的信使 RNA，但突变几乎没有影响到该蛋白质本身。相反，突变的 RNA 区域具有自己的病理学活性，而且它是通过改变其他信使 RNA 中垃圾区域的处理方式而致病的。

垃圾DNA 说“AAAAAAAAA”

正常情况下，蛋白编码信使 RNA 尾端的非翻译区具有很多功能。其中最重要的功能之一就是参与了一个能够影响所有 RNA 分子的过程。“裸露”的信使 RNA 分子能够被细胞非常迅速地破坏。为了防止其发生，并保证信使 RNA 分子能够存留得足够久以被翻译成蛋白质，新合成出的信使分子几乎马上就会被进行修饰。本质上，很多 A（腺嘌呤）碱基被加到了信使 RNA 的末端，如图 16.5 所示。通常有 250 个 A 碱基被加到哺乳动物信使 RNA 的末端。它们对于保持信使 RNA 的稳定性和保证信使 RNA 被转运出“故乡”细胞核并进入“工作地”核糖体非常重要。

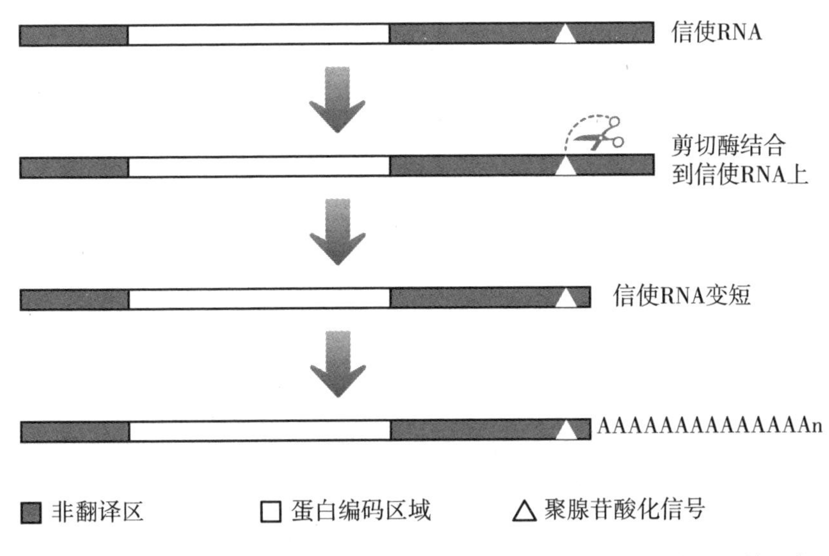

图 16.5　位于信使 RNA 尾端非翻译区的一个序列吸引了一种酶（用剪刀表示）结合到一个特定的位置，并切掉过长的分子。大量 A 碱基随后被添加到信使 RNA 分子的切口处，即使那里在原始 DNA 序列中并没有编码。

在信使 RNA 尾端非翻译区有一个非常严格的修饰。如图 16.5 中的三角形所示，它被称为聚腺苷酸化信号（A 碱基就是腺苷酸，所以添加很多 A 碱基就被称为聚腺苷酸化）。这是一个位于非翻译区的六碱基序列（AAUAAA）。它的作用是作为信使 RNA 处理酶的信号。这种酶识别出该六碱基元件，并将信使 RNA 的远端切去，通常是下游 30 个左右的碱基。一旦信使 RNA 被通过该方法剪切后，另一种酶（被认为是一种非模板的改变，因为在基因组中并没有可以充当这些 A 碱的 DNA 模板）就能够添加很多的 A 碱基了。

这个六碱基元件通常在相同的非翻译区中出现很多次。我们并不清楚细胞如何选择使用哪一个元件。这可能会受细胞中其他因素的影响。但是，因为有多个可以使用的元件，尽管可能有多个编码了完全一样的蛋白质的信使 RNA，每个信使 RNA 上的 A 尾巴前面的非翻译区的长度还是会不一致。这些不同长度的信使 RNA 的稳定性将会不一致，从而制造出不同数量的蛋白质。这也是一种精确调节蛋白质产量的方式。

人类有一种不同寻常的遗传性疾病，被称为 IPEX 综合征（IPEX 来源于免疫失调、多内分泌腺病、肠病、X 染色体连锁）。这是一种致死性的自身免疫性疾病，患病者的免疫系统对自己的组织进行攻击。肠道中的细胞被攻击，导致婴幼儿严重腹泻而不能健康成长。产生激素的腺体也可以被攻击，导致包括 1 型糖尿病（患者不能制造胰岛素）在内的疾病。甲状腺也可以成为目标，从而导致迟钝。

少量的 IPEX 综合征病例是由聚腺苷酸化信号中的突变引起的。与正常的 AAUAAA 序列不同，患者出现了一个碱基的改变。后果，就是六碱基序列变成了 AAUGAA，并且不再作为那个剪切酶的靶点。

出现该改变的基因编码了一个能够开启其他基因的蛋白质（FOXP3，一种转录因子）。这个蛋白质在控制一种特殊类型的免疫细胞（调节性 T 细胞）中是必需的。在某些基因中出现的单个六碱基元件的改变可能不会引起这么严重的后果，因为细胞可以使用位于相同非翻译区中其他的、附近的、正常的六碱基序列。这可能会对精密调节有一点影响，但绝对不会像我们在 IPEX 综合征当中看到的那么严重。IPEX 的问题在于，这个基因的非翻译区中几乎没有其他适合的六碱基元件来充当聚腺苷酸化的信号。在非翻译区中出现的这个突变意味着该信使 RNA 不能被正确剪切，A 碱基也不能被添加，从而导致该信使 RNA 不稳定。本质上，在该垃圾元件中出现的这个突变的影响不亚于蛋白编码区域自身出问题而导致的破坏。

最近，随着测序技术越来越便宜，研究者已经真正开始分析信使 RNA 分子中的非翻译区，以期鉴定出导致罕见严重疾病的突变。我们坚信过不了几年，就会看到很多新的实例出现。我们能够对此持乐观态度的原因之一就是，研究者可能已经又鉴定出了一个实例。

肌萎缩性侧索硬化症（Amyotrophic lateral sclerosis，ALS），也被称为运动神经元疾病或卢伽雷病，是一种破坏性极强的疾病。大脑和脊髓中用来控制肌肉运动的神经元会逐步死亡。患者日趋萎缩和瘫痪，无法说话、吞咽、呼吸。宇宙学家斯蒂芬·霍金（Stephen Hawking）就患有 ALS，虽然他的症状不是那么典型。他于 21 岁被确诊，而大多数人的 ALS 症状在中年才被发现。霍金教授已经历了 50 多年的医疗干预，但遗憾的是大多数患者会在确诊的 5 年内死亡，尽管这期间可能会提供更好的医疗干预。

关于肌萎缩性侧索硬化症（ALS）我们仍知之甚少。不超过 10% 的病例在家庭内部传递。在其他的 90% 中可能存在多种 DNA 突变以增加其在遇到环境激发（我们现在尚不明确）时的易感性。一些患者也许会有导致患病的突变，即使其并没有该病的家族史。比如，该突变可能是在其父母制造卵子或者精子的时候出现的。

有一个与 ALS 相关的基因（该基因被称为 FUS，即肉瘤融合基因），科学家认为家族遗传病例中有 4% 的患者和非家族遗传中的 1% 的患者因其而患病。在所有与该基因有关的原始病例中，该突变出现在蛋白编码区域中。研究者现在已经鉴定出在该基因尾端非翻译区有 4 种不同的突变。这些是在无法发现其他已知突变的患者中发现的。尽管这些可能仅仅是无害的突变，但患者细胞中该蛋白质的分布与表达水平确实是异常的。这些发现至少提示了，出现在非翻译区的该变化能够导致该蛋白质自身处理和翻译的异常，从而引发疾病。

17　为什么积木比模型好

大部分儿童和一些成年人都喜欢做模型。市场上有多种不同的模型玩具可供选择，这里我们仅选择两种较为极端的例子。30 多年来英国最流行的玩具之一就是 Airfix 模型。已经设计好的飞机、轮船、坦克或者你能想到的其他东西的塑料部件被精密地造好，置于盒子里面。使用者要做的就是把这些部件取下来，上漆，然后放在那里把玩多年。

另一个极端的例子就是我也很喜欢的红遍全球的丹麦玩具，乐高积木（LEGO）。尽管现在有很多特别定制的乐高积木，但其原理始终没有改变。相对有限数量的组件能够被用户以任何喜欢的方式组合在一起。而且做好的模型可以被拆散到原始的组件状态，并用于建造其他的东西。

细菌之类的简单生物体的生命更倾向于使用 Airfix 模型的办法。它们的基因已经被设定好，只能编码唯一的蛋白质。越复杂的生物体，其基因组就越倾向于组合乐高积木，因为这样对于利用组件来说就会有更好的弹性。但我们意识到人类是何其复杂的时候，在基因组水平上，我们就有理由同意一部电影里面说的，“一切都非常完美。”（出自《乐高大电影》，*The Lego Movie*）

该现象的一个极端版本就是我们细胞能通过剪接，从一个基因里制造多个相关蛋白质，如图 2.5 所示。通过多种方式使用一个基因里面的组件的能力赋予了生命更强的弹性和增加的适应性。我们可以通过一些数字来加深理解。人类的基因通常平均包含有 8 个氨基酸编码的区域，每个区域被一些插入的垃圾 DNA 隔离开（氨基酸编码区域之间的垃圾区域被称为内含子，编码氨基酸的部分被称为外显子）。70% 以上的人类基因能够制造至少两个蛋白质。这依赖于将不同的氨基酸编码片段进行组合。用我们在图 2.5 中使用过的 DEPARTING 的例子，你会发现我们既可以制造蛋白 DART，也可以获得蛋白 TIN。通过这种方式制造不同蛋白质的能力被称为选择性剪接（Alternative splicing）。

编码氨基酸的区域相较插入的垃圾区域要短。编码氨基酸的片段长度通常为140个碱基对长度，而围绕着它们的垃圾区域的长度通常为数千个碱基对。一个基因里面大概90%的碱基对都来自插入的序列，而不是那些编码氨基酸的。如果把这种情况带到英语里面，我们会立刻发现我们的细胞面临着什么问题了。

想象一下，你遇到了一个心仪的人，并完全被其迷住。你听说她非常喜欢诗歌，所以就非常想在她面前表现一下，因为你毕竟在大学里上过几节文学课。你的一个朋友决定帮你，帮你写了一句无敌的诗歌。只是你的这个诗人朋友有点个性，他把诗句用大量无意识的字母断开了，但你只有几秒钟时间从中找到诗句，把它读出来并赢得芳心（或者至少是赢得注意）。你能做到吗？那么就快速地看一下图17.1，并把它找出来吧。

lqrrtliruienvjbhghadbwnfqwrhvierhbtuehufjebjxmbmvnkbnvmnnlehaboiwhebrijjjoovburunvrmwwmwuhtyghdlsqppjfn
bjcbbvfxkmxmsfdhdhjfkmjmljllgnhjwekvfdhbutfjvnytuututriobvbvmcncnmzxmciiwerbfnjcxegnxwcbeihfcnzihxbhnzxmx
kmjvbecgfvbchvgcbfdncmxkmazkjcfhcbnxzkxcfbvworldfbcdnxszmxcjhgbvfcnhadxxncvfcxszxchcahfgevbgbuhruhtieiyuo
yttirqrutiopqwieueoiwpvbkvbncmzxmxcbnvskdkjfhgfdgueriwruytreiwohfghjxncbnvnxcmzncbvjfhgfjdskafgeriowuryteri
owiurghjfkdnbvncmxncbvnxmcznbcnmxcnbfghjerguitaroeiwuytirohgfkdlsxmcdkemcknjbhbhuvdmkmxwokszlpazqaqlxp
dceofvingnkmokokokkokkonbvcxxcfvcxzcrxcyfvmgbmvncbxvbdcnmvbhmoibnuvevxbencmorvbmbnvcxbnmcvbnvucxnj
bvnjcdiwbcndiwbhnjfnbhvnjnnfdbhubhcudebhvbhncjnbnhjitokmkyojnbgovfnjchduxsvgtfcrfwvgdbuehrnbtkmbkvfmndi
uhvswfdvhugnhkhongefhdvydefghtnjhjkmkimjoenoughkhtgnjfdewbrkjum,imojhgijrfbdwsfraxeswwzexrdxsessxdxdxdrc
xdrcdcfcfcftgvbyhnmkmplkmjhyugthkyhljukhgfrdefrngmbhnmhbvdxbdntocmvgbngvfdxsbnmfvgbhomgvfdbwnxfjghun
gvfijunjcefhubhnrgijthniewdhubhnfjrijbnjiehrbhntjigvfnjdewhfbnjfrunijbdehfurbgbugjnfeidjwncdkmwokxnicdefjgrubh
ubfrhdwsbhuxsncidfergijhgbufhewdydrinkvsgdfbibhnbjvifdcbhndijfandvnjokcdsnqjuhdvfgyhudbcijwnmokmcdokfvmob
ghmnokjmknhkbgmrfdjwinshuwbgvtfcdxftcdbuvfjmkfmnvjdbcdfbgkfdnhcdvtimefghrufncdsoibcvhufbdjnvjgbijvfbdchh
bchvjncdoxnoksmocnivifcndnicdnicdnvfnjvfncmxxmxmxnuyuyfjdnmoqwhufhyrgyehduhequmjpufruifrubdjbuhcnuher

A glorious line of poetry is in here somewhere...

图17.1 快速看一下，你能找到这句将会赢得芳心的诗句吗？有一句美丽的诗句在这里面的某些地方。

这就是我们的细胞随时都在做的事情，在我们生命中的每一分每一秒。细胞里面的机器分析着这一长串的胡言乱语并且几乎在瞬间就能找到隐藏的单词，并把它们组合在一起。你可以看一下图17.2，去看看你是否组合成了使你存活的蛋白质。

任何长长的随机字母都有可能偶然组合成单词。使用这些错误的单词求爱时（现在还有人求爱吗?），你可能会毁了这一次幸福的机会。如图17.3所示。

使用这个有点怪异的例子，我们能够理解当我们的细胞想要正确剪接

lqrrtliruienvjbhg**had**bwnfqwrhvierhbtuehufjebjxmbmvnkbnvmnnlehaboiwhebrijjjoovburunvrmwwmwuhtyghdlsqppjfn
bjcbbvfxkmxmsfdhdhjfkmjmljllgnhj**we**kvfdh**but**fjvnytuututriobvbvmcncnmzxmciiwerbfnjcxegnxwcbeihfcnzihxbhnzxmx
kmjvbecgfvbchvgcbfdncmxkmazkjcfhcbnxzkxcfbv**world**fbcdnxszmxcjhgbvfcnhadxxncvfcxszxchcahfgevbgbuhruhtieiyuo
yttirqrutiopqwieueoiwpvbkvbncmzxmxcbnvskdkjfhgfdgueriwruytreiwohfghjxncbnvnxcmzncbvjfhgfjdskafgeriowuryteri
owiurghjfkdnbvncmxncbvnxmcznbcnmxcnbfghjerguitaroeiwuytirohgfkdlsxmcdkemcknjbhbhuvdmkmxwokszlpazqaqlxp
dceofvingnkmokokokkokkonbvcxxcfvcxzcrxcyfvmgbmvncbxvbdcnmvbhmoibnuvevxbencmorvbmbnvcxbnmcvbnvucxnj
bvnjcdiwbcndiwbhnjfnbhvnjnnfdbhubhcudebhvbhncjnbnhjitokmkyojnbgovfnjchduxsvgtfcrfwvgdbuehrnbtkmbkvfmndi
uhvswfdvhugnhkhongefhdvydefghtnjhjkmkimjo**enough**khtgnjfdewbrkjum,imojhgijrfbdwsfraxeswwzexrdxsessxdxdxdrc
xdrcdcfcfcftgvbyhnmkmplkmjhyugthkyhljukhgfrdefrngmbhnmhbvdxbdntocmvgbngvfdxsbnmfvgbhomgvfdbwnxfjghun
gvfijunjcefhubhnrgijthniewdhubhnfjrijbnjiehrbhntjigvfnjdewhfbnjfrunijbdehfurbgbugjnfeidjwncdkmwokxnicdefjgrubh
ubfrhdwsbhuxsncidfergijhgbufhewdydrinkvsgdfbibhnbjvifdcbhndijf**and**vnjokcdsnqjuhdvfgyhudbcijwnmokmcdokfvmob
ghmnokjmknhkbgmrfdjwinshuwbgvtfcdxftcdbuvfjmkfmnvjdbcdfbgkfdnhcdv**time**fghrufncdsoibcvhufbdjnvjgbijvfbdchh
bchvjncdoxnoksmocnivifcndnicdnicdnvfnjvfncmxxmxmxnuyuyfjdnmoqwhufhyrgyehduhequmjpufruifrubdjbuhcnuher

One of the most romantic and seductive first lines of poetry in the English language.
"Had we but world enough and time" from Andrew Marvell's ***To His Coy Mistress***

图 17.2 用粗体和下画线标出的词句应该足够你去获得芳心了。这里有一句最浪漫和感人的英文诗句。“Had we but world enough and time”（我们在一起就好，哪管世界与时间），来自安德鲁·马维尔（Andrew Marvell）的《致他羞涩的情人》（*To His Coy Mistress*）。

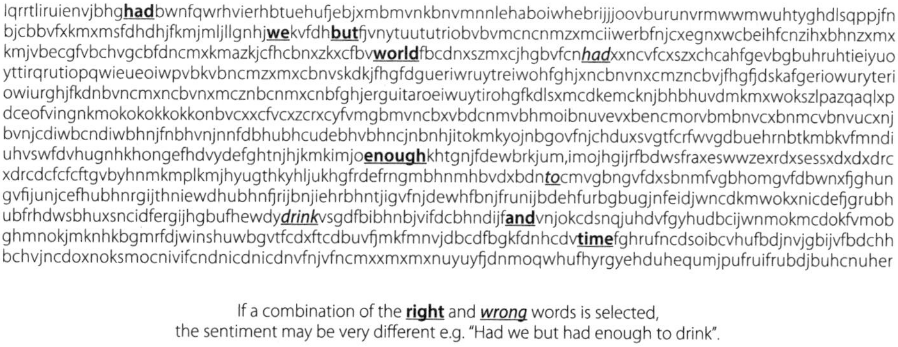

lqrrtliruienvjbhg**had**bwnfqwrhvierhbtuehufjebjxmbmvnkbnvmnnlehaboiwhebrijjjoovburunvrmwwmwuhtyghdlsqppjfn
bjcbbvfxkmxmsfdhdhjfkmjmljllgnhj**we**kvfdh**but**fjvnytuututriobvbvmcncnmzxmciiwerbfnjcxegnxwcbeihfcnzihxbhnzxmx
kmjvbecgfvbchvgcbfdncmxkmazkjcfhcbnxzkxcfbv**world**fbcdnxszmxcjhgbvfcn***had***xxncvfcxszxchcahfgevbgbuhruhtieiyuo
yttirqrutiopqwieueoiwpvbkvbncmzxmxcbnvskdkjfhgfdgueriwruytreiwohfghjxncbnvnxcmzncbvjfhgfjdskafgeriowuryteri
owiurghjfkdnbvncmxncbvnxmcznbcnmxcnbfghjerguitaroeiwuytirohgfkdlsxmcdkemcknjbhbhuvdmkmxwokszlpazqaqlxp
dceofvingnkmokokokkokkonbvcxxcfvcxzcrxcyfvmgbmvncbxvbdcnmvbhmoibnuvevxbencmorvbmbnvcxbnmcvbnvucxnj
bvnjcdiwbcndiwbhnjfnbhvnjnnfdbhubhcudebhvbhncjnbnhjitokmkyojnbgovfnjchduxsvgtfcrfwvgdbuehrnbtkmbkvfmndi
uhvswfdvhugnhkhongefhdvydefghtnjhjkmkimjo**enough**khtgnjfdewbrkjum,imojhgijrfbdwsfraxeswwzexrdxsessxdxdxdrc
xdrcdcfcfcftgvbyhnmkmplkmjhyugthkyhljukhgfrdefrngmbhnmhbvdxbdn***to***cmvgbngvfdxsbnmfvgbhomgvfdbwnxfjghun
gvfijunjcefhubhnrgijthniewdhubhnfjrijbnjiehrbhntjigvfnjdewhfbnjfrunijbdehfurbgbugjnfeidjwncdkmwokxnicdefjgrubh
ubfrhdwsbhuxsncidfergijhgbufhewdy***drink***vsgdfbibhnbjvifdcbhndijf**and**vnjokcdsnqjuhdvfgyhudbcijwnmokmcdokfvmob
ghmnokjmknhkbgmrfdjwinshuwbgvtfcdxftcdbuvfjmkfmnvjdbcdfbgkfdnhcdv**time**fghrufncdsoibcvhufbdjnvjgbijvfbdchh
bchvjncdoxnoksmocnivifcndnicdnicdnvfnjvfncmxxmxmxnuyuyfjdnmoqwhufhyrgyehduhequmjpufruifrubdjbuhcnuher

If a combination of the **right** and ***wrong*** words is selected,
the sentiment may be very different e.g. "Had we but had enough to drink".

图 17.3 不！错误的组合！

如果选择了错误的单词进行组合，这句话可能会面目全非。“Had we but had enough to drink”（我们必须要喝得够多）。

RNA 分子时面临的一些机械论的挑战。如果我们设计了这个过程，那么整个过程应该如图 17.4 所示。除了在这个简图中描述的组分外，还应该意识到，不同细胞会采用不同的方式来处理相同的基因，这依赖于细胞类型和当时细胞周围的环境。结果就是所有的步骤都必须被正确地调节和整合，以满足制造当时所需的不同的正确蛋白质的需求。

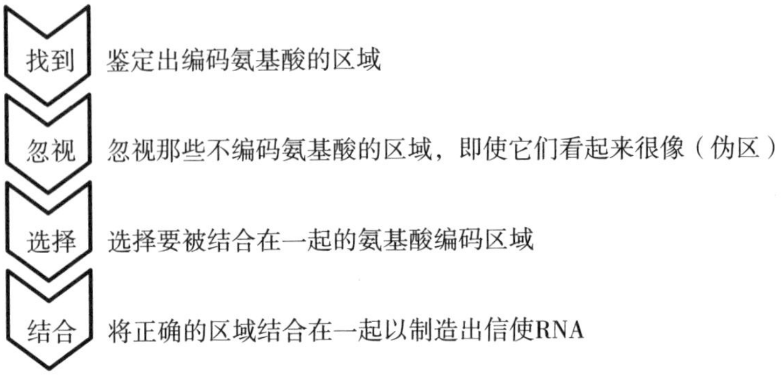

找到 鉴定出编码氨基酸的区域

忽视 忽视那些不编码氨基酸的区域，即使它们看起来很像（伪区）

选择 选择要被结合在一起的氨基酸编码区域

结合 将正确的区域结合在一起以制造出信使RNA

图 17.4 顺序是，从上到下进行。想要将适当的氨基酸编码区域进行结合并制造出正确的成熟信使 RNA，剪接工作就必须完成这些步骤。

生命的剪接

将长链 RNA 剪接成更短的携带有特定蛋白质信息的信使 RNA 是一个非常复杂的过程。这是一个相当古老的系统，其组分和步骤存在于从酵母到所有的动物王国。这项工作由一个巨大的分子聚合体完成，它被称为剪接体（spliceosome）。剪接体由数百种蛋白质和一些垃圾 RNA 组成，跟制造蛋白质的工厂，核糖体有点像。

其中最严格的阶段就是剪接体抓住需要从 RNA 分子中移除的插入序列。它把它们剔除并把氨基酸编码区域结合在一起。只是一个复杂到难以想象的多步骤过程，但我们知道第一个关键步骤之一就是剪接体需要识别出插入序列，这样才能够识别并移除它们。

这些插入序列的起始和末尾通常都由特定的二碱基序列标示。剪接体上的垃圾 RNA 分子能够结合到这些二碱基序列上，其机制就是我们基因里面的 DNA 能形成双链的机制，碱基互补配对。

但是，我们的 RNA 里面只有四种碱基，这就意味着一共只有 16 种可能的二碱基序列（AC 和 CA 属于不同序列，其他亦然）。我们可以预测，标示插入序列起始和末尾的二碱基序列有可能在其他的序列中被找到，包括在氨基酸编码区域中。事实也是这样。所以，即使这些二碱基序列对剪接很重要，它们并不能独掌大局。还需要其他序列的帮助，如图 17.5 所示。

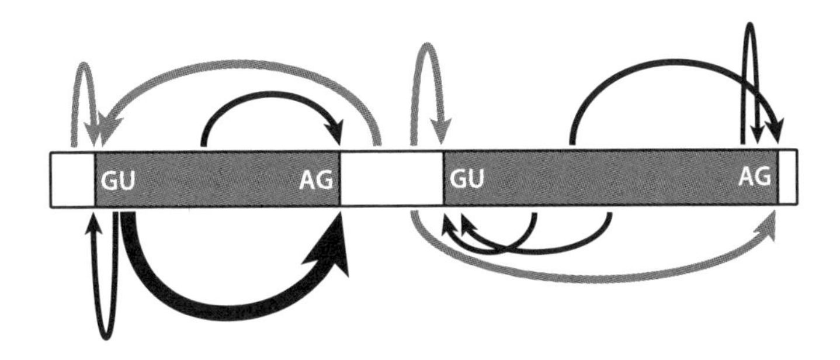

图 17.5　一个 RNA 分子中多个序列相互作用以引导剪接。二碱基元件非常必要，但并不能仅靠它们来精确调节这个过程。其他的多个位点也参与了工作，用箭头的大小标示了它们的长度。

在垃圾插入区域和氨基酸编码区域中，都发现了其他参与选择剪接从哪里开始的序列。其中一些对剪接的影响非常显著，有些则要弱些。有些升高了被剪接的概率，而有些则是降低。它们通过复杂的合作关系共同工作，而影响它们工作结果的因素则是细胞中发生的其他事件，比如剪接体蛋白的量的精确变化。对这些序列的工作进行描述的单词通常包括“目不暇接”或“扑朔迷离”。也可以客观地说成“令人难以置信的复杂，超出了我们可以用头脑想象或者使用计算机进行预测”。

剪接和疾病

我们能够通过一组遗传性疾病来初窥其复杂的程度。有一种形式的失明被称为视网膜色素变性（retinitis pigmentosa），其发病率大概在四千分之一。这种失明是进行性的，通常在青年时期开始发病，最先的症状是夜视能力的丧失，而后逐步发展得越来越糟。视力的失去是源于眼睛里面能够感受光线的细胞的死亡。大概有二十分之一的病例是由于剪接过程的某个步骤中必需的 5 个蛋白质之一的突变引起的。该突变仅仅影响到视网膜的细胞，而并没有影响到身体内其他同样依赖于剪接的细胞。这说明剪接是基于复杂的细胞与基因特异性调控之下的，只是我们现在还对此一无所知。

相比之下，有一种很严重的侏儒症且伴随着一些不寻常的特征，如皮肤干燥、头发稀疏、癫痫和学习障碍。患病的孩子几乎都在4岁之前死亡。这种病非常罕见，除了在俄亥俄州的一个阿米什人社区，那里的携带者高达8%。这是因为，导致这一疾病的突变出现在构成这个社区家庭的少数家庭中。该病在宾夕法尼亚州的阿米什人中没有发现，因为这个教派团体是由其他家庭组成的。当引起这种疾病的突变被鉴定出来时，研究者首先想到的是它改变了编码一个剪接蛋白质的基因的序列。但是我们现在知道，该变化实际上是破坏了组成剪接体的一种垃圾 RNA 的三维结构。与视网膜色素变性的情况不同，这一剪接体上的缺陷可能是通过导致大量不同基因的错误剪接而引发了一系列的广泛症状。

人类不会仅仅因为剪接机器出故障才发生疾病。它们也可能源于蛋白编码基因本身某个重要部位上出现的突变，而这个重要部位有控制该基因的 RNA 剪接的作用。有些科学家宣称高达10%的人类遗传性疾病可能源于剪接位点的突变，就是图17.5上所示的二碱基序列。

这一机制的一个例子是，有一个家庭的两个年轻的兄妹在出生后的几天里就出现了顽固性腹泻。医护人员想尽办法，但是腹泻依然持续了许多个月，其中一个患病儿童在17个月大的时候死亡。对孩子的基因组进行测序后，研究人员在一个基因的剪接位点上发现了一个突变，改变了图17.5所示的 GU 序列之一。这导致剪接机器错误地跳过了一个氨基酸编码区域。本质上，该蛋白质缺少了一个氨基酸编码区域，因此该蛋白质无法履行其该有的职责。

卡波希氏肉瘤（Kaposi's sarcoma），因其在艾滋病患者身上高发而进入公众视野。艾滋病是由人类获得性免疫缺陷病毒（HIV）而引起的，而且 HIV 感染的作用就是抑制免疫系统。卡波希氏肉瘤是由于另一种被称为 HHV-8 的病毒引起的。正常情况下，我们的免疫系统能够控制这种病毒，但如果免疫系统被严重抑制了，HHV-8 就会占据主动并引发卡波希氏肉瘤。

HHV-8 在地中海盆地人群中感染率很高，但卡波希氏肉瘤在这一人群中却非常罕见，而且几乎从来没有在小孩子身上发现过。所以当一个土耳其家庭将他们两岁的在嘴唇上长出了典型卡波希氏肉瘤的女儿带到医生面前时，医生们非常惊讶。癌细胞扩散得非常迅速，这个小女孩在被确诊仅4个月后就死去了。

这个孩子的所有HIV检查都是阴性。她的父母具有血缘关系，是直系表亲。研究者对这个小女孩为什么无法对HHV-8进行免疫反应的可能的遗传性原因进行了探索。

通过对来自这个女孩的样本进行DNA测序，科学家在一个特定基因的剪接位点上鉴定出了一个突变。这个突变把一个AG变成了AA，这意味着剪接体不能再把这里识别为切开RNA分子的位点。这导致了一个本该被移除的垃圾区域保留在了信使RNA中。而这打乱了序列，在信使RNA中过早地产生了一个停止翻译的信号。这阻止了核糖体制造一个全长的蛋白。因为该蛋白质在对HHV-8等病毒产生免疫反应的过程中非常重要，所以这个具有突变的孩子很容易受到卡波希氏肉瘤的侵害。

尽管剪接位点的突变相对常见，但通常，遗传性疾病主要还是由于基因上氨基酸编码区域的突变所导致。有些是因为它们产生了停止信号以导致核糖体不能根据信使RNA模板而合成全长的蛋白质。其他的突变可能会将一个氨基酸编码改变为另一个。例如，CAC编码的是组氨酸而CAG编码的是一个截然不同的氨基酸，谷氨酰胺。但研究人员推测，高达25%的这种氨基酸改变的突变也会影响到信使RNA中临近区域的剪接。在某些情况下，疾病可能并不是简单因为单一氨基酸的改变而导致，而是该突变引起的核苷酸改变影响了信使RNA被剪接的方式而导致的。

问题是，很难确定事实就是这么回事。即使我们能够展示出RNA的改变不仅导致了剪接模式的变化，而且还有氨基酸的变化，我们又怎么能确认是哪一个导致了疾病的症状呢？这些是因为蛋白质上的一个氨基酸变化而致，还是因为该蛋白质被剪接模式的变化而致呢？

大自然已经给了我们证据，就是，有时候一个编码区的突变能够通过影响剪接而不是通过改变一个氨基酸而致病。有一种特别的疾病被称为哈钦森-吉尔福德早衰症（Hutchinson-Gilford Progeria），是以首先发现了该病的两位科学家的名字而命名的。早衰是指很小的时候就衰老了，而且其表现形式是难以想象的恐怖。该病极为罕见，在儿童中患病率约四百万分之一。

受累的婴儿在一开始看起来非常健康，但在一年之内，他们的生长速度就会显著地减慢下来，他们会在余生中都保持低体重和矮小状态。这些儿童会出现很多衰老的症状，包括头发稀疏、僵硬和秃顶。虽然他们不会罹患一些衰老的疾病，如阿尔茨海默氏病（而且这些孩子也没有学习障碍），但患病的个体却会发生严重的心血管疾病。这通常就是导致他们在青少年早期死亡的原因，包括心肌梗死或中风。

2003 年，研究者鉴定出了导致哈钦森－吉尔福德早衰症的基因突变。每个受检患者都有一个新出现的突变，意思是在父母的精子或者卵子形成时获得的。令人吃惊的是，在 8 名无血缘关系的患者中（一共评估了 20 人），该突变完全一致。

一个在特定基因里应该为 GGC 的序列突变成了 GGT。该突变位于基因的氨基酸编码区中。看起来这应该是一个直接改变了氨基酸序列的案例，所以，首要的事情就是检查一下遗传编码并看看这两个序列都编码了什么氨基酸。GGC，那个正常序列编码的是一个被称为甘氨酸的简单氨基酸。但是，突变的序列 GGT，也同样编码的是甘氨酸。天啊，相同的氨基酸。

这是因为我们的遗传编码有着一定程度的弹性。我们的基因组由 4 个字母组成——A、C、G 和 T（或者在 RNA 中为 U）。三个字母的阅读框被用于编码一个氨基酸。从 4 个字母里面选择三个字母有 64 种组合。其中三个组合被用于充当停止信号，告知核糖体不用再向蛋白质上面添加氨基酸了。这样，就剩下了 61 种组合来编码氨基酸。但是我们的蛋白质仅仅包含有 20 种不同的氨基酸。所以，有些氨基酸能够被不同的三字母组合所编码。极端情况下，甘氨酸可以被 GGA、GGC、GGG 和 GGT（U）编码。另一面，氨基酸甲硫氨酸只能被 AT（U）G 编码。

但是，如果在哈钦森－吉尔福德早衰症中，突变基因并没有改变氨基酸的编码，那么是什么导致了如此灾难性的临床表现呢？再看一下图 17.5，一个基因里面每个插入垃圾区域的起始端的碱基序列都是 GT。这些患者中，正常的 GGC 变成了 GGT，从而使这个氨基酸区域错误地获得了一个额外的剪接信号。在基因组区域里面所有的剪接信号中，这个错误定位的 GT 活性非常强。剪接体将这条信使 RNA 在该氨基酸编码区域切开，而不是在垃圾区域。这些氨基酸编码区域错误地拼接在一起，从而导致了蛋白质尾部大约 50 个氨基酸的丢失。这反过来意味着该蛋白质本身也无法被正确处理，进而开始在细胞里肆虐。我们现在仍然不知道，这些变化是如何导致那些在儿童身上出现的显著的衰老，但目前我们能做出的最好的猜测就是，问题可能出现在对细胞核的保护上。该病变可能导致了基因表达的改变和细胞核的破溃。一些基因和某些细胞类型可能比其他的对此更敏感。

还有另外一种影响到婴儿的疾病被称为脊髓性肌萎缩（Spinal Muscular Atrophy）。在该病中，支持肌肉的神经细胞逐渐死光，导致肌肉萎缩和运动能力的降低。该病有许多种不同的形式，在其最严重的类型中，受累婴儿的预期生存率非常低，不超过 18 个月。它是一种比较常见的遗传性疾病：在英国，大约每 40 个人中，就有一个携带者，这意味着，我们中大概有 150 万个人的基因中携带着一个带有缺陷的拷贝。幸运的是，这种病的发生需要该基因的两个拷贝都必须为突变体才行。

脊髓性肌萎缩源于一个被称为 SMN1 的基因的缺失或者失活。如果我们看一下人类基因组，我们可能会惊讶于其竟然会具有如此之重要的作用，因为居然会有另一条基因编码了一个完全相同的蛋白质。这个基因被称为 SMN2。这就引发了一个显而易见的问题：既然它们编码的是同一蛋白质，为什么 SMN2 基因不能弥补 SMN1 基因的损伤或者缺失呢?

与哈钦森 - 吉尔福德早衰症里面的机制类似，SMN2 跟 SMN1 相比有一个细微的变异。这个 DNA 序列上的改变位于一个氨基酸编码区域。它并没有改变氨基酸的顺序，因为改变以后三碱基序列仍然编码了同样的一个氨基酸。相反，它改变了一个帮助剪接体确定在哪里剪接信使 RNA 分子的位点。被改变的不是一个剪接位点，而是一个能够影响在哪里剪接的位点。其结果是导致错过一个氨基酸编码区域，从而产生了一个没有活性的蛋白质。正因如此，SMN2 基因无法弥补 SMN1 基因产生的缺陷。正常的 SMN1 蛋白质对于剪接体的活性是非常关键的。所以，本质上说，就是一个基因上面的一个突变导致对所有信使 RNA 的剪接出现了问题，而唯一有可能弥补其缺陷的基因自身又出现了剪接方面的问题。

垃圾DNA 为治疗目的而操纵剪接

如同我们在第 7 章所见，在杜氏肌营养不良症中，X 染色体上携带的肌营养不良蛋白基因的突变导致了严重的肌肉萎缩。该基因非常巨大，其长度大概有 250 万个碱基对。里面包含有大概 80 个氨基酸编码区域，而这些都需要被正确地剪接和处理。由于该蛋白很长寿，所以得到正确的蛋白质尤其重要。这意味着任何导致错误剪接的改变都可能对细胞产生很长时间的影响。但是，该巨大基因里面78个内含子的存在，意味着因偶然或者遗传而获得能够影响剪接突变的概率是很高的。正如一篇综述里简洁地说道："这个巨大的（2.4Mb）的肌营养不良蛋白基因中包含了78个内含子，似乎就是在等着剪接错误的发生，而事实上，其发生概率也在新生儿中达到了三千分之一。"

所以，一些杜氏肌营养不良症的病例是由剪接异常引起的。然而，大部分病例的源头还是在基因中的关键区域，而后的结果是蛋白质的丢失。但是，最近几年，在该致死性疾病的治疗方面似乎有一点曙光初现。也许与直觉相反，该药物的原理是基于促进受累男孩中抗肌萎缩蛋白基因的异常剪接。

抗肌萎缩蛋白的作用类似于肌肉细胞里的震荡吸收器。我们可以把它想象成床垫里面的弹簧。为了给床垫提供足够的支撑，弹簧必须同时触及床垫的顶部和底部。如果出现了设计的失误，制造出来的弹簧少了10厘米的话，它们就不能够接触到床垫的顶部。你使用这种床垫越久，弹簧就只能提供越少的支撑，并出现弯曲。

杜氏肌营养不良症的病例中通常是由于抗肌萎缩蛋白基因内部区域的丢失造成。当这种基因被拷贝至RNA时，剩余的区域就会被剪接在一起。与正常的抗肌萎缩蛋白相比，突变的基因导致该蛋白质内部缺失了一些氨基酸。但是这并不是导致最大问题的真正原因，如图17.6所示。

我们知道，氨基酸的编码是通过三碱基阅读框来读取的。当正确的氨基酸编码区域（就是外显子）结合在一起时，它们产生了一条很长的信使RNA分子，这条分子编码了很多的氨基酸。但是，如果错误的外显子被结合在了一起，它们可能会出现彼此的不同步，导致三碱基阅读框无法读取正确的信息。下面是一个实例：

YOU MAY NOT SEE THE END BUT TRY

如果我们丢失了一个字母，我们就会得到下面的句子：

YOU MAY OTS EET HEE NDB UTT RY

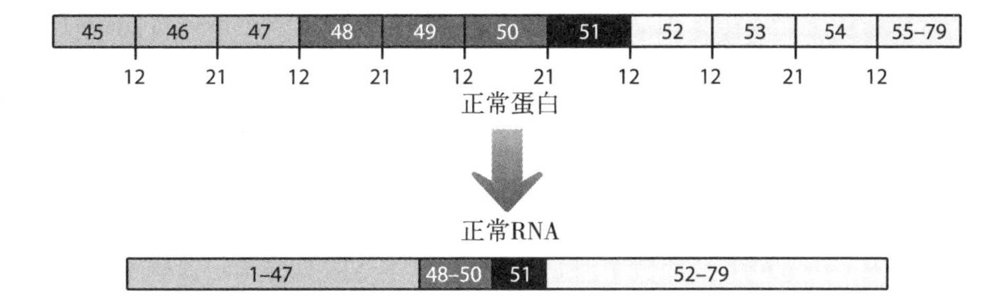

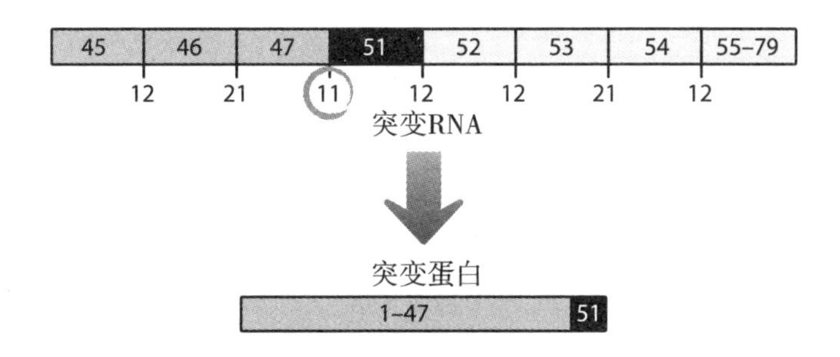

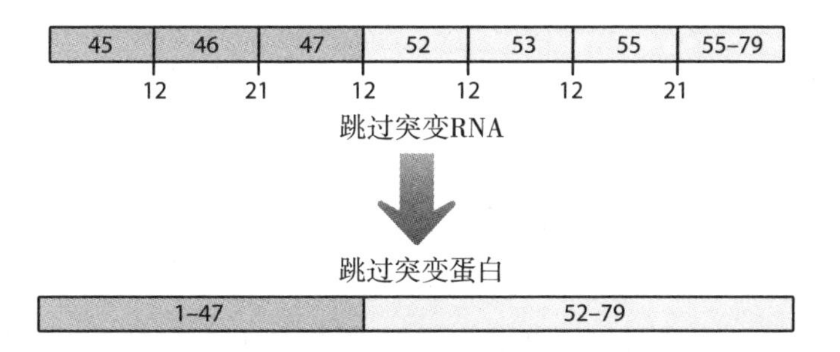

图 17.6　一个关键位置的突变会导致抗肌萎缩蛋白出现严重的缩短，因为 48 到 50 氨基酸编码区域从 DNA 中的缺失导致了氨基酸阅读模式的改变。为了保证阅读的正确模式，每个方框下方的数字加起来必须等于 3。如果在突变基因中的 51 区能够被跳过，阅读序列就会重回正常轨道。为了简单起见，所有的氨基酸编码区域被画成了相同的大小，但实际上它们的大小大相径庭。

这被称为移码（frame shift）。在信使 RNA 中，最开始的影响就是错误的氨基酸被加入到成长中的蛋白质链中。但很快就会发生更严重的事情。这里会出现一个作为停止信号的三个字母。在这个点上，核糖体会停止添加氨基酸，从而产生了突变的蛋白质。

这发生在那些缺失了抗肌萎缩蛋白基因特定区域的患者身上。在图 17.6 中，三碱基的阅读框由方框下面的数字来指示。只要一个方框结尾的数字跟下一个方框开始的数字加起来是 3，核糖体就会持续阅读信使 RNA。但是，最常见的缺失出现了，这是一个移码突变，它会迅速导致一个停止信号的出现并且严重地缩短了产生的蛋白链。

一个办法是想办法使细胞跳过一个有缺失的氨基酸编码区域，因为这会把阅读框带回正确的轨道上。最终的结果就产生一条缺少一小部分氨基酸的蛋白质，但该蛋白质还能存留部分功能。这可能会减缓疾病症状的发生。这就跟我们的床垫弹簧的比喻一样，如图 17.7 所示。抗肌萎缩蛋白分子依然会连接到必要的蛋白质的某一端上。它在减震的功能上可能没全长的蛋白质那么好用。但是，这总比完全不能支撑必要的细胞结构要好。

能支持这一假说的证据看起来不错，生物科技公司已经开始计划利用这方面的知识进行探索。一家名为“Prosensa”的公司开发出了一种新药，帮助肌肉细胞跳过氨基酸编码的 51 区域并最终将这种试验性药物的许可授权给了制药巨头葛兰素史克。2013 年 4 月，葛兰素史克公布了在患有杜氏肌营养不良症男孩中进行的小规模临床试验结果。53 个男孩被随机分为两组。一组接受药物治疗，其他则采用完全相同的处理程序，只是没有接受任何实验药物。这是一种被称为安慰组的处理程序，对于控制临床效果的真实性非常重要，因为这样可以排除因患者乐观情绪或者非药物因素导致的效果的干扰。他们分别测试了给药 24 周和 48 周后的结果。指标是在 6 分钟之内他们能够走多远。

24 周以后，接受安慰剂处理的男孩的情况变得更糟，正如该病的发展规律一样。他们行走的距离已经低于刚开始接受测试时的距离。但是接受了药物治疗的孩子能够比测试开始时多走 30 米。48 周时再次进行测试，变得更糟了。在 6 分钟的行走测试中，他们比实验开始时要少走差不多 25 米的距离。而接受了药物治疗的孩子则比开始时要多走超过 11 米。

这些数据显示，经过一段时间，即使是接受了药物治疗的男孩们病情也会加重（如第 24 周和第 48 周的数据所示），但是这种降低已经比没有

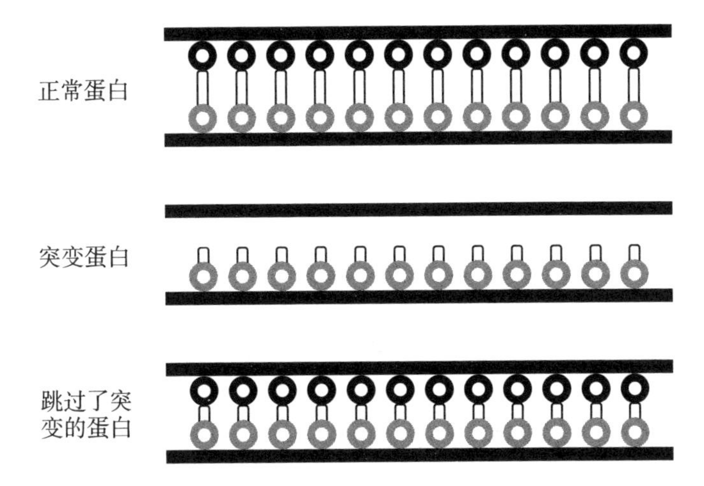

图 17.7　示意图显示一个突变的抗肌萎缩蛋白无法触及细胞膜的两侧。跳过突变的蛋白版本会丢失一些内部序列，但是还能够触及到细胞膜的两侧。因为它变短了，所以其减震效果没有正常蛋白那么好，但是总比原始的突变蛋白要好得多。

药物治疗的时候有了显著的减缓。

该临床试验的结果引发了巨大的轰动。最终，看起来似乎有希望去开发出一种治疗之前我们束手无策的疾病的方法。即使该治疗不能使患者痊愈，它可以显著减缓这些致命性症状的发展。是的，它并不是对所有的杜氏肌营养不良症患者有效，但是有 10% ~15% 的患者应该对这种治疗敏感，因为他们的病因就是这种位于抗肌萎缩蛋白中的突变。

仅仅 6 个月后，这些希望破灭了。葛兰素史克进行了一项大规模的临床试验，而这次，在治疗组和非治疗组间没有发现任何的显著性差异。这些来自大规模临床试验的样本相较小规模的样本来说更具有可信性，因为它受到某个特殊个体的影响更小。葛兰素史克对其大规模临床试验的结果没有质疑，因为他们认为如果药物是真实有效的，其效果一定会被检测出来。他们把药物还给了“Prosensa”公司，并甩手离开。尽管其股价在葛兰素史克离开后遇到重挫，但是“Prosensa”公司仍在继续进行着临床研究，只是其结局似乎已经被注定了。

还有一家公司也在试图通过剪接跨越的方式来解决这些患者中抗肌萎

缩蛋白遇到的麻烦。这家公司叫做“Sarepta”，也是用类似的方法来治疗患病的男孩。虽然该公司仍然对其计划非常乐观，但美国食品和药物管理局已经对其临床试验规模是否够大以能反映出真实结果提出了质疑。例如，在一项研究中，有着显著差异的对照组和治疗组中只有 12 名患者。

公司的投资者无疑感到了刺骨的冷风，但它无法与患病男孩的家庭已经经历的和即将经历的日子相提并论。

看过本章提到的科学问题，你可能会觉得剪接所带来的麻烦要比其具有的价值还多。这看起来是索德定理（Sod’s Law）的一个范例：如果事情可以出错，它就一定会出错。但现实是，在所有的生物学过程中都会面临相同的问题。数十亿个碱基、成千上万的基因、数以万亿计的细胞和数十亿的人。这是一个数字游戏；没有什么能保证每次都不出错。但事实上，这种将分隔的基因连接在一起的过程历经数亿年的进化后仍被保留了下来，并使用着一个高度保守的系统。这清楚地说明，其具有的成熟性、信息含量和灵活性等方面的优势可以弥补它的缺点。

18　迷你也能很强大

也许因为我们是大型动物，我们会更钟情于其他的大型动物。这没什么问题，毕竟，一只例如美洲豹这样的大猫确实是一种了不起的生物。我们也钟情于它，因为美洲豹是一个猎人，一个顶级食肉动物。相比之下，一只蚂蚁，看起来相当微不足道，即使它是中南美洲的一种名为行军蚁的品种。当然，它的下颚又大又强，你甚至可以用它们将伤口的两侧钉在一起。但是，我们仍然很难被这些一跺脚就能踩死的小东西吓到。

但如果遇到一整群的行军蚁，就不是这么回事了。一群行军蚁能吃掉的肉量大概跟一只美洲豹差不多。如果你看到它们正向你这边走来，最好穿上靴子，能跑多快就跑多快，而不是沉溺在踩踏蚂蚁的游戏中。

在我们的基因组里也是这样。我们的基因组里有数千种非常小的垃圾核酸。每一种都在微调基因表达中具有作用，而且它们每个的作用都很微弱。但是，当我们观察它们的总体作用时，它们会令人印象深刻。

欢迎来到小 RNA（smallRNA）的世界，它们是我们基因组中的强大的行军蚁。如它们的名字所示，这些 RNA 分子很小，通常是 20 ~ 23 个碱基长。我们可以把它们当作是微调分子，就是对基因表达的调控起微调作用的分子。

图 18.1 显示了这些小 RNA 如何被制造出来，以及如何工作的。它们来自双链 RNA 分子，随后结合到信使 RNA 末端的非翻译区上，以形成一个新的双链 RNA。该双链结构的生成，依赖于一个垃圾序列间的相互作用，并会对信使 RNA 产生下面两种作用之一：它能够靶向信使 RNA 使其解构，或者使其很难被核糖体翻译成蛋白质［诱发降解的小 RNA 被称为微小 RNA（microRNA，或者 miRNA）。导致翻译减少的类型被称为小干扰 RNA（或者 siRNA）。为了避免使用过于复杂的专业术语，我们使用小 RNA 这个词来同时描述上面两种分子］。最终的结果是类似的，就是导致

从特定信使 RNA 而来的蛋白质表达降低。

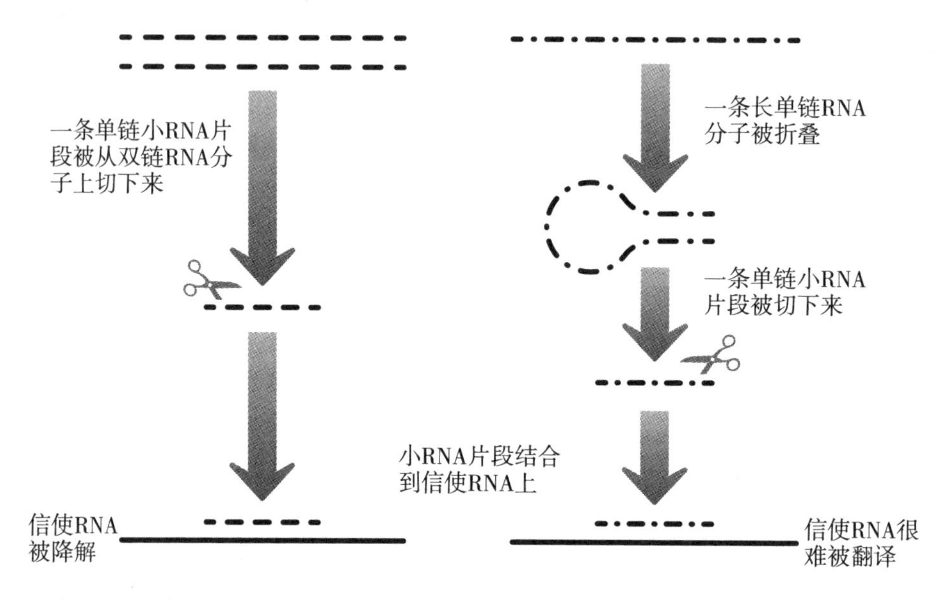

图 18.1　示意图描述了细胞如何利用长链 RNA 分子来制造两种不同类型的小 RNA。这两种分子能通过不同的方式抑制基因表达，如图底部所示。

触发信使 RNA 降解的小 RNA 必须跟它们的靶点完美匹配。而抑制信使 RNA 翻译的则没那么严格。它们只要有 6～8 个连续碱基是跟靶点匹配的就可以了。其后果之一就是一条小 RNA 可能会结合不止一类的信使 RNA，并且降低它们的翻译。另一个潜在的后果就是，细胞里面不同信使 RNA 的相对水平会影响到彼此受特定小 RNA 影响的程度。这意味着任何一条给定的小 RNA 会在细胞里面产生不同的效应，而这依赖于它的哪个靶点被表达了以及这些靶分子之间的比例。

垃圾DNA 小 RNA——天使，还是魔鬼

有一族小 RNA 分子对免疫系统里一类特定细胞的调控具有重要作用。如果在小鼠中过表达这族小 RNA，动物就会发生致死性的过度免疫反应。另一方面，如果缺少这些分子，动物就会在出生前后死亡。在人类中，一个拷贝该族分子的缺失会导致一种罕见的疾病——法因戈尔德综合征

(Feingold syndrome)。该病的患者具有多种不同的症状，通常包括骨骼畸形、肾脏问题、肠道堵塞和中度学习障碍。

该族仅仅6个小RNA表达受扰而产生的后果就具有多样性。但是，也许没有我们想象的那么难，因为研究者已经发现该族小RNA本身就可能靶向超过1000个蛋白编码基因。

编码小RNA的垃圾序列通常位于其他垃圾区域中，比如编码长链非编码RNA的基因中。有一种疾病叫做人类软骨毛发发育不全（cartilage-hair hypoplasia)，它最初是在阿米什社区中被鉴定出来的，其中十分之一的成员是致病突变的携带者。这是一个令人难以置信的高比例，几乎可以肯定反映了一个事实，就是这个社区只是由少数家庭组成的。受累儿童在其骨骼形成中存在缺陷，从而导致侏儒症样的短肢畸形，头发虽然是完好的，但很稀疏。患者往往还伴随一些其他缺陷。

导致该疾病的突变位于一个长链非编码RNA基因中。但是，该长链基因里面包含有两个小RNA基因，垃圾中的垃圾，而且很多突变能够影响到更小的部分。该变化打乱了小RNA的结构，所以它们不能正确地被切割酶(图18.1中的剪刀）处理。结果就是，它们的表达水平出现了异常。这两个小RNA调控了超过900种蛋白编码基因。这里面有跟骨骼和头发发育相关的基因，还有一些在其他系统中发挥作用的基因。这就可以解释为什么影响了这些小RNA表达水平和功能的突变会在患儿中导致多种器官系统出现问题。

既然小RNA在基因表达的微调中具有如此重要的作用，我们就不会对这些垃圾分子在发育中也发挥了主要的作用产生惊讶。生命的这个阶段中，基因表达出现的微小偏差都会产生显著的影响。(记得我们提过的下楼梯的机灵鬼例子吗?)

垃圾DNA 小RNA和干细胞

关于小RNA重要作用的漂亮的例子来自于将人类组织细胞重新编程为多能干细胞的实验，多能干细胞就是具有构建我们所需任何组织的潜在能力的细胞。这是一个我们在第12章遇到过的技术，而且图12.1进行了解释。尽管原始的工作以超快的速度获得了诺贝尔奖，但它仍然存在局限性。尽管主要调节蛋白可以将发育过的机灵鬼放回到楼梯顶端去，但它们的效率很低。只有非常低比率的细胞被逆转，而且该过程需要很多周的时间。在这些突破性的成就出现5年后，其他研究者拓展了该项工作。他们用原始的试验方法采用相同的主要调节因子处理这些成熟细胞。但是，他们也加了其他的一些东西。他们过表达了一族小RNA，这些小RNA在正常的胚胎干细胞中成高表达状态。科学家们发现在跟主要调节因子一同过表达这些小RNA的时候，成年细胞能够被逆转为多能干细胞，这跟预期一样。但是，被成功逆转的细胞比例比单独使用主要调节因子要高出100倍，而且该过程发生得很快。相反，如果他们使用主要调节因子，但同时敲低这些内源性小RNA的表达的话，重新编程过程的效率成直线下降。这说明这族小RNA确实在控制细胞命运的信号网络中有至关重要的帮助调节的作用。

成熟组织中也有干细胞存在，这些干细胞只能形成这些特定组织的细胞，而不是多种细胞类型。这对于我们从婴儿生长为成年人非常重要，对修复磨损亦然。一些组织甚至到生命晚期仍保留有非常活跃的干细胞群。一个典型的例子就是骨髓，它能够持续制造我们用于抵抗感染和巡查癌细胞的细胞。老年人容易罹患感染和癌症的原因之一就是骨髓干细胞最终被耗竭，使他们的免疫屏障出现了漏洞。

有数据表明人类组织中的干细胞和成熟细胞之间小RNA的表达模式有差异。但是，这些数据很难给出定论，因为孰因孰果的问题依然存在。是小RNA模式的不同导致了细胞活性和功能的差异，还是它们仅仅是细胞变化时跟随变化的旁观者？单个小RNA与所有信使RNA分子中至少一半的分子间有序列配对的事实，已经在提示它们间的因果关系。但是为了更加直接地证实这个问题，科学家们把目光转向了我们的表亲——小鼠。

研究者已经有办法仅在成熟器官中进行基因敲除，这就产生了一个非常有力的研究工具。这个有力的技术意味着小鼠可以正常发育，这样我们就不需要担心由于发育过程中信号通路和网络问题导致的症状了。该技术已经被用于研究产生小RNA必需的酶（图18.1中的剪刀）在成熟细胞中失活所带来的后果。这会导致所有小RNA的生成受阻，从而告诉我们它们是否具有重要作用。但它无法告诉我们具体哪些小RNA参与了这些作用。

当科学家们将剪刀酶在成年小鼠的所有组织中敲除后，他们发现骨髓出现了异常，而且脾脏和胸腺也有问题。所有这三个组织都产生抗感染的细胞，并保留着大量的干细胞。该结果与小 RNA 系统在干细胞调控中有作用的共识一致。所有的这些小鼠全部死亡了，这是由于肠道大片受损引起的，这也与其在干细胞中的作用一致。我们的肠道细胞因为进行着消化活动而一直进行着新陈代谢。每天，这些脱落的细胞会被活跃的干细胞群落所产生的新细胞取代。然而，我们并不清楚究竟为什么剪刀酶的缺失会导致如此严重的肠道损伤，尽管这可能与小鼠处理饮食中脂肪的方式的异常有关。

这些效应都非常显著，但这并不意味着只有少数组织里面的小 RNA 才有重要作用。因为，小鼠死亡得相对太早了，这可能会掩盖一些其他组织中出现的更温和的症状。为了进行探讨，研究者使用了一种更高级的基因敲除技术。通过这项技术，他们可以将成年小鼠特定组织中的剪刀基因失活。

于是，得到了很多与其在干细胞群落中具有影响一致的结果。例如，当把成年小鼠毛囊细胞中的剪刀基因失活后，毛发就无法再进行正常的生长了。

这样会产生一个诱人的推测结果，小 RNA 的网络对于保持干细胞活性以补充特化细胞来说是必需的。但是，这有点太过简单了。正如我们想尽一切办法来保证我们的工资能维持到下次发薪水的日子，我们的身体也需要确保它们过快地使用掉自己的干细胞。干细胞是非常宝贵的，一旦用完，就再也没有了。一旦我们明白这些，显而易见的一点就是，一些小 RNA 网络需要阻止干细胞不可逆地转化为成熟的组织细胞。其实这需要一个平衡，如图 18.2 所示。

骨骼肌里面也含有干细胞［它们被称为卫星细胞（satellite cells）］，而且它们大多数时间都在保持静息，以此保证不会太早浪费掉。这种干细胞库的耗竭对我们提过的杜氏肌营养不良症中肌肉的损失也负有部分责任。正常情况下，肌肉干细胞里面有些蛋白质能够阻止它们转化为成熟的肌肉细胞。然而，如果在健康个体出现急性损伤，或在营养不良的条件下丧失了肌肉细胞的话，这些蛋白质的表达会下调。这至少部分是通过特定小 RNA 的表达实现的。小 RNA 会结合到携带这些蛋白编码的信使 RNA 上，减少该蛋白质的产生。干细胞的刹车被松开，于是它们就转化成为了成熟的肌肉。

心脏也有类似的作用，成熟的心肌细胞确实也包含一些干细胞，尽管

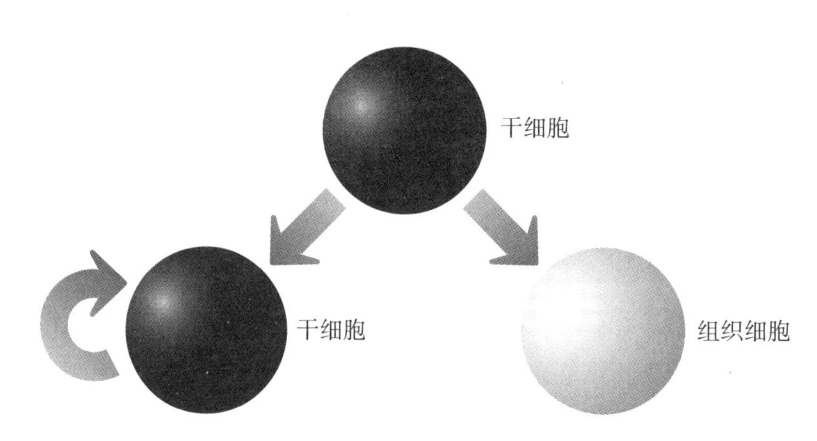

图 18. 2　当一个干细胞分裂时，它能够产生另一个干细胞，从而保持持续分裂，或者产生一个分化细胞，且不能再生成任何干细胞。

它们数量不多且很难转化为成熟心脏组织。这也是为什么心力衰竭的破坏性如此巨大的原因之一。心力衰竭后，心肌细胞会死亡，而我们的身体很难生成替代的组织。相反，我们在心脏上产生了疤痕而这个器官无法正常工作了。这导致了很多心力衰竭幸存者会遇到长期的困境，就是他们再也无法彻底恢复健康了。

如果能够激活心肌干细胞来产生新的心肌细胞是不错的选择，但在小鼠身上进行的试验提示情况没那么乐观和直接。看起来心脏里面的小 RNA 在阻止着干细胞向心肌细胞的转化。如果这些制造小 RNA 的剪刀酶在成熟的心脏中被关闭掉，心肌细胞就会开始生长。不幸的是，这样反而会带来很多潜在的问题，导致一种被称为心肌肥大的疾病。这与通过运动强健心肌不同。相反，它会导致类似于高血压引起的心脏壁的异常增厚。因为剪刀活性的丢失会导致干细胞无法保持现有的状态，而促进一个基因产生了类似于发育期才具有的表达模式。

重新激活心肌干细胞并没有什么帮助听起来似乎很奇怪，但也许这只是一个权衡。从进化的角度来讲，最重要的事情莫过于保证动物活到足以产生下一代并传递遗传物质。心脏发育的控制的主要目的是保证我们的心脏足以维持我们达到这个目标。对进化来说，当我们老去后还能否修复心脏已经没有任何意义，这是想要活得更久的人类自己的问题，而不是进化需要关心的。

垃圾DNA 小 RNA 和大脑

尽管我们通常认为我们的大脑完全由成熟细胞组成，但最近的数据显示即使在这个器官里，也有一些干细胞。在发育有高度敏感嗅觉的动物中，这些干细胞能够被激活并且形成对新气味做出反应的神经元。这使得这些动物能够将嗅觉的反应做到极致。一种干细胞里面的蛋白质促进它们分化成具有特定反应性的神经元。该蛋白质的表达通常被一种小 RNA 所控制。当研究者将小鼠中这种小 RNA 的表达抑制后，这个蛋白质的表达就出现了上调，神经干细胞分化成为了与嗅觉相关的神经元。尽管抑制小 RNA 表达的信号通路还没有被鉴定出来，但人们怀疑在正常情况下，当小鼠闻到新气味的时候这种小 RNA 的表达会被降低。

小 RNA 参与了每天的细胞活动，微调着对周围环境不断出现的刺激的反应。很难去搞清楚这种微调是如何实现的，因为每个小 RNA 的作用都相对微弱。这是很多小 RNA 通过大量但是细微的网络作用共同产生的综合结果。即使是这样，还是有足够的有趣数据给我们以信心，坚信这些垃圾小分子确实具有重要的作用。

大脑对小 RNA 表达特征的扰动特别敏感。这种变化的影响因大脑的不同区域和扰动的时间各异。这反过来也可能反映了，所有不同的小 RNA 和所有其他信使 RNA，以及那些大脑中被严格控制表达量的蛋白质之间交互的重要性。

这方面一个突出的例子就是成年小鼠前脑中剪刀酶被失活的试验。小 RNA 的表达缺失了。在一开始对动物来说这似乎是件好事，它们在测试中表现得更好，无论这些试验是基于恐惧还是奖励。它们的记忆能力显著提升，但如果大家想在家里对自己的大脑尝试的话（大家都有面临考试的时候），还是先听我说完下面的话：这些小鼠身上确实出现了智慧的闪光，但它并没有闪耀多久，大约在这些剪刀酶被失活 12 周后，这些小鼠的大脑开始出现退化。

这个延迟反应在另一种能够反映小 RNA 在大脑中具有重要作用的情形中也有发生。这可能提示小 RNA 在大脑细胞中相对稳定，而且需要一些时间才会耗完。两周龄小鼠大脑中与运动控制有关区域的细胞里面的剪刀酶被失活。如预期的，这导致了小 RNA 表达的显著降低。一开始小鼠还没有什么问题，但 11 周以后，它们开始出现运动方面的障碍。分析它们的大脑后发现没有能力制造小 RNA 的神经元已经死亡了。

小 RNA 会在所有意想不到的地方发挥作用。酒精在我们大脑中的靶点是一种调节信号跨膜传递的蛋白质（该蛋白质被称为 BK，是一种钾离子通道）。这个蛋白质的信使 RNA 能够出现多个不同的版本，依赖于氨基酸编码区域如何被剪接。酒精导致了一种特定小 RNA 的表达，这种小 RNA 能够结合到这些不同的信使 RNA 中某些末端非翻译区上。这会导致某些编码某些蛋白质版本的信使 RNA 被降解，而其他的则不会。这导致了神经元中对酒精有反应的蛋白质的分布变化，而这在酒精耐受和成瘾方面都具有重要作用。这个机制如图 18.3 所示。小 RNA 也被认为与其他药物，如可卡因等成瘾有关。

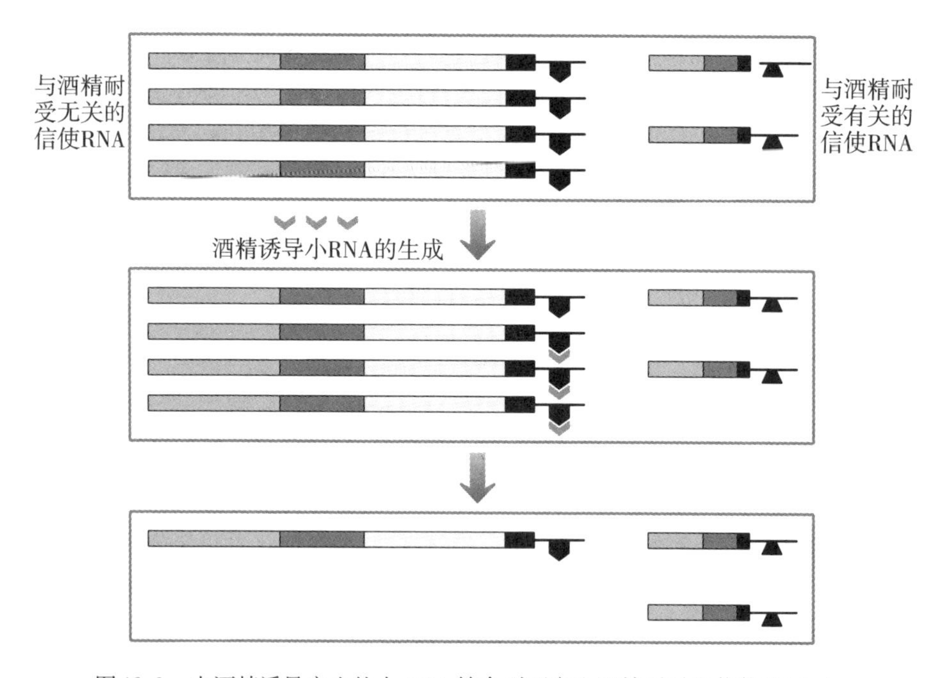

图 18.3　由酒精诱导产生的小 RNA 结合到不产生酒精耐受的信使 RNA 上。这些小 RNA 不与产生酒精耐受的信使 RNA 结合。这导致了编码与酒精耐受相关蛋白质版本的信使 RNA 分子水平的相对升高。

垃圾DNA 小 RNA 和癌症

小 RNA 的错误表达已经被证实与很多在全球影响人类健康的疾病有关。这些疾病包括心血管疾病和癌症。后者或许是意料之中的，因为癌症就是细胞命运和发育的异常，而小 RNA 在这些过程中具有非常重要的作用。小 RNA 在癌症重要性的一个很明显的例子是一种由于不恰当表达发育而导致的肿瘤。这是一种通常在 2 岁之前发病的儿童脑肿瘤亚型。可悲的是，这是一种恶性程度很高的癌症（被称为幕上神经外胚叶肿瘤），且即使在给予很积极的治疗的情况下，仍然预后不佳。肿瘤的发生是由于脑细胞里面遗传物质的不恰当重排。一个通常促使某个蛋白编码基因强表达的启动子被重排到了一族特定的小 RNA 前面。这整个的重排区域随后被放大，意思是在基因组里面产生了多个拷贝。结果是被搬迁的启动子下游的小 RNA 的表达太过强烈。其表达水平超过了应有水平的 150～1000 倍。

这个 DNA 区域里面有超过 40 种不同的小 RNA，事实上，这是灵长类动物里面最大的一族小 RNA。它通常仅在人类发育的早期表达，在胚胎期的前 8 周。在婴儿大脑中强烈开启它的表达会对基因表达产生灾难性的影响。下游作用之一是促进了一个能修饰 DNA 的表观遗传蛋白的表达。这导致了 DNA 甲基化模式的整体改变，致使诸多基因错误地表达，其中包括很多本该仅在发育期非成熟大脑细胞分裂时才会进行表达的基因。这让婴儿的脑细胞从此踏上了走向癌症的不归路。

细胞里面小 RNA 和表观遗传工具的交互可能在另一种细胞易变成癌症的情况下更明显。该机制能够通过表观遗传修饰来放大小 RNA 表达被干扰后所产生的效应，并遗传给子细胞。这会开启一个能够导致基因表达的潜在危险变化的硬件。

小 RNA 和表观遗传过程间的相互作用步骤并没有被全部弄清，但线索已经浮出了水面。例如，一族能够提升乳腺癌侵袭性的特定小 RNA 的靶点是一段信使 RNA，而这段信使 RNA 编码了一个能够移除关键表观修饰的酶。这会改变癌症细胞中的表观遗传修饰模式，从而干扰了基因的表达。

患者中，很多癌症非常难以监控。它们可能无法识别，所以很难获得样本。对临床医生来讲，很难检测到癌症是如何变化的，以及其对治疗的反应如何。他们可能不得不依靠间接的手段，比如扫描成像的方法。一些研究人员认为，小 RNA 分子可能会提供一种新的技术来跟踪癌症的自然发展。当癌细胞死亡后，在细胞破裂时往往能导致小 RNA 的释放。这些小垃圾分子通常与蛋白质络合，或者包裹在细胞膜碎片里。这使得它们在体液中非常稳定，所以可以提取和分析它们。由于数量很少，研究人员需要使用非常灵敏的分析技术。但这并不是不可能的，因为核酸测序的灵敏度一直在被改善。在乳腺癌和卵巢癌，以及其他一些癌症中已经发表了支持这种方法的数据。在肺癌中，对循环小 RNA 的分析结果证明了，其可以有效区分患者体内的孤立肺结节是良性的（不需要治疗）还是恶性的（需要治疗）。

垃圾DNA 死马和被沉默的基因

小 RNA 会在所有意想不到的地方发挥作用。有一种非常恐怖的感染性病毒，被称为北美东部马脑炎病毒（North American eastern equine encephalitis virus）。这种病毒通过蚊子叮咬传播，当这种病毒感染了马的时候，马就会死亡。人类中的情况也不乐观，病死率为 30% ~70%。患者的死因是病毒进入了中枢神经系统，导致重度的脑膜炎症。该感染性病毒的基因组是由 RNA 构成的，而不是 DNA。

当这种病毒经由蚊子叮咬首次进入人体血液循环后，它被白细胞摄取。这些细胞是对抗入侵者的第一道防线。但很奇怪的事情发生了，一个由白细胞正常制造的小 RNA 跟病毒 RNA 基因组的末端结合了，并阻止了它编码蛋白质。

这看起来似乎是好事，但事实正好相反。我们的白细胞正常情况下能够识别自己是否被病毒感染了。这些细胞会触发一系列反应，包括升高体温和制造广泛的抗病毒化学物质，而这些细胞的目标全都是那些微小的入侵者。

但是，当白细胞里面的小 RNA 结合到病毒基因组上后，病毒沉默了。后果就是，免疫系统不知道机体已经被攻陷了。这使得其他病毒颗粒在人体内自由穿梭。如果其中有些到达了中枢神经系统，就会在大脑组织中触发致死性的反应。

研究者将这称之为病毒对小 RNA 系统的劫持，而这似乎并不是唯一的例子。丙型肝炎病毒也有一个 RNA 组成的基因组。当这种病毒感染肝细胞时，病毒 RNA 结合到了这些细胞正常表达的小 RNA 上。在这种情况下，该结合稳定了病毒的基因组，使其难以被破坏。结果，就产生了更多的病毒蛋白，使感染变得更具破坏性和侵袭性。

很明显，小 RNA 参与了一系列的人类疾病，从感染到癌症，从发育到神经退行性疾病。这当然会引起一个有趣的问题：如果垃圾 DNA 可以引起或导致疾病，那么它能否用于抗击疾病？

19 有用的药物（有时候）

每年，制药公司都要花费数10亿美元来试图创造能够治疗人类疾病的新药。他们希望找到解决现有医疗未能满足的需求，随着全球人口的老龄化，该任务越来越迫切。关于垃圾DNA对基因表达影响与疾病进展间关系的理解的突破，吸引了一系列新公司来探索这块新领域。具体来说，大部分的努力都是在使用非蛋白编码RNA本身作为药物。其基本的前提是垃圾RNA，即长链非编码RNA、小RNA或另一种被称为反义RNA的结构，能够提供给患者体内，从而影响基因的表达，控制或治愈疾病。

这与我们现今使用的治疗疾病的方法截然不同。从历史上看，大多数药物均为小分子的一种类型，它们由化学合成，结构相对简单。一些常见的小分子药物如图19.1所示。

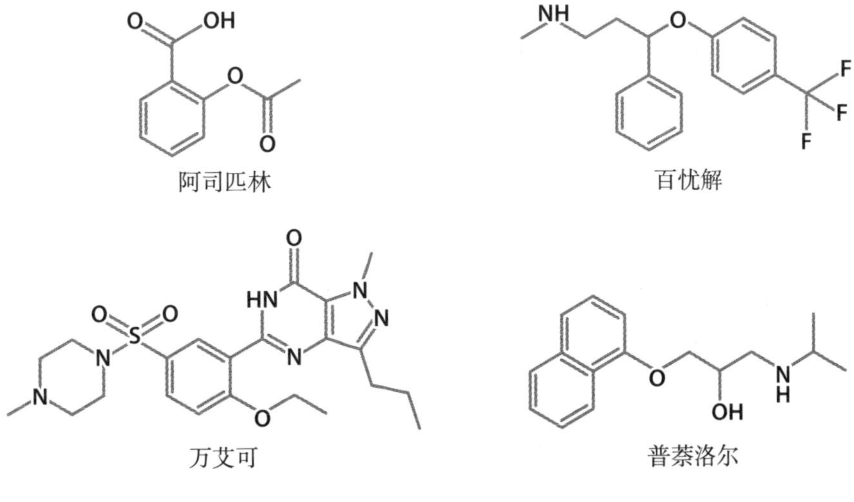

阿司匹林　　百忧解

万艾可　　普萘洛尔

图19.1　一些常用小分子药物结构。

最近，我们才开始把蛋白质当成药物来使用。可能最有名的就是胰岛素了，这是一种使用在糖尿病患者中用以控制患者血糖水平的药物。抗体是另一种非常成功的蛋白质药物，这些分子本来都是我们生成以抵抗感染的。药物公司发现了它们的作用，就是结合到过表达的蛋白质上并且中和它们的活性。最畅销的抗体是用于有效治疗类风湿性关节炎的，而且还有其他的用于治疗乳腺癌和失明等抗体药物。

小分子和抗体都有优势和缺点。小分子通常在合成方面相对便宜，且易于使用，通常吞服就可以了。它们的缺点在于在体内持续时间不长，所以我们需要规律性服药。抗体能够在体内持续几周甚至几个月的时间，但它们不得不利用专业的注射给药，且制造费用也很高昂。

还有一些其他的缺点。抗体仅对体液里的分子有效，比如血液里面或者细胞表面的分子。这些药物无法进入细胞内部发挥作用。而依赖于结构的优势，小分子能够进入细胞。但它们能够调控的蛋白质种类非常有限。

小分子的作用就像是锁上的一把钥匙。如果你在房子里面，最简单的防止别人进入的方法就是锁上门并且把钥匙留在里面。如果你想永远防止别人进入，就用一把有点缺陷的钥匙锁上门，这样锁就永远也开不了了。

可以这样做的原因是钥匙和锁非常匹配。但你不能用钥匙来锁那些老式的外部滑动螺栓的锁。因为与钥匙不匹配，它只会不停地滑落到地面上。我们的细胞也是这样的。我们的细胞里面有很多我们想控制的蛋白质，但由于蛋白质的结构问题，我们不能创造大量的小分子来对抗它们。它们没有漂亮整齐的裂隙或口袋，用以配合我们的药物。相反，它们有很大的平坦的表面，而没有一点让小分子结合的空缺。

我们可以试着造一些大点的分子以能够覆盖整个平坦的表面。问题是一旦这样，我们得到的药物分子过大可能会导致其无法在体内很好地进行循环，而且也无法进入细胞发挥该有的作用。

还有另一个问题，即很难制造出一种药物可以成功进入细胞，结合到特定蛋白质并阻止该蛋白质的活性。如果想要制造出一种药物，可以成功进入细胞，结合到特定蛋白质并使其工作更有效、更快或者更好就更加困难了。想要让传统药物来提升某种蛋白质的表达，或者开启仅仅一个基因都是非常困难的。

垃圾DNA 垃圾 DNA 能救我们吗

这就是为什么大家会对研发新药物如此感兴趣，而且提升对垃圾 DNA 的了解是如此重要的原因。理论上，通过使用长链非编码 RNA 或者小 RNA，能够靶向传统小分子或者抗体药物无法企及的通路或者基因表达，不管是升高蛋白质的表达还是提升其活性，都没问题。我们可以用这种新的方法来解决。

“理论上”，我们必须关注这个词。理论上——理想很丰满，现实很骨感。所以我们应该在将所有的养老金投给该领域的新生物科技公司之前，先好好想一下。有很多工作正在进行中，所以我们需要集中分析一些典型案例。

肝脏能够生成一种蛋白质，其作用是将一些其他的分子运送到全身去。全世界，大概有 50000 个人的编码该蛋白质的基因出现了突变。这些突变有很多种，导致其突变的原因都很类似，它们全都改变了该蛋白质的活性，以至于导致其运送了错误的分子（该蛋白质被称为甲状腺素运载蛋白）。

在患者中，一种由正常和突变蛋白混合形成的沉积物开始在组织中出现。患者可能会有多种症状，这取决于该沉积物出现在哪些组织中。在 80% 的已知病例中，心脏是受累的主要器官，这会引起潜在的致死性心脏病变。其他 20% 的患者中，大部分都在神经和脊髓中出现了沉积物。这会导致多种器官的衰弱问题，包括功能异常和对温和刺激的过度痛觉。

一家名为“Alnylam”的公司开发了一种小 RNA，其与糖分子缀合，能够注射给患者。这个小 RNA 与该病中编码突变蛋白的信使 RNA 尾端的非翻译区相结合，导致被靶向的信使 RNA 被破坏。

2013 年，该公司披露了该药的临床二期试验结果数据。他们发现当患者被注射该药物后，其循环中的突变蛋白和正常蛋白水平都出现了迅速而持续的下降。这是一种改善，但并不是治愈。推论是，循环中这些蛋白质的降低会导致组织中沉积物生成的减少，反过来导致疾病进展的减缓。但是，我们并不知道事实是否能够如此，我们需要更大规模的对症状和疾病进展有更好的监控的临床试验。只有在这种实验中证实该药有效，才能算是成功了。

另一家公司，名为“Mirna”制药公司，研发了一种小RNA，其模拟了一种在肿瘤中已知的非常重要的小RNA。这种内源性的小RNA是一种肿瘤抑制子，而它的总体作用是抑制细胞增殖。它的作用机制是，对至少20种其他能够促进细胞分裂的基因进行负性调节。这种小RNA的表达在肿瘤患者中通常出现下降或缺失，这就相当于松开了细胞分裂的刹车。他们希望能够通过将这种小RNA带入细胞，重建基因调节的正常模式，从而停止细胞过快增殖。

这个公司在肝癌患者中对他们的模拟物进行了检测。目前为止，该实验只是被设计来看看患者能够忍受的最大剂量是多少。想知道它到底在临床上是否有更好的效果，我们还需要等待。

尽管不是很明显，但这两家公司都选择了一个非常聪明的角度来研发药物。过去，开发核酸类药物的公司面对的最大的问题就是机体自身的解毒能力。本质上，当一种任何类型的新化学物质进入体内后，它有很大的可能性会去肝脏。而这个非常具有活力的器官的重要功能之一就是将任何可疑的物质进行解毒。在我们已有的进化史中，这项工作完成得非常好，它使我们免于受食物中毒素的侵袭。但问题在于肝脏并不能分清楚我们需要避免的毒物与我们想要使用的药物之间的差别。它会一视同仁地把它们拉进去，尽一切可能破坏掉。

按照老的习惯，“Alnylam”公司和“Mirna”公司进行了扬长避短。“Alnylam”公司的靶点是一种在肝脏内制造出来的蛋白质的表达。“Mirna”公司则是试图对肝癌进行治疗。它们的分子都会被它们想要被摄取的器官所摄取。这些公司已经对结构进行了修饰或者对分子进行打包，以试图保证一旦它们被肝脏摄取，它们就会在细胞中存留足够长的时间以完成工作。小RNA的探索已经涉及到很多其他的疾病，而前期的细胞和动物实验的结果看上去都还不错。但对于例如肌萎缩性侧索硬化这类疾病来说，这些核酸必须避开肝脏而应该由大脑摄取，目前还不清楚如何才能成功地利用这一技术。

在第17章，我们看到了在得到令人失望的后期临床试验结果后，一种被寄予厚望的治疗杜氏肌营养不良症的药物如何可能会淡出人们的视线。这项探索中所采用的技术是一种特殊类型的垃圾DNA，被称为反义。

反义垃圾DNA可能是我们基因组中普遍存在的特征，而其原因是

DNA 的天然双轨结构。我们在第 7 章了解过这方面的知识，通过一个实际的生物学例子，就是 Xist 和它的反义链 Tsix。我们也用单词 DEER 做了比喻，它可以从后往前被读为 REED。这仅仅依赖于为 DNA 拷贝制造 RNA 的酶是从左往右地阅读一条链，还是相反的从右往左的方向。

然而，大部分的单词是不能从两端阅读的。以单词 BIOLOGY 为例，反过来就是 YGOLOIB，这没有任何意义。同样，从我们的基因组一个方向拷贝而来的信使 RNA 可以编码一个蛋白质，但同样区域里，反向拷贝出来的就仅能编码一个不能被翻译成蛋白质的垃圾 RNA。有时候，这会在我们的细胞里形成一个自动反馈调节圈，限制特定基因的表达。图 19.2 就是一个示例。

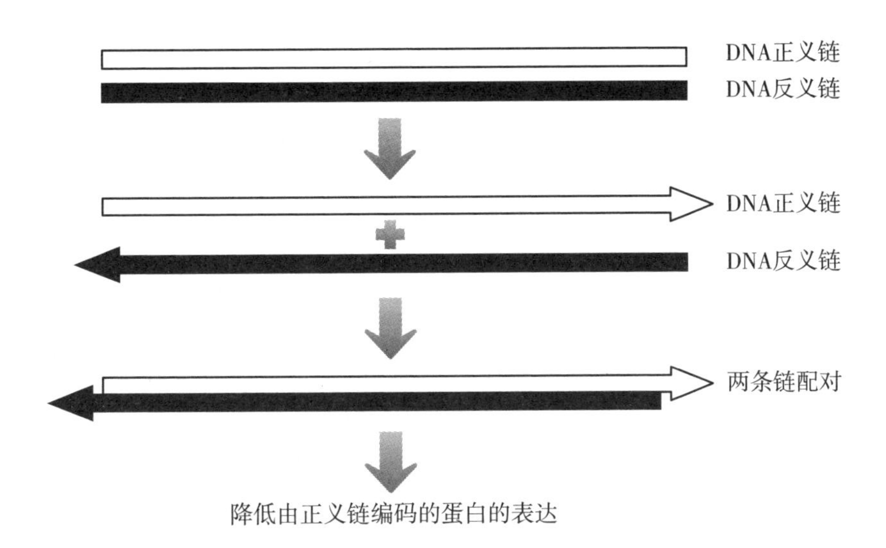

图 19.2　基因组的一些部分里，两条 DNA 链都可以被拷贝成 RNA，只是通过相反的方向。它们被称为正义（产生能够编码蛋白质序列的 RNA）和反义（其不编码蛋白质序列）。反义 RNA 分子能够与正义 RNA 分子结合并影响其活性，本例是抑制由正义信使 RNA 模板而来的蛋白质的产生。

研究者已经报道了，大概有三分之一的基因会同时通过反义链制造垃圾 RNA。然而，这些反义链通常产生的水平较低，只有不超过 10% 。有时候，这些反义链仅是基因里面的一小段插入序列。其他时候，正义链和反义链可能会在不同的位置进行开始和结束，以至于它们有重叠的区域，但有时也有不同。有时候将正义 DNA 链拷贝成正义 RNA 的工具会与在另一个方向制造反义 RNA 的工具“撞车”，这两套蛋白质都会从 DNA 上掉落，而两条 RNA 链都会被遗弃。甚至还有针对一些长链非编码 RNA 的反义链存在。

反义 RNA 链结合到它的正义链配偶后产生的影响可能迥然不同。图 19.2 显示的是一个结合后阻止正义信使 RNA 被翻译成蛋白质的例子。但是，还有其他的情况存在，就是结合信使 RNA 后，最终会导致蛋白质的表达增高。

在杜氏肌营养不良症的临床试验中，患者被给予能够识别并结合抗肌萎缩蛋白的信使 RNA 的反义链分子。该反义链分子经过了化学修饰，能防止它被机体过快地破坏掉。当这些反义链分子结合到抗肌萎缩蛋白信使 RNA 上后，它阻止了剪接工具的正常结合。这改变了信使 RNA 被剪接到一起的方式，从而处理掉了那个能够导致突变蛋白出现大部分问题的区域。

垃圾DNA 还是有些好结果

杜氏肌营养不良症临床试验最终失败了，但这并不意味着所有的反义链治疗都是不可能的。事实上，还是有成功的案例。1998 年，一种反义链药物被允许使用在发生了视网膜病毒感染（该病毒被称为巨细胞病毒）并影响到视力的免疫力低下的患者中。该反义链分子能够结合到病毒的基因上，并阻止其繁殖。这是一种非常有效的药物，所以就引出了两个问题。为什么这个药效果如此好？既然效果好，它又为何在 2004 年退出市场？

这两个问题都很直接。该药物效果好是因为它被直接注射到了眼睛里。这样就不会存在它被肝脏摄取并破坏的问题了，因为它根本就没经过肝脏。它的靶点是一种病毒，而且仅在体内一个相对独立的器官中工作，所以不会有干扰到人类基因的麻烦。

以上一切听起来都不错，那么为什么厂家在 2004 年不再销售该药物了呢？这个药物是为严重的免疫缺陷患者所研发的，这些人绝大部分都是艾滋病患者。2004 年以前，就出现了能够很好地控制艾滋病病毒的药物。患者的免疫系统不再如此脆弱，所以他们就很少发生视网膜病毒感染了。

最新的研究表明仍然有需要用反义链垃圾 DNA 进行治疗的人，有一种严重的疾病被称为家族性高胆固醇血症（familial hypercholesterolaemia）。在英国，预计有 120000 人患有此病，尽管很多人并未被确诊。这些人有一个阻止细胞摄取并正确处理坏胆固醇的遗传性突变。结果就是，30% ~ 50% 的患者会在 50 岁前罹患严重的冠心病。

标准的降脂药，如他汀类药物，对某些患者比较有效，可以降低其罹患心血管疾病的风险。这些患者的特定基因往往只有一个拷贝出现了突变，而另一个配对的拷贝是正常的。但是，对一些非常严重的患者，尤其是该特定基因的两个拷贝都出现了突变的患者，他汀类药物就效果甚微了。这些患者通常需要通过一周一到二次的血液透析来除去体内的危险胆固醇。

如果你想防止浴缸里的水溢出，有两个选择：你可以让水从浴缸的排水口流出去，或者关掉水龙头以停止供水。

一家名为 Isis 的公司研发了一种反义链分子，它可以靶向被称为“坏胆固醇”的低密度脂蛋白的构成蛋白（被靶向的蛋白名为载脂蛋白 B100）。该针对家族性高胆固醇血症的反义链疗法的原理是关掉水龙头。该反义链药物结合到编码坏胆固醇蛋白的信使 RNA 上并抑制它，导致该蛋白的低表达和坏胆固醇水平的降低。Isis 将它授权给了一家更大的名为 Genzyme 的公司，交易额高达数十亿美元。

该反义链药物［该药物名为米泊美生（Mipomersen）］在 2013 年 1 月通过了美国食品药品监督局的审核。它仅可用于最严重的家族性高胆固醇血症患者。该药物能够成功进入市场（每位患者每年的费用昂贵到让人哭泣的 170000 美元）的原因之一就是它的靶标基因位于肝脏里。然而，其缺点在于使用这种药物具有一定的肝脏毒性。食品药品监督局要求赛诺菲公司（Sanofi）（它购买了 Genzyme）必须对所有的用户进行肝脏功能检测。而欧洲药品管理局则因为安全性问题直接拒绝了该药的注册。

Isis 从 Genzyme 得到的数十亿美元确实不是小数目。但是，将该药从基础研究带到市场花费了超过 20 年的时间，而且整个过程的花费也超过了 30 亿美元，这果然是大投入带来大回报。

当然，研发先驱药物，尤其是使用之前未尝试过的分子类型制造的药物，都会耗费很长的时间和很多的金钱。我们总希望以后的程序能够进行得更快和更顺利。当然，已经有不少基于垃圾 DNA 的临床试验研究正在进行。有一种人类小 RNA 被病毒结合后能够帮助病毒感染细胞。有一种靶向这种小 RNA 的反义链药物，这是一个利用垃圾来对抗垃圾的例子，已经进入了临床Ⅱ期实验。

还有一件事情值得注意。2006 年，制药巨头默克公司花了超过 10 亿美元给一家研发小 RNA 的公司。2014 年，它又把这家公司打折出售了。另一家公司，罗氏公司在 2010 年停止了它自己在该领域的探索研究。

最近出现了一批投资生物科技的公司致力于该技术研究的热潮。RaNA 医疗公司正在开发能够阻断长链非编码 RNA 与表观遗传工具之间相互作用的 RNA 类药物，在 2012 年筹集了超过 2000 万美元。Dicerna 公司正在研发治疗某些罕见疾病和作为肿瘤标记的小 RNA，在 2014 年募集了 9000 万美元，这已经是其第三批融资了，尽管目前的进展还没有达到临床试验的任何阶段。

实际上就在我写这章的时候，2014 年的春天，一封警报信出现在我的电子邮件账户里，并告诉我，诺华公司已决定大幅减缓其在该领域的研究。这家制药巨头提出的主要持续存在的难题就是如何解决将小 RNA 递送到正确的组织的问题。这是从这些公司开始尝试开发这类药物时就已经面临的最大问题。许多垃圾 RNA 领域的公司是由卓越的科学家建立的，但这并不意味着关于药物递送的基本问题能够在一夜间被解决。并不是所有的企业都会失败。在这个问题上没有取得任何重大的突破，也就无法解释为什么投资者还会把资金投入到生物技术这一新领域。

总有一天，科学可能会搞清楚所有在基因组里面的可能出现的表观遗传修饰，而且能够准确预测其对基因表达的影响。我们会解决如何捕获碳，以及如何在火星上建立殖民地。肺结核将会是一个遥远的记忆，我们都会更好地理解希格斯玻色子。但揭开投资界行为背后隐藏的原因？还是现实一点吧。

20 黑暗中的一丝光亮

当我们接近了基因组暗物质之旅的终点时，敏感一些的读者也许会发现，我们还没有揭示本书开始时就提到过的一种人类疾病的秘密。该疾病被粗暴地命名为面肩胛肱肌型营养不良症，或简称为 FSHD。这是一种会在人类面部、肩膀和上臂出现肌肉萎缩的疾病。

发病的原因是患者在他们的一个拷贝的 4 号染色体上遗传到了数量较正常少的一个特定基因重复序列。即使在该突变被鉴定出来的多年以后，其致病原因仍是一个谜，因为在该基因缺陷周围根本找不到任何一个蛋白编码基因。

我们最终还是知道了疾病症状发生的原因，而这绝对令人印象深刻。它将我们之前遇到过的很多内容都整合了起来，显示了垃圾 DNA、表观遗传学、基因化石和异常 RNA 处理如何共同协作而产生了一个病理诡计的非凡故事。

我们先回顾一下，在正常的 4 号染色体上，有一个区域被重复了 11 ~ 100 次之间。该区域的长度仅有 3000 个碱基对。在面肩胛肱肌型营养不良症患者中，该染色体的一个拷贝上，该序列的重复数量稍有减少，只有 1 ~10 个。

首先出现了一个问题。有些人的重复元件的数量不到 10 个，但他们并没有罹患面肩胛肱肌型营养不良症，他们的肌肉非常健康。重复序列的数量减少只有在 4 号染色体同时具有另外一个特征的时候，才会导致疾病。

为了理解另一个特征的重要性，我们需要看看这个重复元件的一些细节。它们都包含有一个返座基因（retrogene）（该特定的返座基因被称为 DUX4）。返座基因是垃圾 DNA 的一个种类。它的产生源于正常细胞基因来源的信使 RNA 被反向拷贝为 DNA 并插入到基因组中。这与我们在图 4.1 中见过的过程非常类似，而且出现在人类进化很早以前。

但因为返座基因是以信使 RNA 为模板的，它们通常不包括正常基因具有的正确的调节因子序列。它们不含有剪接信号（因为信使 RNA 模板在被拷贝成 DNA 之前就被剪接过了），而且它们也没有适合的启动子和增强子区域。但是其中的一些还是可以用于制造信使 RNA。这就是在面肩胛肱肌型营养不良症返座基因上发生的事情。但这通常并不会带来麻烦，因为该 RNA 在细胞里不能发挥作用。它的信使 RNA 尾端没有能被加上 A 碱基串的正确信号，如图 16.5 所示的过程。正因如此，该信使 RNA 很不稳定并且不适于作制造蛋白质的模板。

但是，当一个只有少量重复序列的人的 4 号染色体上出现了某些额外序列，返座基因的最终拷贝就能被加上一个额外的序列。这就在信使 RNA 上添加了一个信号，允许细胞工具在上面添加 A 碱基。这反过来稳定了该信使 RNA，并将其转运到核糖体使其发挥制造蛋白的模板的作用，而这种被制造出的蛋白质在成熟的肌肉细胞中从未被开启过。

FSHD 蛋白的作用是通过结合到特定 DNA 序列上来调节其他基因的表达。它通常表达在生殖细胞中，也就是生成卵子或者精子的细胞。目前尚没有公认的理由来解释为什么该蛋白的表达会导致肌肉萎缩，而这可能包括了很多机制。它可能会激活触发肌肉细胞死亡的基因。它可能会导致肌肉干细胞的丢失，其机制可能与激活本该沉默的其他返座基因和基因入侵者有关。一个有趣的可能是，表达 FSHD 蛋白的肌肉细胞被患者自己的免疫系统破坏了。

生殖细胞是一种被称为免疫特赦的组织，因为正常情况下它与我们的免疫细胞隔离了。这意味着我们的免疫系统从不知道这些免疫特赦部位是我们身体的正常一部分。如果从生殖细胞而来的蛋白质在成熟的肌肉细胞中被表达出来，免疫系统可能把它们当作外源性生物，并攻击这些表达未知蛋白质的细胞。

所以，面肩胛肱肌型营养不良症（FSHD）给我们提供了一个垃圾 DNA 在疾病中重要性的例子。一个基因缺陷改变了垃圾 DNA 的数量。结果就是，一个垃圾元件被表达且被修饰添加了一段垃圾序列。但是这还没完，面肩胛肱肌型营养不良症返座基因仅仅是在特定表观修饰的作用下变得稳定表达而已。

在正常的细胞中，面肩胛肱肌型营养不良症（FSHD）重复序列通常在细胞处于多能状态的时候才会表达，比如在胚胎干细胞中。在这个阶段，重复序列被激活性表观遗传修饰所覆盖。但当细胞分化后，这些激活性的修饰被抑制性的所取代，从而导致该区域被沉默。如果多能细胞是来自面肩胛肱肌型营养不良症（FSHD）患者的话，当细胞分化时，这些激活性修饰不会被取代，从而这些重复序列会保持开启。

另一个方面是，对基因功能域的整体控制。在这些重复区域和4号染色体的其他区域之间有一个绝缘子区域。11－FINGERS蛋白与该区域结合并保证了FSHD基因功能域跟其他部分之间能够保持各自不同的表观遗传修饰特征。

除了所有的这些特征，4号染色体上面相关区域的三维结构也对FSHD返座基因的表达有作用。几乎可以肯定，所有这些因素的结合能够导致我们在面肩胛肱肌型营养不良症（FSHD）患者中见到的肌肉萎缩症状。

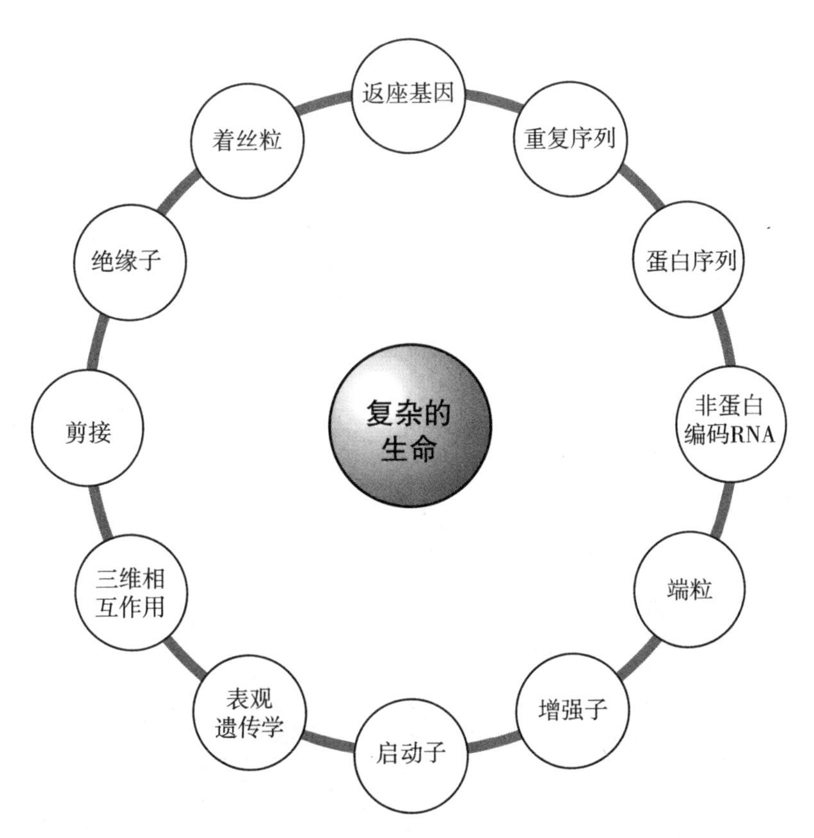

图20.1　一些相互作用的因素必须共同运作才能形成伟大的生命体。

一个垃圾区域出现的改变能够导致面肩胛肱肌型营养不良症（FSHD）疾病的机制正是一个典型的例子，该例子反映了我们基因组里面不同元件协同工作的复杂性和多层次性。它也显示了，在思考我们细胞里发生的事情的时候，我们不能仅线性地考虑问题，而应该想到复杂交互的过程，如图 20.1 的描述。这也说明了，为什么我们关于基因组中什么是最重要的争论不可能得到结果。不论我们干扰哪个方面都会带来后果。有些影响会大些，但是最终都是要共同协作。

当然，这并不意味着我们数十亿个碱基对中的每个碱基都有功能。有些可能真的是基因组中的垃圾，没有任何功能。但是，还有其他一些可能被作为垃圾抛弃的区域反而又变得有作用了。

我们不知道的东西还很多，包括一些我们可能想到的非常直接的问题。我们从来没有得到过关于细胞里面的垃圾 DNA 中究竟有多少功能区域的确切答案。这看起来似乎很好回答，但是请快速看一下图 20.2，并马上回答下面的问题，在棋盘上有多少个方块？

图 20.2　扫一眼就好，马上告诉我这个棋盘里一共有多少个方块？

瞬间的本能反应通常是64，但正确的答案是204，因为我们可以利用单个的黑色和白色的方块组合成更大的方块。我们的基因组就是这样的。一段DNA可以包括一个蛋白编码基因、长链非编码RNA、小RNA、反义RNA、剪接信号位点、非编码区、启动子和增强子等。在这一水平的影响包括了个体间的DNA序列变异、定向和随机的表观遗传修饰、多变的三维交互，还有与其他RNA和蛋白质的结合，然后还要加入不断变化的环境对我们的影响。

当我们了解了我们基因组里面的复杂性，就会明白我们是不可能对一切都了如指掌的。我们对其每多了解一点都是非凡的成就，在黑暗中，总有新东西要去学习。

附录：
正文中出现过的与垃圾 DNA 有关的人类疾病

阿尔茨海默病（Alzheimer's disease）

可能与一种能结合并稳定关键 BACE1 mRNA 的反义 RNA 的过表达有关。

安格尔曼综合征（Angelman syndrome）

由异常印迹引起的疾病。垃圾 DNA 在印迹的控制中非常重要，包括参与印迹控制区域、启动子、长链非编码 RNA 以及跟表观遗传系统的交互等。

再生障碍性贫血（Aplastic anaemia）

5% 左右的病例是由于能够维持端粒长度的关键基因的突变引起的，端粒是位于染色体末端的垃圾区域。

基质细胞癌（Basal cell carcinoma）

少量的病例是由于一个基因起始端的非蛋白编码区域突变而引起的，该突变导致了从该基因而来的 RNA 的表达的降低。

贝克威思－威德曼综合征（Beckwith－Wiedemann syndrome）

一种由于异常印迹导致的疾病。垃圾 DNA 在印迹的控制中至关重要，包括参与印迹控制区域、启动子、长链非编码 RNA 以及跟表观遗传系统的交互。

伯基特淋巴瘤（Burkitt's lymphoma）

因从 8 号染色体而来的 Myc 致癌基因被易位到 14 号染色体上并置于免疫球蛋白启动子的控制下而导致的疾病。

癌症（Cancer）

垃圾 DNA 在很多水平上与癌症相关，比如在一些特定癌症类型中的某些长链非编码 RNA 的过表达等。在大部分案例中，并没有足够强劲的证据表明它们在人类的病理变化中到底起到了多大的作用。但是，维持端粒（染色体末端的垃圾区域）长度的蛋白的过表达在一些肿瘤发生中的致病地位现在已被广泛接受。因长链非编码 RNA 异常表达导致表观遗传酶靶向到错误基因也被认为是一种导致癌症细胞异常增殖的原因而受到了深入的研究探索。

软骨毛发发育不全（Cartilage - hair hypoplasia）

因能够影响小 RNA 嵌入长链非编码 RNA 的突变而导致。

先天性腹泻（Congenital diarrhoea disorder）

因一个基因中的一个剪接信号的突变而导致。

德朗热综合征（Cornelia de Lange Syndrome）

因一个蛋白质的缺陷而导致，该蛋白质在垃圾介导的 DNA 高级结构中是必需的。

唐氏综合征（Down's Syndrome）

配子发育过程中 21 号染色体的错误分配造成的，该过程依赖于一个被称为着丝粒的垃圾区域。

杜氏肌营养不良症（Duchenne muscular dystrophy）

一些病例是由于导致抗肌萎缩蛋白 RNA 分子剪接异常的突变而引起的。

先天性角化不良（Dyskeratosis congenital）

可能由不同基因的突变引起，但每种突变都与维持端粒（染色体末端的垃圾区域）长度有关。

爱德华氏综合征（Edward's Syndrome）

配子发育过程中 18 号染色体的错误分配造成的，该过程依赖于一个被称为着丝粒的垃圾区域。

ETMR 小儿脑瘤（ETMR paediatric brain tumour）

因一族小 RNA 的重排和扩增而导致。

多指畸形（Extra digits）

因形态生成因子的一个增强子上的单碱基突变所致。

面肩胛肱肌型营养不良症（Facioscapulohumeral muscular dystrophy）

因一组垃圾 DNA 元件间相互作用，导致了一个逆转录病毒序列的异常表达而引起。

法因戈尔德综合征（Feingold syndrome）

一些病例因一族小 RNA 的丢失而导致。

智力发育迟滞的脆性 X 染色体综合征（Fragile X syndrome of mental retardation）

因一个基因起始端的非蛋白编码区域中 CCG 重复序列的扩展而引起。该重复序列通过使细胞难以将 DNA 拷贝至 RNA 而防止了该基因的表达。

弗里德赖希共济失调（Friedreich's ataxia）

因一个基因起始端的非蛋白编码区域中 GAA 重复序列的扩展而引起。该重复序列通过使细胞难以将 DNA 拷贝至 RNA 而防止了该基因的表达。

丙型肝炎病毒（Hepatitis C virus）

一种由人类肝脏制造的小 RNA 能够结合该病毒 RNA，使之稳定并促进病毒繁殖。

HHV－8 易感性（HHV－8 susceptibility）

能够由一个基因中的一个剪接信号的突变而引起。

全前脑畸形（Holoprosencephaly）

一些病例是由于形态生成因子的一个增强子上的突变所致。

哈钦森－吉尔福德早衰症（Hutchinson－Gilford Progeria）

在一个基因上产生了一个多余的剪接信号的突变所致。

特发性肺纤维化（Idiopathic pulmonary fibrosis）

可能由不同基因的突变引起，但每种突变都与维持端粒（染色体末端的垃圾区域）长度有关。

IPEX 自身免疫性疾病（IPEX autoimmune disorder）

因一个基因末端的非编码区域中的一个突变所致，其妨碍了 mRNA 的正确处理。

恶性黑色素瘤（Malignant melanoma）

少量病例是由一个基因起始端的非蛋白编码区域里的突变导致，该突变导致此蛋白上被插入了一段多余的氨基酸。

强直性肌营养不良症（Myotonic dystrophy）

因一个基因末端非蛋白编码区域上 CTG 重复序列的扩展引起。该重复序列被拷贝成 RNA，并侵占了 RNA 结合蛋白，导致巨大数量的其他 mRNA 分子的失调。

神经病理性疼痛（Neuropathic pain）

可能与一个调控关键离子通道表达的长链非编码 RNA 的过表达有关。

北美东部马脑炎病毒（North American eastern equine encephalitis virus）

一种由人类免疫细胞制造的小 RNA 能够结合该病毒基因组，并干扰了使机体免于被攻击的免疫系统对其进行识别。

俄亥俄阿米什侏儒症（Ohio Amish dwarfism）

因在剪接工具发挥正常功能中必需的一个非编码 RNA 的突变引起。

奥皮茨 - 卡维基亚综合征（Opitz - Kaveggia syndrome）

因一种蛋白质的缺陷引起，该蛋白质在跟调节子复合体中长链非编码 RNA 的相互作用中非常关键。

成骨不全症（Osteogenesis imperfecta）[**脆骨病**（Brittle bone disease）]

一小部分病例是由于一个基因起始端的非蛋白编码区域的突变引起，该突变导致此蛋白质上被插入了一段多余的氨基酸。

胰腺发育不全（Pancreatic agenesis）

一些病例是因为增强子序列的突变而导致。

帕陶综合征（Patau's Syndrome）

配子发育过程中 13 号染色体的错误分配造成的，该过程依赖于一个被称为着丝粒的垃圾区域。

普拉德 - 威利综合征（Prader - Willi syndrome）

一种因异常印迹导致的疾病。垃圾 DNA 在印迹的控制中至关重要，包括参与印迹控制区域、启动子、长链非编码 RNA 以及跟表观遗传系统的交互。

视网膜色素变性（Retinitis pigmentosa）

一些病例由一种蛋白质的缺陷引起，该蛋白质在保证正常剪接和从 mRNA 分子中移除垃圾 DNA 中是必需的。

伯茨综合征（Roberts Syndrome）

因一个蛋白质的缺陷而导致，该蛋白质在垃圾介导的DNA高级结构中是必需的。

塞尔沃－鲁塞尔综合征（Silver－Russell syndrome）

一种因异常印迹导致的疾病。垃圾DNA在印迹的控制中至关重要，包括参与印迹控制区域、启动子、长链非编码RNA以及跟表观遗传系统的交互。

脊髓性肌萎缩（Spinal Muscular Atrophy）

SMN2基因无法弥补关系极近的SMN1基因的突变，因为一个变异的碱基阻止了SMN2 mRNA被剪接成有功能的蛋白质。

X0综合征（X0 syndrome）［**特纳氏综合征**（Turner's syndrome）］

仅有一条X染色体的女性，配子发育过程中X染色体的错误分配造成的，该过程依赖于一个被称为着丝粒的垃圾区域。

XXX综合征（XXX syndrome）

具有三条X染色体的女性，配子发育过程中X染色体的错误分配造成的，该过程依赖于一个被称为着丝粒的垃圾区域。

XXY综合征（XXY syndrome）［**克兰费尔特综合征**（Klinefelter's syndrome）］

具有两条X染色体的男性，配子发育过程中X染色体的错误分配造成的，该过程依赖于一个被称为着丝粒的垃圾区域。

《垃圾 DNA》，对基因组中的暗物质，即不编码蛋白的序列进行了阐述，提示占据基因组 98% 份额的这部分曾被科学家们认为是“无用”的序列其实是具有重要作用的，这些基因中的暗物质与生命发育和许多疾病的诱发息息相关。科学界对该领域的研究，有极大可能为某些疾病的防治提供新的策略。

内莎·凯里，杰出的表观遗传学、垃圾 DNA 研究者，对该领域未来发展方向及其改善人类健康和福祉的可能性作了无与伦比的讨论。

内莎·凯里，爱丁堡大学病毒学博士，曾任英国伦敦帝国学院分子生物学高级讲师。她在生物技术和制药领域工作了 13 年，现为英国伦敦帝国学院客座教授。她的学习背景非常丰富：免疫学学士、病毒学博士、人类遗传学博士后和分子生物学教授。复合的学术背景也给予了她比普通专攻一门的研究者更广泛的眼界和行业经验，同时从女性视角观察和描述问题也使其著作更加细腻易于理解。

果壳书斋　科学可以这样看丛书(39本)

门外汉都能读懂的世界科学名著。在学者的陪同下,作一次奇妙的科学之旅。他们的见解可将我们的想象力推向极限!

1	量子理论	〔英〕曼吉特·库马尔	55.80元
2	生物中心主义	〔美〕罗伯特·兰札等	32.80元
3	物理学的未来	〔美〕加来道雄	53.80元
4	量子宇宙	〔英〕布莱恩·考克斯等	32.80元
5	平行宇宙(新版)	〔美〕加来道雄	43.80元
6	达尔文的黑匣子	〔美〕迈克尔·J.贝希	42.80元
7	终极理论(第二版)	〔加〕马克·麦卡琴	57.80元
8	心灵的未来	〔美〕加来道雄	48.80元
9	行走零度(修订版)	〔美〕切特·雷莫	32.80元
10	领悟我们的宇宙(彩版)	〔美〕斯泰茜·帕伦等	168.00元
11	遗传的革命	〔英〕内莎·凯里	39.80元
12	达尔文的疑问	〔美〕斯蒂芬·迈耶	59.80元
13	物种之神	〔南非〕迈克尔·特林格	59.80元
14	抑癌基因	〔英〕休·阿姆斯特朗	39.80元
15	暴力解剖	〔英〕阿德里安·雷恩	68.80元
16	奇异宇宙与时间现实	〔美〕李·斯莫林等	59.80元
17	垃圾DNA	〔英〕内莎·凯里	39.80元
18	机器消灭秘密	〔美〕安迪·格林伯格	49.80元
19	量子创造力	〔美〕阿米特·哥斯瓦米	39.80元
20	十大物理学家	〔英〕布莱恩·克莱格	39.80元
21	失落的非洲寺庙(彩版)	〔南非〕迈克尔·特林格	88.00元
22	超空间	〔美〕加来道雄	59.80元
23	量子时代	〔英〕布莱恩·克莱格	45.80元
24	阿尔茨海默症有救了	〔美〕玛丽·T.纽波特	65.80元
25	宇宙探索	〔美〕尼尔·德格拉斯·泰森	45.00元
26	构造时间机器	〔英〕布莱恩·克莱格	39.80元
27	不确定的边缘	〔英〕迈克尔·布鲁克斯	42.80元
28	自由基	〔英〕迈克尔·布鲁克斯	预估49.80元
29	搞不懂的13件事	〔英〕迈克尔·布鲁克斯	预估49.80元
30	超感官知觉	〔英〕布莱恩·克莱格	预估39.80元
31	科学大浩劫	〔英〕布莱恩·克莱格	预估39.80元
32	宇宙中的相对论	〔英〕布莱恩·克莱格	预估42.80元
33	哲学大对话	〔美〕诺曼·梅尔赫特	预估128.00元
34	血液礼赞	〔英〕罗丝·乔治	预估49.80元
35	超越爱因斯坦	〔美〕加来道雄	预估49.80元
36	语言、认知和人体本性	〔美〕史蒂芬·平克	预估88.80元
37	修改基因	〔英〕内莎·凯里	预估42.80元
38	麦克斯韦妖	〔英〕布莱恩·克莱格	预估42.80元
39	生命新构件	贾乙	预估42.80元

欢迎加入平行宇宙读者群·果壳书斋QQ:484863244

邮购:重庆出版社天猫旗舰店、渝书坊微商城。各地书店、网上书店有售。